既/有/居/住/建/筑/宜/居/改/造/及/功/能/提/升/
关/键/技/术/系/列/丛/书

既有居住建筑宜居改造及功能提升案例集

赵 力　主 编

王清勤　吴伟伟　　副主编
曾 捷　范东叶

U0177866

中国建筑工业出版社

图书在版编目（CIP）数据

既有居住建筑宜居改造及功能提升案例集/赵力主编. —北京：中国建筑工业出版社，2021.8
（既有居住建筑宜居改造及功能提升关键技术系列丛书）

ISBN 978-7-112-26354-7

Ⅰ. ①既… Ⅱ. ①赵… Ⅲ. ①居住建筑-旧房改造-案例-汇编-世界 Ⅳ. ①TU746.3

中国版本图书馆 CIP 数据核字（2021）第 146768 号

责任编辑：张幼平　费海玲
责任校对：李美娜

既有居住建筑宜居改造及功能提升关键技术系列丛书
既有居住建筑宜居改造及功能提升案例集
赵　力　主　编
王清勤　吴伟伟
曾　捷　范东叶　副主编

*

中国建筑工业出版社出版、发行（北京海淀三里河路 9 号）
各地新华书店、建筑书店经销
霸州市顺浩图文科技发展有限公司制版
北京建筑工业印刷厂印刷

*

开本：787 毫米×1092 毫米　1/16　印张：22¼　字数：457 千字
2021 年 8 月第一版　2021 年 8 月第一次印刷
定价：**88.00** 元
ISBN 978-7-112-26354-7
（37683）

编 委 会

主　　审：罗继杰　侯兆新　黄晓家　孙　澄　王立雄　蔡成军
　　　　　袁　磊

主　　编：赵　力

副 主 编：王清勤　吴伟伟　曾　捷　范东叶

编写委员：（按姓氏拼音为序）

陈　斌	陈　可	陈昭明	崔　磊	杜巍巍	范圣权
高润东	郭　颖	韩　元	何春霞	黄　宁	黄　欣
李　松	李向民	刘军民	刘少瑜	刘　洋	娄　霓
宋　昆	孙绍蕾	孙　茵	王建军	王丽方	王明谦
王伟茂	王　羽	王战勇	王卓琳	吴保光	徐　红
闫　凯	虞　跃	曾雅薇	张　弘	张　铭	张　倩
赵盛源	赵士永	赵为民	赵文斌	周静敏	朱红涛

Vladimir Elistratov

其他参编人员：（按姓氏拼音为序）

蔡　倩	陈　光	陈火刚	陈荣峰	程晓喜	戴连双
董利琴	范　乐	冯宝成	冯　琳	付素娟	古小英
谷志旺	郭　翔	郝雨杭	赫　宸	贺　遥	江　静
金　洋	雷　铭	李焕坤	李　婷	李小利	刘　环
刘　浏	吕　玮	时海峰	司永波	宋易凡	苏金昊
王惠中	王　强	王祎然	王　玥	吴　斌	熊珍珍
杨　霞	姚　刚	衣洪建	尤红杉	余　漾	张　达
张少辉	张素敏	赵　利	邹　正	朱　宁	

Nikolai Elistratov　Svetlana Golovina　Olga Pastukh

编 辑 部：

主　　任：吴伟伟

副 主 任：范东叶　仇丽娉

成　　员：朱荣鑫　王博雅　吕　行　范红亚　康井红　周雨嫣
　　　　　雍忠渝　赵　云　王　媛　彭　诗　刘　璟　高祎楠
　　　　　靳　喆　伍曼琳

总　　序

新中国成立特别是改革开放以来，我国建筑业房屋建设能力大幅提高，住宅建设规模连年增加，住宅品质明显提升，我国住房发展向住有所居的目标大步迈进。据国家统计局发布的数据，1981 年全国竣工住宅面积 6.9 亿 m²，2017 年达到 15.5 亿 m²。1981年至 2017 年，全国竣工住宅面积 473.5 亿多 m²。人民居住条件得到明显改善，有效地满足了人民群众日益增长的基本居住需求。

随着我国经济社会的快速发展和城镇化进程的不断加速，2019 年我国常住人口城镇化率达到 60.6%，已经步入城镇化较快发展的中后期，我国城镇化发展已由大规模增量建设转为存量提质改造和增量结构调整并重，进入了从"有没有"转向"好不好"的城市更新时期。党的十九大报告指出，我国社会主要矛盾已经转化为人民日益增长的美好生活需要和不平衡不充分的发展之间的矛盾。与新建建筑相比，既有居住建筑改造受条件限制，改造难度较大。相关政策、机制、标准、技术、产品等方面都还有待进一步完善，与人民群众日益增长的多样化美好居住需求尚有差距。解决好住房、城乡人居环境等人民群众的操心事、烦心事、揪心事，着力推动存量巨大的既有建筑从满足基本居住功能向绿色、健康、智慧、宜居的方向迈进，实现高质量、可持续发展是住房城乡建设领域的一项重要任务，是满足人民群众美好生活需要的重大民生工程和发展工程。

天下之大，民生为最。党的十八大以来，以习近平同志为核心的党中央坚持以人民为中心的发展思想，以不断改善民生为发展的根本目的。推进老旧小区改造，既是民生工程也是民心工程，事关城市长远发展和百姓福祉，国家高度重视。近年来，国家陆续出台了一系列政策推进老旧小区改造。2014 年 3 月，中共中央、国务院印发《国家新型城镇化规划（2014—2020 年）》，提出有序推进旧住宅小区综合整治、危旧住房和非成套住房改造，全面改善人居环境。2019 年 3 月，政府工作报告指出，城镇老旧小区量大面广，要大力进行改造提升，更新水电路气等配套设施，支持加装电梯和无障碍环境建设。2020 年 7 月，国务院办公厅印发的《关于全面推进城镇老旧小区改造工作的指导意见》要求，全面推进城镇老旧小区改造工作。2020 年 10 月，党的十九届五中全会通过的《中共中央关于制定国民经济和社会发展第十四个五年规划和二〇三五年远景目标的建议》指出，推进以人为核心的新型城镇化，实施城市更新行动，加强城镇老旧小区改造和社区建设，不断增强人民群众获得感、幸福感、安全感。这对既有居住建筑改造提出了更新、更高的要求，也为新时代我国既有居住建筑改造事业的发展指明了新方向。

我国经济社会发展和民生改善离不开科技解决方案，而科研是科技进步的源泉和动力。在既有居住建筑改造的科研领域，国家科学技术部早在"十一五"时期，立项了国家科技支撑计划项目"既有建筑综合改造关键技术研究与示范"；在"十二五"时期，立项了国家科技支撑计划项目"既有建筑绿色化改造关键技术研究与示范"；在"十三五"时期，立项了国家重点研发计划项目"既有居住建筑宜居改造及功能提升关键技术""既有城市住区功能提升与改造技术"。从"十一五"至"十三五"期间，既有居住建筑改造逐步转变为基于更高目标为导向的功能、性能提升改造，这对满足人民群众美好生活需要，推进城市更新和开发建设方式转型，促进经济高质量发展起到了积极的促进作用。

2017年7月，中国建筑科学研究院有限公司作为项目牵头单位，承担了"十三五"国家重点研发计划项目"既有居住建筑宜居改造及功能提升关键技术"（项目编号：2017YFC0702900）。该项目基于"安全、宜居、适老、低能耗、功能提升"的改造目标，结合社会经济、设计新理念和技术水平发展新形势，依次按照"顶层设计与标准规范、关键技术与部品装备、技术体系与集成示范"三个递进层面进行研究。重点针对政策机制与标准规范、防灾改造与寿命提升、室内外环境宜居改善、低能耗改造、适老化宜居改造、设施功能提升与设备研发等方向进行攻关，形成了技术集成体系并进行推广应用。通过项目的实施，将形成关键技术、标准规范、部品装备等系列成果，为改善人民群众居住条件和生活环境提供科技引领和技术支撑。

"利民之事，丝发必兴"。在谋划"十四五"规划的关键之年，项目组特将攻关研究成果及其实施应用经验组织编撰成册，即《既有居住建筑宜居改造及功能提升关键技术系列丛书》。本系列丛书内容涵盖政策机制研究、标准规范对比、关键技术研发、工程案例汇编等，并根据项目的实施进度陆续出版。希望本系列丛书的出版能对相关从业人员的工作有所裨益，为进一步推动我国既有居住建筑改造事业的高质量、可持续发展发挥重要的积极作用，为不断增强人民群众的获得感、幸福感、安全感贡献力量。

中国建筑科学研究院有限公司　董事长

前　言

住房在促进经济社会发展、完善城市功能、增进民生福祉等方面发挥了重要作用，城市成就了住房的发展，住房也促进了城市的繁荣。截至 2016 年底，我国既有建筑面积超 600 亿 m²，其中城镇居住建筑面积约 250 亿 m²，居住建筑量大面广，呈现出蓬勃发展的态势。受在建时技术水平和经济条件等的限制，建造年代较早的既有居住建筑设计标准偏低，普遍存在安全性能退化、室内空气质量较差、建筑能耗较高、适老化考虑不足、配套设施不完善、运行管理粗放等多方面的问题，宜居改造及功能提升需求迫切。

2014 年 3 月，中共中央、国务院发布《国家新型城镇化规划（2014—2020 年）》，提出有序推进旧住宅小区综合整治，全面改善人居环境。2015 年 12 月，中央城市工作会议提出，提高城市发展的宜居性，加快老旧小区改造。2016 年 2 月，中共中央、国务院发布《关于进一步加强城市规划建设管理工作的若干意见》，指出有序推进老旧住宅小区综合整治，加快配套基础设施建设。2017 年 3 月，国务院印发《"十三五"推进基本公共服务均等化规划》，提出推进无障碍通道、老年人专用服务设施、旧楼加建电梯建设，适老化路牌标识、照明改造。2017 年 3 月，国务院印发《"十三五"国家老龄事业发展和养老体系建设规划》，提出加强社区养老服务设施建设，推进老年宜居环境建设。

在此背景下，科学技术部于 2017 年 7 月正式立项"十三五"国家重点研发计划项目"既有居住建筑宜居改造及功能提升关键技术"（项目编号：2017YFC0702900）。项目以"安全、宜居、适老、低能耗、功能提升"为改造目标，设置"既有居住建筑改造实施路线、标准体系与重点标准研究""既有居住建筑综合防灾改造与寿命提升关键技术研究""既有居住建筑室内外环境宜居改善关键技术研究""既有居住建筑低能耗改造关键技术研究与示范""既有居住建筑适老化宜居改造关键技术研究与示范""既有居住建筑电梯增设与更新改造关键技术研究与示范""既有居住建筑公共设施功能提升关键技术研究""既有居住建筑改造用工业化部品与装备研发""既有居住建筑宜居改造及功能提升技术体系与集成示范"等九大课题。重点提出既有居住建筑改造推进机制、实施路线，建立既有居住建筑改造标准体系、编制重点标准，研发改造关键技术和重点工业化部品与装备，构建既有居住建筑改造技术体系，开展示范工程建设。本书为该项目取得的系列成果之一，即系列丛书中的一册，旨在宣传科研成果，加强技术交流。

本书共分六篇，包括安全耐久、环境宜居、低能耗、适老化、功能提升、综合改造。主要从工程概况、改造目标、改造技术、改造效果、经济效益等方面进行分析，客观反映当前既有居住建筑宜居改造和功能提升的实际情况，力求进一步认识国内外既有居住建筑改造的整体情况，为既有居住建筑改造的工程技术人员、大专院校师生和有关管理人员提供参考。

　　本书案例覆盖了中国、日本、新加坡、加拿大、新西兰、法国、西班牙等7个国家，案例共35个，总结了国家重点研发计划绿色建筑及建筑工业化重点专项科技示范工程，并汇集了与既有居住建筑宜居改造和功能提升相关的典型案例。案例分别由中国建筑科学研究院有限公司、上海市建筑科学研究院有限公司、深圳市建筑科学研究院股份有限公司、中国建筑设计院有限公司、清华大学、中国中建设计集团有限公司、同济大学、中国建筑技术集团有限公司等三十余家科研院所、大专院校、设计院所、施工企业等提供。中国建筑科学研究院有限公司赵力、王清勤、曾捷、吴伟伟、范东叶负责全书的统稿和审阅工作。上海市建筑科学研究院有限公司王卓琳、深圳市建筑科学研究院股份有限公司朱红涛、中国建筑设计研究院有限公司余漾、中国建筑技术集团有限公司李焕坤、中国中建设计集团有限公司靳喆、同济大学伍曼琳等同志做了很多辅助性工作，谨在此表示敬意和感谢。

　　为保证书稿质量，编委会于2021年1月18日邀请空军工程设计研究局罗继杰大师（审稿组长）、中冶建筑研究总院侯兆新大师、中国中元国际工程有限公司黄晓家大师、哈尔滨工业大学建筑学院孙澄教授、天津大学建筑学院王立雄教授、中国建筑标准设计研究院有限公司蔡成军教授级高级工程师、深圳大学建筑与城市规划学院袁磊教授对书稿进行了审查，并提出修改意见和建议，编制组针对专家的意见和建议对稿件进行了修改完善。本书在编写过程中，得到了审稿专家和作者的大力支持，在此向他们表示由衷的感谢。

　　本书的编写凝聚了专家组和编写组的集体智慧，在大家的辛苦付出下得以完成。由于各国情况不一、资料获取存在一定难度，国外先进的既有居住建筑改造的发展未能全面介绍之处，敬请广大读者予以谅解。同时，由于编者水平有限，书中难免存在疏忽和不足之处，恳请广大读者批评指正！

本书编委会

2021年2月1日

目　录

第一篇　安　全　耐　久

1　上海市武宁路74弄2-10号（双号）

项目名称：上海市武宁路74弄2-10号（双号）

建设地点：上海市普陀区武宁路74弄2-10号（双号）

改造面积：7162.53m²

结构类型：混合结构

改造设计时间：2018年

改造竣工时间：2020年

重点改造内容：成套改造、加装电梯

本文执笔：王伟茂[1]　王卓琳[2]

执笔人单位：1. 上海建工四建集团有限公司

2. 上海市建筑科学研究院有限公司

一、工程概况

1. 基本情况

项目位于上海市普陀区长寿路街道，建筑坐落于武宁路北侧、东新路东侧。房屋建成于20世纪50年代，于20世纪八九十年代加建一层，使用至今。单元房屋平面近似矩形，房屋为6层（5+1），底层为沿街商铺，上部为住宅。一层层高为4.0m，二至四层层高为2.8m，五、六层层高为3.2m。底层南侧沿街商铺的单元入口位于北侧，房屋北侧布置单跑道楼梯间、厨房和卫生间，南侧为卧室。原建筑总面积约6242m²，改造后建筑面积为7162.53m²。

房屋为混合结构，原房屋南侧（沿武宁路）部分为框架结构、北侧部分为砖混结构，加层部分为砖混结构，原结构形式较为混乱。原外立面为仿砖贴面＋浅色涂料饰面，屋顶为坡屋面。建筑采用钢门窗，部分外窗已更换为铝合金窗。改造前全貌与内景分别见图1.1、图1.2。

2. 存在问题

原设计房型为一单元两套三室厨卫房屋，目前每单元居住用户有六户、八户不等，造成每三户或四户合用厨房、卫生间的居住状态，使用功能差、舒适度不佳。原结构设计时，疏散通道过窄，导致老年人上下出行不便、应急疏散能力差。

项目沿街立面现状　　　　　　　　　　　　　项目沿街立面现状

图 1.1　改造前建筑全貌

公共走道　　　　　　　　　　合用厨房间　　　　　　　　　　合用卫生间

图 1.2　改造前建筑内景

　　住宅楼六层为原平屋面上后期加建的楼层，导致五至六层中间出现双层板，降低了原建筑的使用高度，给主体结构留下一定安全隐患。原结构圈梁和构造柱设置较少，导致结构抗震性能难以满足现行规范的相关要求。结构基础采用条形基础，埋置深度较浅，难以满足改造后结构的使用要求。此外，该建筑外墙并未采取有效的保温节能措施，且存在渗漏问题。

二、改造目标

　　本次成套改造对原建筑采用抽户（原地安置）＋贴扩建的方式，使得各住户均有独用的厨房、卫生间（套内），同步进行加装电梯改造及外立面重新打造，实现"补短板、解民生、提品质"。

　　补短板：通过成套改造、结构加固等方式，使居民由合用厨房、卫生间的条件转变为每户独用，让居民住得更安心。

　　解民生：通过室内环境更新、设施完善和室外环境提升等，让居民住得更舒心。

　　提品质：通过加装电梯和整体打造外立面，让生活更方便、更幸福。

三、改造技术

1. 功能改造与结构性能提升一体化技术

小区内共有住户 143 户，其中一室户 99 户，二室户 42 户，三室户 1 户，四室户 1 户，见图 1.3。

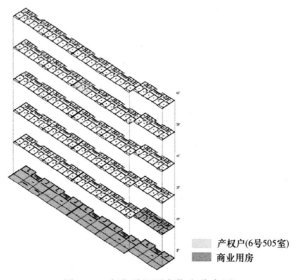

产权户(6号505室)
商业用房

图 1.3　改造项目原有住户分布图

（1）抽户方式

改造后房型为一梯六户。本次抽户的方式主要为当边套（01～02、05～06）为两户时，进行抽户（同时抽至底层安置，见图 1.4）；该处室户作为新增房源，可供区政府调配使用，改造后共计 27 套可调配房屋。该方法可实现在原有结构最小改动的前提下，进一步优化结构使用功能，同时为厨房和卫生间结构改造提供空间。

（2）扩建方式

原有楼梯及走道北移，将原有厨卫及走道等公共面积重新划分，使其得益均衡，厨卫面积及使用率最优。同时，本次设计同步考虑增设电梯，进一步方便住户尤其是老年人的上下出行。该方法在未显著改变原主体结构受力性能的前提下，优化了交通流线，同时也给住户带来了极大的便利，显著提升了居住品质，见图 1.5。

（3）内部结构优化

抬高底层地坪，有效解决了武宁路道路方向底层的天井围墙倒泛水问题。五层和六层中间的双层板优化为单层板，既解决了双层板带来的诸多不便，又使五层、六层居民的空间获得感提升，见图 1.6。

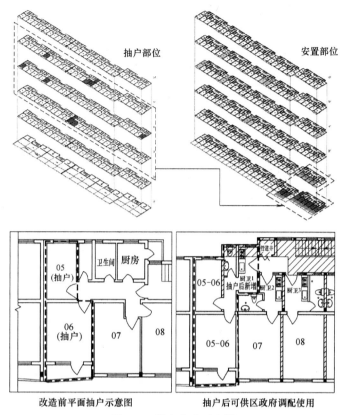

图 1.4 抽户方式示意图

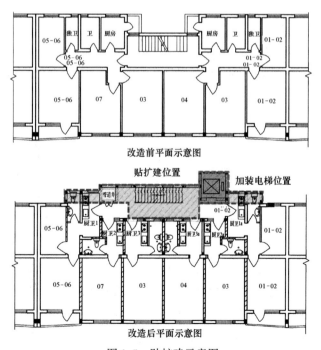

图 1.5 贴扩建示意图

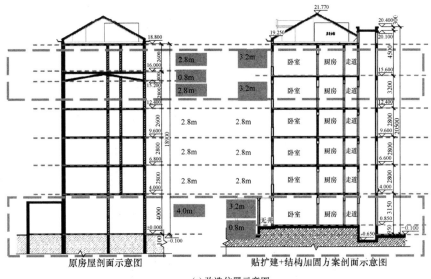

(a) 改造位置示意图

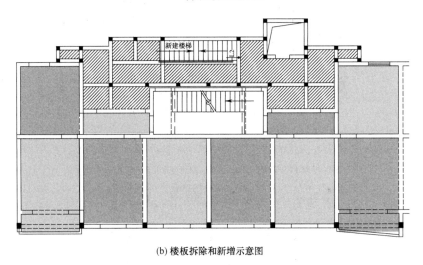

(b) 楼板拆除和新增示意图

图 1.6　内部结构优化示意图

2. 基于性能的防灾减灾改造技术

在内部功能改造的同时，注重结构和基础抗灾能力的综合提升。首先，将静压锚杆桩技术应用于地基基础加固中，使房屋基础更加稳固，解决了狭小空间地基基础加固的难题，见图 1.7。

根据原结构的抗震性能评估结果，将圈梁和构造柱等结构抗震元件与贴扩建技术融合，见图 1.8。新增墙与原结构梁间新做圈梁；原有墙侧边增加通长圈梁；在原有柱与新增墙之间增加构造柱；新增板与原结构梁植筋连接，并在下方增设通长角钢；采用钢筋网片砂浆面层的加固方式处理。上述措施显著提升了原结构的抗灾能力。

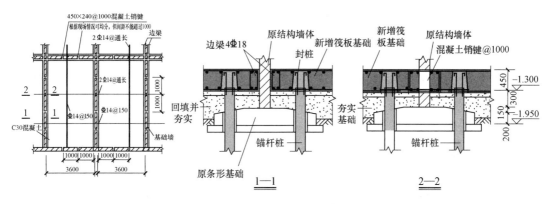

图 1.7　地基基础加固示意图

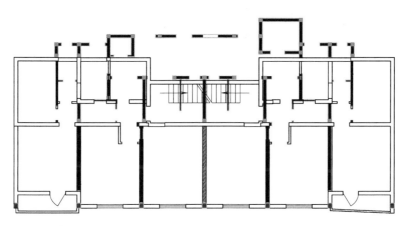

(a) 新增墙体、构造柱、圈梁布置示意图

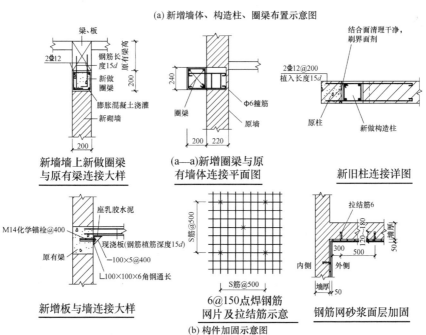

(b) 构件加固示意图

图 1.8　上部结构改造示意图

3. 外立面整治修缮技术

本次改造同步考虑外立面综合整治修缮，通过外墙修缮解决外墙渗漏的问题，见图1.9。同时，采用现代主义风格进行外立面设计，通过局部增加不同厚度的泡沫玻璃保温板＋涂饰真石漆的方式，形成建筑表面的凹凸关系。原来沿街的钢制窗、铝合金窗都统一更换为双层玻璃窗。

图1.9　外立面修缮前后对比

四、改造效果分析

本项目将整幢楼的外墙向外扩建，并调整布局，进行结构加固改造、加装电梯和底楼防潮等处理，水、电、燃气等重新布置。除个别未签约的住户外，每套房屋的使用面积增加了$8\sim20m^2$，显著提升了居民的居住质量和生活便捷程度。改造后的居住建筑具有合理的功能布局与交通流线组织，实现了功能改造和性能提升一体化。改造后室内外实际效果见图1.10。

1. 结构性能提升

本项目中原有隔墙和部分横墙采用了粉煤灰砌块，这部分墙体的承载能力很低；为综合提升墙体的安全性和抗震性能，将该部分墙体进行替换处理。由于六层为历史后期加盖，五至六层之间有一个双层板，导致结构中出现了薄弱层。本次改造拆除了五层顶、六层底的双层预制空心楼板，重新按设计标高要求现浇钢筋混凝土楼板。另外，为增强结构的整体抗震性能，增设了圈梁和构造柱，并对地基基础进行了加固处理。

2. 居住环境改善

通过水表、电表、燃气表、给排水立管及公共部位照明等重新安装布置，室外管线改造、沥青路面重新铺设，围墙的竖向景观及宅前宅后的绿化补种，以及增设楼层标识、灭火器箱、宣传美化栏、折叠休息座椅等，显著增强了居民的居住与使用舒适度。

图1.10　改造后室内外实际效果

3. 使用功能提升

对原合用卫生间、厨房，部分独用卫生间等建筑物进行改造，对原有单跑楼梯、走道的北移以及对原有厨卫的重新分割，加之对个别住户采取抽户的方式，最终使每户拥有独立的厨房、卫生间。通过新材料、新技术的使用，对建筑外立面进行重新打造，突出建筑的美感。为便于居民上下楼出行，每个单元还增设了一部无机房电梯。

五、经济性分析

上海市武宁路74弄2-10号（双号）混合结构居住建筑原建筑面积为6242.73m^2，改造后建筑面积为7162.53m^2，增加了919.8m^2，工程项目总投资额2858.69万元。在合理的投资下，实现了抽户（原地安置），并使得各住户均有独用的套内厨房、卫生间。同时，改造后还新增了27套可调配房屋，可供政府调配使用，社会、经济效益显著。

六、结束语

武宁路74弄2-10号（双号）住宅楼使用已超过50年，使用功能差，安全隐患大。通过使用功能改造和结构性能提升一体化技术、基于性能的防灾减灾改造技术以及外立面修缮整治、加装电梯等，显著提升了该建筑的功能和性能，满足了人们对美好生活的需要。

本项目涉及施工内容多且复杂，包括新增筏板基础、锚杆静压桩、结构拆除、结构加固、新建结构、屋面工程、外墙改造、室外总体更新等，需要合理设计改造方案，并对整个施工过程进行策划，合理安排施工顺序。此外，本项目采用抽户（原地安置）＋贴扩建的方式进行成套改造，项目总体投资中居民安置费用占很大比例，改造实施总工期中对居民进行宣传、维稳、协调的工作占比很大，在这两方面仍有从管理实施角度提升的空间。

2 上海市东樱花苑高层住宅

项目名称：上海市东樱花苑高层住宅

建设地点：上海市浦东新区临沂北路 200 号

改造面积：82969.18m²

结构类型：钢筋混凝土框架-剪力墙

改造设计时间：2018 年

重点改造内容：结构性能提升、地下空间利用等

本文执笔：李向民　王卓琳

执笔人单位：上海市建筑科学研究院有限公司

一、工程概况

1. 基本情况

上海市东樱花苑高层住宅改造项目位于上海市浦东新区临沂北路 200 号，地处浦东新区陆家嘴，距陆家嘴直线距离仅 3.5km，南临浦阳路及南浦大桥，东靠浦逸路，北接浦润路，西为绿地。由北楼、南楼两栋高级涉外公寓组成，是国外来沪常驻人员的集中居住场所。项目改造前实景及其地理位置，见图 2.1。

图 2.1　东樱花苑改造前实景及其地理位置

东樱花苑高层住宅包括南楼、北楼两栋建筑，主楼结构形式为钢筋混凝土框架-剪力墙结构，地上均为 28 层，南楼附带 2 层地下室，北楼附带 1 层地下室。总建筑面积为 82969.18m²，其中，地上面积为 66854.80m²，地下面积为 16114.38m²。建筑

高度 107.4m（最高点），建筑密度 26.28%，绿地率 30.92%，容积率 3.86。两栋高层住宅由松下电工于 1995 年投资，北楼 1995 年 10 月开工，1997 年 9 月竣工；南楼 1996 年 3 月开工，1998 年 4 月竣工。

2. 存在问题

总体而言，东樱花苑高层住宅的区位优势明显，已形成较为稳定的社区文脉，总体规模庞大，但是居住面积标准较低，且经过 20 年的使用，空间和设备设施相对陈旧，其原有设计理念及使用功能已难以跟上居住需求的快速更新与提升，为此需要开展全面改造。

二、改造目标

项目的改造目标主要包括：①满足当前市场需求背景下形成新的功能定位；②解决新功能定位带来的相关结构技术问题；③以最小干预原则合理控制改造环节当中"拆除、加固、新增"的工程量，并同步提升综合防灾性能。

改建后将原裙房拆除，保留两幢塔楼，塔楼底部 2 层改建成 3 层并在顶部加建 1 层，达到地上 30 层。建筑使用功能由公寓楼改为住宅，实现低区叠墅、中低区改善型、中高区舒适型、高区奢华型等多级产品组合；同时扩建地下车库范围，满足停车要求。

为实现改造目标，开展具体的改造任务有：

（1）更新功能空间

原项目由北楼、南楼两幢 28 层单体公寓楼及 2 层裙房组成，局部地下 2 层车库；改建后拟将原裙房拆除，保留两幢塔楼并在顶部加建 1 层，将原底部两层通过拆除和新增成为 3 层，以达到地上 30 层，电梯和疏散楼梯移位，天井增加走道。

使用功能由小户型租赁式公寓改造为刚需改善型住宅。拆除原"U"形环廊，设置交叉叠转连廊，在解决消防疏散、确保安全与隐私的同时，丰富中庭空间效果，见图 2.2。将原两个独立的地下车库进行连接，扩建地下车库范围，提升停车效率。

（2）改造承重结构体系

为满足更新功能空间的需求，开展结构加层、核心筒移位、楼板开洞、高层低区插加层、新增结构出挑、新增连廊、地下开挖、筏板开洞、既有建筑增加钻孔灌注桩（原地库扩容）等多项改造。

（3）提升综合防灾减灾性能

对整个建筑结构体系进行超限判别和专项论证，对整体加固方案和构件加固方案、结构拆除方案进行优化分析。针对增层、加层等新增结构，根据改造工程的实际特点采取因地制宜的结构形式。应用调谐质量阻尼器（TMD）结构减震系统，对改造加建的大跨度异形钢结构通道进行消能减震。

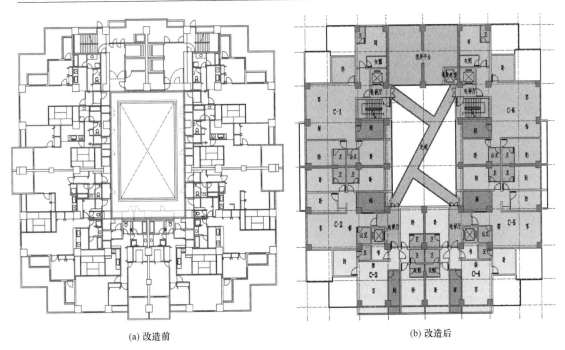

(a) 改造前　　　　　　　　　　　　　　(b) 改造后

图 2.2　东樱花苑建筑平面图

三、改造技术

1. 灾害风险诊断评估技术

通过对高层建筑的火灾风险评估，可以对潜在的火灾风险进行防范，消除火灾隐患，减少火灾的发生。根据高层建筑运营期的火灾基本因素及其发生的概率和权重，建立高层住宅火灾故障树模型，见图 2.3。根据收集的住宅建筑改造项目相关资料，模拟专家对火灾的各基本事件发生概率进行打分；然后，利用故障树法联合层次分析法的分析结果，与全国平均水平状态下建筑火灾发生概率进行对比。通过建筑火灾风险等级评估，确定项目的火灾风险水平以及判断风险是否可接受，从而起到警示火灾风险的作用。

2. 基于最小干预原则的功能改造与结构性能提升一体化技术

常见的结构增层类型有：①利用原建筑的结构潜力直接加层；②架空梁法；③外套框架结构法；④采用轻质墙体增层；⑤采用轻钢结构增层；⑥在大跨度框架结构上进行加层等。本项目拟采用第一种：利用原建筑的结构潜力直接加层。项目通过建模计算不同的加层位置及数量后进行加层方案的优化比选，以尽量利用原建筑的结构潜力和地基潜力，从而减少对结构和基础的干预，最终在顶部直接加层。将 77.10m 以上标准层平面外围 8 处角部各增补一跨，作为客厅或者卧室，见图 2.4（图中阴影区为增补的板跨）。

13

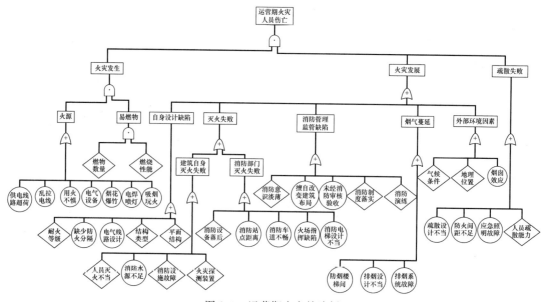

图 2.3　运营期火灾故障树

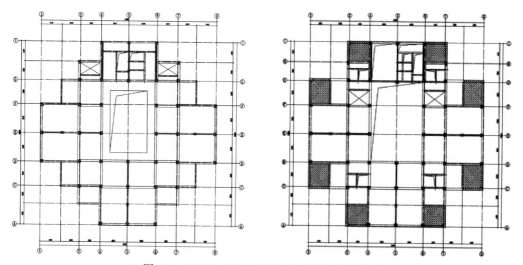

图 2.4　77.10m 以上层原始平面及改造后平面

　　改造后拟拆除原局部的设备层楼板，并进行结构插层，见图 2.5。为避免大量植筋破坏原有结构柱，拟采用外套钢框架，采用矩形钢管混凝土柱-钢框架梁的设计方法，楼板采用压型钢板，组成钢-混凝土组合楼盖，以形成合理的刚度分布。这样既可以解决大量植筋的不可靠性，又可以解决原有底部柱轴压比不够的问题。外包钢框架柱延伸至地下一层，而标高 8.50m 层采用地垄墙结构，与主体结构脱开，这样可避免刚度突变导致的结构受剪承载力突变。

3. 基于性能的防灾减灾改造技术

　　按后续使用年限 50 年及现行规范要求进行加固，采用基于性能的加固设计理念。

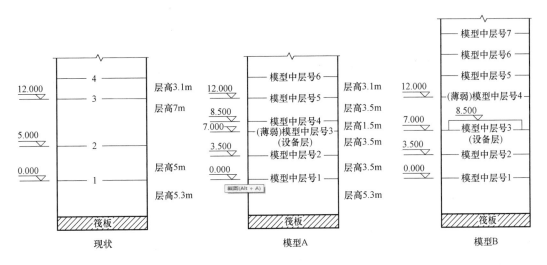

图 2.5 底部插层改造结构立面模型示意图

通过模型计算分析与优化，选取最合理和最有效的加固方法，并且精确到点，全面核查所有梁、板、柱、墙、筏板、桩等结构构件及设备基础、填充墙等非结构构件的受力及使用安全。对承载力及抗震性能不满足要求的构件进行合理加固，并优先选用对主体结构影响较小的方法，见图 2.6。

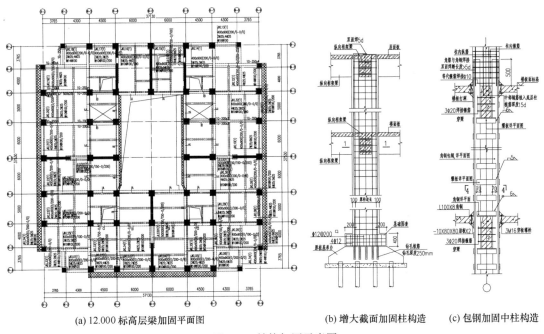

(a) 12.000 标高层梁加固平面图   (b) 增大截面加固柱构造   (c) 包钢加固中柱构造

图 2.6 结构加固示意图

此外，天井部位新增加交叉造型的走道拟采用钢结构，且装修材料尽量采用轻质材料。新增走道如可能造成原构件承载不足，则采用相应的加固措施。针对人群行走引起的走道加速度振幅过大，可能超过人体舒适度耐受极限，如果依靠增大截面和改变结构形式的办法，从技术、经济和空间利用的角度看，是不合理和不现实的。因此，项目在对走道结构动力特性分析的基础上，拟采用调频质量阻尼器减振技术，对结构的人行活动共振响应进行振动控制，见图2.7。

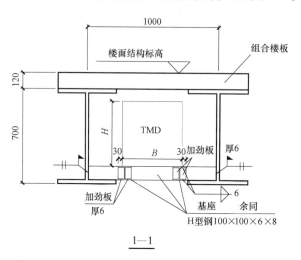

1—1

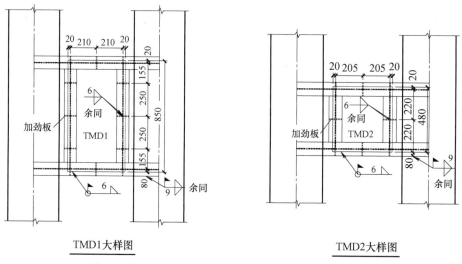

TMD1大样图   TMD2大样图

图2.7　标准层结构连廊平面布置图及阻尼器安装位置

4. BIM 技术

项目在以下几方面应用了 BIM 技术：

（1）优化设计成果（图 2.8）：解决了各类设计图纸存在的问题 234 处，后期可节约工期约 60d。在设计图审、机电深化及工程量计算方面，时间能够缩短约 30%，提高工作效率。

（2）辅助工程量统计：结合现场检测以及原始图纸复核 BIM 模型，通过模型输

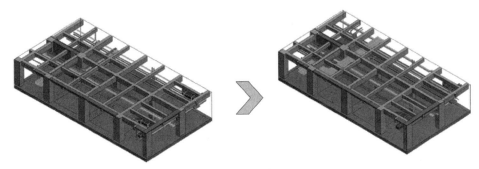

图 2.8　管线综合优化

出详细的工程量统计表，协助建设方完成精确的成本估算。

（3）提升施工效能：采用 4D 动态模拟施工进度，检查施工方案可行性，见图 2.9。实现未建先试，优化施工组织方案。通过三维可视化交底，增强对施工现场危险源的预测、管理，提高现场施工安全管理效率，降低事故率。

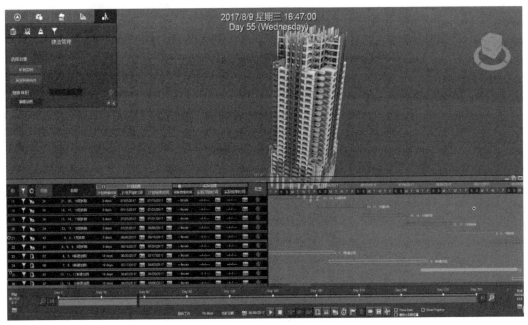

图 2.9　地上结构（南楼）施工进度模拟

四、预期改造效果

上海市东樱花苑高层住宅改造项目秉持功能改造与结构性能提升一体化的理念，实施的改造涉及顶层加层（28 层顶拆 1 层加 2 层，高层泳池）、核心筒移位（由集中型改为分散型）、高层低区插加层（拆除一层楼板，插入两层楼板）、新增连廊通道（异形钢结构通道）、新增地下空间等。改造后可达到户型重组、提高净空、新增地库、连接通道、立面更新、设备更换的功能改造目的，同时完成了拆除保护、抗震加固、变形控制等结构安全性能和防灾性能的提升。改造后的高层住宅将以全新面貌实现宜居改造的内涵，传承城市记忆和文化。改造前后对比与总体效果见图 2.10。

(a) 中庭改造前后对比 (b) 开放空间改造前后对比

(c) 改造后的总体效果图

图 2.10 改造前后对比与总体效果

五、结束语

上海市东樱花苑高层住宅经过 20 年的使用，其原有设计理念及使用功能已难以跟上居住需求的快速更新与提升，现拟由公寓楼改为住宅，实现多级住宅产品组合，同时扩建地下车库范围，满足停车要求。本项目针对该高层住宅改造带来结构防灾减灾等综合性能提升的需求，应用既有居住建筑灾害风险诊断评估技术，开展高层建筑火灾风险识别与评估，优化其应急疏散及消防措施；应用既有居住建筑基于最小干预原则的功能改造与结构性能提升一体化技术，为建筑使用空间的开发、完善与新增提供可靠的结构体系；应用既有居住建筑基于性能的防灾减灾改造技术，确保结构在合理技术手段下实现安全性能提升；应用既有居住建筑防灾减灾效果可视化评估系统，对改造前后既有居住建筑的防灾减灾效果进行对比验证。

目前，该项目已完成了改造设计的超限审查，部分地下土建工程已完成，但还未竣工。通过关键技术应用，可实现既有居住建筑更新以满足新时代"以人为本"的居住功能，重构建筑结构体系以符合安全、合理的规范要求，以最小干预原则控制改造工程量和经济投入，全面提升既有居住建筑的使用功能和防灾性能，为高层住宅宜居改造提供技术经验与典型的改造模式，预期可起到良好的示范效应。

3 山东省立第三医院养老康复楼

项目名称：山东省立第三医院养老康复楼

建设地点：山东省济南市天桥区无影山中路 16 号

改造面积：18477m²

结构类型：混凝土框架-剪力墙结构

改造设计时间：2018 年

改造竣工时间：2019 年

重点改造内容：耐久性评估与寿命提升、功能改造与防灾性能提升一体化

本文执笔：闫凯

执笔人单位：山东建筑大学

一、工程概况

1. 基本情况

山东省立第三医院养老康复楼，原使用功能为公寓，位于山东省济南市天桥区无影山中路 16 号。该建筑于 1984 年设计，1988 年建成，已投入使用至今，总建筑面积为 18477m²。主楼为 12 层（局部 14 层），混凝土框架-剪力墙结构，建筑面积约 11860m²；附楼为 2 层，混凝土框架（局部砖砌体）结构，部分地下室 1 层，建筑面积约 6617m²。该地区设防烈度为 7 度（0.15g），设计地震分组为第三组，场地土类别Ⅱ类，特征周期 0.450s。山东省立第三医院养老康复楼改造前全貌与内景分别见图 3.1、图 3.2。

图 3.1 建筑改造前的全貌

图 3.2 建筑改造前的内景

2. 存在问题

山东省立第三医院养老康复楼改造前为公寓，每层 22 户；因设计使用功能较差，装修与设备陈旧，入住使用率较低。

该楼改造成养老康复楼时，按设防烈度 7 度对主体结构进行抗震复核验算，原结构为沿 Y 轴方向的单向框架-剪力墙结构，不满足"框架及抗震墙宜双向布置"的要求，抗震措施不满足规范要求，部分构件的抗震承载力不满足现行规范要求。使用功能改变后，承担的荷载有所提高，部分梁板等构件承载力不足；同时还存在裂缝过大、钢筋锈蚀等耐久性问题。

与之相关的防火、保温、交通等设施也不满足养老康复建筑的功能要求。其中，养老康复楼原有 3 部电梯，不满足国家标准《养老设施建筑设计规范》GB 50867 的相关规定。

二、改造目标

鉴于建筑使用功能较低、综合防灾性能较差等原因，该公寓楼改造成为养老康复楼，并需进行加固和功能改造。通过对建筑物的使用功能和防灾性能的综合鉴定分析，提出了采用增设消能减震元件以及新增电梯井的混凝土剪力墙的方法，提高结构抗震性能；采用叠合板加固屋面板，并用于空中花园改造。

经过使用功能和防灾性能改造，使建筑满足养老康复的使用功能，具有较好的综合防灾性能，并避免大拆大建带来的资源浪费。为实现功能改造和综合防灾能力提升的目标，开展的具体改造任务有：

（1）提高抗震设防要求：使用功能改变后，建筑抗震设防由丙类提高至乙类。对比研究增大截面加固、粘贴片材加固和基于结构体系的加固等方法，同时考虑结构加固最小干预原则，提出增设防屈曲约束支撑和粘滞阻尼器的组合抗震方法，以此提升抗震性能。

（2）增设电梯机房：室内增设 2 部医用病床电梯，屋顶增加电梯机房。增设电梯机房处需设置混凝土剪力墙，以此提升抗震性能。

（3）屋顶改造为空中花园：改造后建筑荷载增大，原屋盖楼板承载力不足，需采用叠合楼板加固。

（4）防火性能提升：原设计楼梯主楼部分改为防烟楼梯间，裙房改为封闭楼梯间，满足建筑消防要求。

（5）各层隔墙位置调整：增加走廊宽度以满足养老康复建筑的相关要求，各房间均设置上下水、改造卫生间、增加水箱等，采用置换构件方法提高结构整体性能，提升建筑综合防灾性能。

三、改造技术

1. 耐久性评估与寿命提升技术

检测了部分构件的混凝土强度和碳化深度，混凝土强度从 14MPa 到 43MPa 不等，混凝土碳化深度 7～9mm。采用游标卡尺检测了部分构件钢筋锈蚀厚度，一层 KZ1、KZ4、KZ9 钢筋锈蚀厚度分别为 0.62mm、0.57mm、0.63mm；二层 KZ3、KZ5、KZ8 钢筋锈蚀厚度分别为 0.55mm、0.64mm、0.70mm。一层 KL2、KL6、KL12 钢筋锈蚀厚度分别为 0.56mm、0.61mm、0.66mm；二层 KL3、KL5、KL10 钢筋锈蚀厚度分别为 0.45mm、0.50mm、0.47mm。屋面预制板设计直径为 4mm，钢筋锈蚀厚度为 0.53mm。地下室顶板、卫生间顶板管道处以及楼板内的钢筋外露、锈蚀较严重，应进行补强处理，见图 3.3。

耐久性修复时，钢筋阻锈处理修复工艺按基层处理、界面处理、修复处理和表面防护处理进行：①修复范围内已锈蚀且完全暴露的钢筋，并进行除锈处理；②在钢筋表面均匀涂刷钢筋表面钝化剂；③在露出钢筋的断面周围涂刷迁移型阻锈剂；④凿除部位采用掺有阻锈剂的修补砂浆，并修复至原断面；当对承载能力有影响时，还要对其进行加固处理；⑤构件保护层修复后，在表面涂刷迁移型阻锈剂。

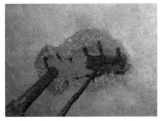
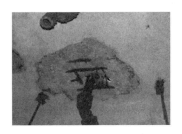

(a) 板底钢筋外露、锈蚀严重

(b) 屋面板板顶漏筋　　　　　(c) 框架梁梁底漏筋锈蚀　　　　　(d) 楼板、墙面受潮泛碱

图 3.3　构件耐久性损伤

混凝土表面修复材料选用修补砂浆、灌浆材料、高性能混凝土及界面处理材料：①当结构混凝土表面未出现剥落但有开裂时，采用灌浆材料和修补砂浆进行修复；②当结构混凝土表面出现剥落或酥松时，采用高性能混凝土、修补砂浆、灌浆材料及界面处理材料进行修复。

修复材料选用强度等级不低于 42.5 的硅酸盐水泥或普通硅酸盐水泥，且修复材料的强度不低于修复结构中原混凝土的设计强度。

2. 功能改造与防灾性能提升一体化技术

对于建筑物的功能改造与防灾性能提升，主要开展的内容有：

（1）建筑功能改造

结合建筑功能改造进行局部改造加固，增设电梯、改卫生间、增加水箱等，见图 3.4。

（2）消能减震技术应用

根据现行国家标准《建筑工程抗震设防分类标准》GB 50223 和《建筑抗震设计规范》GB 50011—2010 的相关要求，该建筑属于重点设防类。项目采用消能减震技术，提高结构整体的安全性能。

结构地震作用按 7 度计算，设计地震分组为第二组，场地土类别Ⅱ类，特征周期 0.50s。在结构纵向和横向均增设屈曲约束支撑（BRB）和粘滞阻尼器作为消能减震元件，提升双向抗震性能，BRB 和粘滞阻尼器的元件的示意图、详图和平面布置见图 3.5～图 3.8。

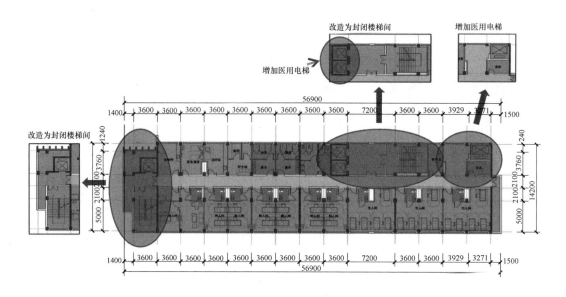

图 3.4　功能改造示意图

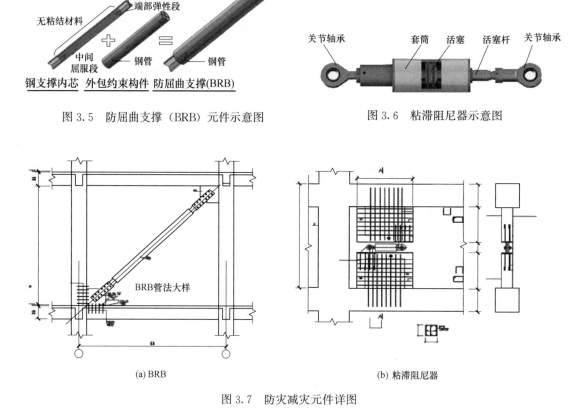

图 3.5　防屈曲支撑（BRB）元件示意图　　　　　　图 3.6　粘滞阻尼器示意图

(a) BRB　　　　　　　　　　　　　　　　(b) 粘滞阻尼器

图 3.7　防灾减灾元件详图

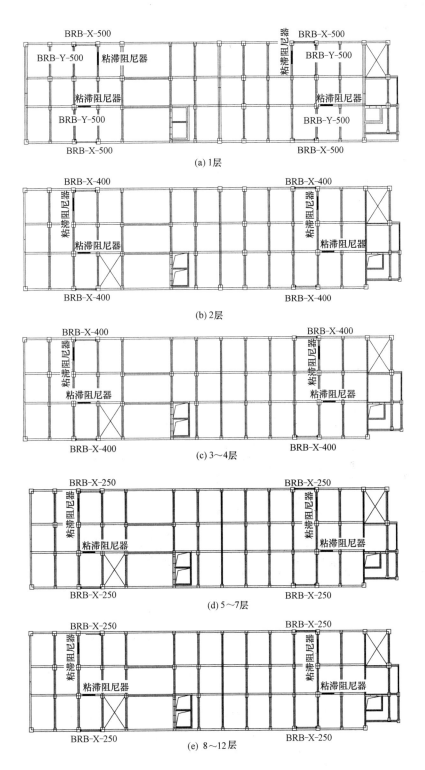

图 3.8　BRB、粘滞阻尼器布置平面图

（3）消能减震子结构加固

对消能减震子结构（与消能构件相连的梁和柱）采取加大截面加固，见图 3.9。

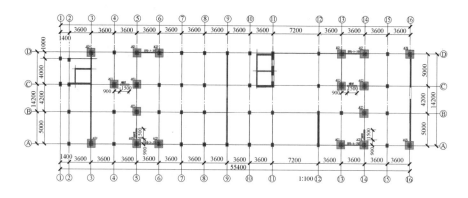

图 3.9　柱加大截面加固位置图

（4）数值分析

利用模拟软件对建筑物进行抗震性能分析，见图 3.10。选取 RH2TG045（人工波）、TH2TG045（天然波 1）和 TH3TG045（天然波 2）3 条波进行消能减震计算。设计目标为小震下附加阻尼比不小于 2%，小震附加阻尼比计算采用弹塑性时程分析方法。

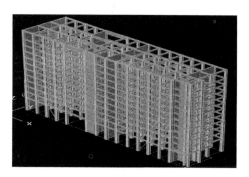
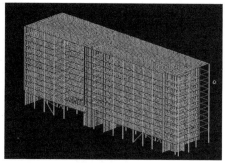

图 3.10　结构分析模型

根据上述所选择地震波进行时程分析。通过典型粘滞阻尼器的滞回曲线分析发现，粘滞阻尼器在小震时程工况下工作状态正常，滞回曲线饱满，消耗了输入结构的地震能，满足设计要求。

根据所选择地震波进行小震时程分析，地震波时程能量曲线见图 3.11。根据能量图计算结构的附加阻尼比，弹性阻尼比已知且恒定为 5%，附加阻尼比与耗能成正比。小震情况下，粘滞阻尼器耗能消耗地震能量产生的附加阻尼比均大于 2%，满足最初设计目标。

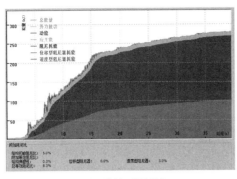

(a) 天然波2能量曲线-x

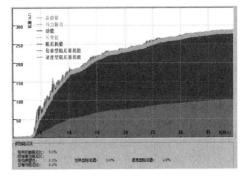

(b) 天然波2 能量曲线-y

图 3.11　小震时程能量曲线

结合国家标准《建筑抗震设计规范》GB 50011—2010 和所选地震波，主作用地震波峰值加速度设为 3.10m/s^2，次方向峰值加速度为 2.64m/s^2。通过每层典型 BRB 和粘滞阻尼器的滞回曲线分析发现，BRB、粘滞阻尼器在大震时程工况下工作状态正常，滞回曲线饱满，充分发挥了减震装置的耗能作用，可有效消耗地震能量。大震时程工况下，BRB、粘滞阻尼器消耗地震能量相对小震较大，结构构件弹塑性耗能产生的附加阻尼比增加较大，见图 3.12。该工况下 BRB、粘滞阻尼器耗能功能得到充分发挥，有效保护了结构主体构件。

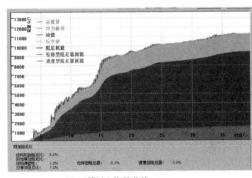

(a) 天然波2能量曲线-x

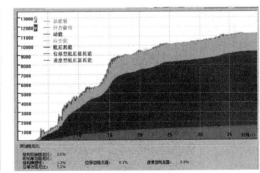

(b) 天然波2能量曲线-y

图 3.12　大震时程能量曲线

根据大震时程工况弹塑性分析所得位移角（图 3.13），可以发现，大震时程工况下层间位移角满足国家标准《建筑抗震设计规范》GB 50011—2010 第 5.5.5 条的要求，即层间位移角小于 1/100。大震时程工况下，各构件的损伤情况见图 3.14。大震时程工况下，大部分构件为轻度或轻微损坏，少数构件局部中度损坏，减震装置的布置有效保护了主体构件。

（5）现场安装

屈曲约束支撑和粘滞阻尼器现场安装见图 3.15、图 3.16。

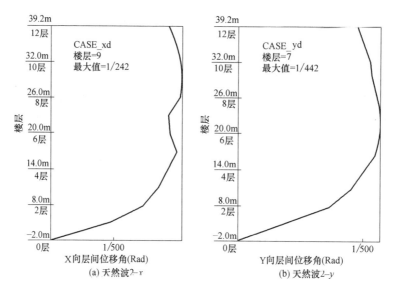

图 3.13　层间位移角曲线

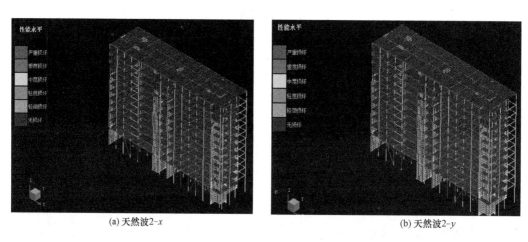

图 3.14　大震时程工况下结构损伤图

图 3.15　约束式单芯板屈曲约束支撑

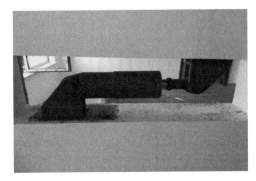

图 3.16 粘滞阻尼器

四、改造效果分析

建筑原设计功能为公寓，使用功能较差，安全隐患较大。改造后，居住建筑的使用功能得到了有效提升。改造后室内外效果，见图 3.17。通过使用功能改造，该建筑满足养老康复建筑功能需求。建筑具有合理的功能布局与交通流线组织，以及空间防火性能，实现养老、康复、护理和医疗一体化。

(a) 外观对比

(b) 多功能大厅对比

图 3.17 改造前后效果对比图（一）

(c) 核心交通空间对比

(d) 室内对比

(e) 大厅功能对比

图 3.17　改造前后效果对比图（二）

改造后，居住建筑的安全与耐久性能得到了有效提升：该建筑已使用 30 年，对结构构件混凝土脱落、钢筋锈蚀进行了耐久性修复，后期设计使用年限为 30 年。

改造后，居住建筑的防灾性能得到了提升：通过增设屈曲约束支撑和粘滞阻尼器，结构体系具有优异的抗震性能。

五、经济性分析

山东省立第三医院养老康复楼若采用传统性能改造和综合防灾提升技术，造价高，提升空间有限，且原计划拆除。通过采用课题研究的关键技术，即耐久性评估与寿命提升技术、功能改造与防灾性能提升一体化技术，对原建筑进行使用功能改造和防灾性能提升。在经济性方面，采用传统加固改造技术，加固改造费用约 1200 万元；而采用本课题研发的新技术，加固改造费用约 500 万元，仅为传统加固改造费用的 42%。

该项目得到了山东省卫生健康委和省民政厅的关心指导，并得到了济南市、天桥区各级政府部门的大力支持。启用后的养老康复楼实行"整体康复、健康评估与管理、病员包餐、循环陪护、智能康养"等新模式，做到"医、康、养、护"四者紧密融合，以温馨、高端、专业为标准，让服务人群实现"在康复中生活，在生活中康复"的一体化服务。目前，该养老康复楼入住率已超过 90%，经济社会效益显著。

六、结束语

我国既有建筑面积已超过 600 亿 m^2，建筑平均寿命为 30 年，大量建筑未到设计使用年限拆除的主要原因为使用功能和防灾性能不能满足社会需求。采用传统性能改造和综合防灾提升技术，造价高，提升空间有限。本项目针对该养老康复楼的综合防灾性能和耐久性能提升需求，应用了钢筋阻锈处理和混凝土表面修复技术，提升原有劣化构件的耐久性；应用了增设消能减震元件以及用作电梯井的混凝土剪力墙，提高结构抗震性能；采用了叠合板加固屋面板用于空中花园改造。经过使用功能和防灾性能改造，建筑物使用功能显著提升，具有较好的综合防灾性能。

参考文献

[1] 中华人民共和国国家标准. 建筑抗震设计规范：GB 50011—2010 [S]. 北京：中国建筑工业出版社，2016.

[2] 中华人民共和国国家标准. 建筑工程抗震设防分类标准：GB 50223—2008 [S]. 北京：中国建筑工业出版社，2008.

[3] 蒋建，吕西林，翁大根. 附加黏滞阻尼器减震结构基于性能的抗震设计方法 [J]. 力学季刊，2009，30（04）：577-586.

［4］ 王亚勇，薛彦涛，欧进萍，等. 北京饭店等重要建筑的消能减振抗震加固设计方法［J］. 建筑结构学报，2001（02）：35-39.

［5］ 梁继东，董聪，苗启松. 北京饭店消能减振抗震加固的静力弹塑性分析［J］. 建筑结构，2005（08）：24-26＋56.

［6］ 吴克川，陶忠，胡大柱，等. 屈曲约束支撑在玉溪一中教学楼抗震加固中的应用［J］. 建筑结构，2014，44（18）：94-100.

［7］ 陈晓强，李霆，陈焰周. 屈曲约束支撑及粘滞阻尼器在抗震加固中的应用［J］. 土木工程与管理学报，2011，28（03）：328-331＋335.

［8］ 杨溥，姬淑艳，肖志，等. 粘滞阻尼器加固的某 RC 框架结构抗震性能分析及优化设计［J］. 重庆大学学报（自然科学版），2007（08）：114-118.

4 日本 Hikari Second Bldg 公寓

项目名称：日本 Hikari Second Bldg 公寓
建设地点：日本福冈县小野市中央 1-7-2
改造面积：1784.53m²
结构类型：钢筋混凝土结构
改造设计时间：2014～2015 年
改造竣工时间：2016 年
重点改造内容：主体结构抗震性能提升、围护结构改造、室内外环境改造
本文执笔：王明谦　李向民
执笔人单位：上海市建筑科学研究院有限公司

一、工程概况

1. 基本情况

该项目位于日本福冈县小野市，为公寓楼改造。该建筑为 5 层，采用钢筋混凝土结构，建筑面积为 1784.53m²，具有 40 余年的历史。改造前的整体效果见图 4.1。

图 4.1　Hikari Second Bldg 公寓楼改造前的整体效果

2. 存在问题

改造前该建筑部分结构构件老化十分严重，且外墙部分混凝土面层已脱落，导致公寓楼的安全性能较低，见图 4.2。同时，建筑的使用功能也受到了限制，公寓入住率较低。改造前，建筑也没有正式竣工验收证明。

33

图 4.2　混凝土脱落

二、改造目标

在有限的经济条件下，保留原房屋结构的大部分主体，改善使用功能和配套设施，延长房屋使用寿命。通过外立面形状转换，抗震加固、更新设备、电梯入口扩建等，提高居住水平和环境质量，增加公寓入住率，提高原有建筑的资产价值。

三、改造技术

（1）主体结构抗震性能提升：日本是地震活动较频繁的国家之一，因而工程结构的抗震性能是改造中重点关注的对象。工程师以尽量不拆除和改动承重墙为前提，对局部受损较严重的混凝土构件进行粘贴碳纤维布加固，显著提升结构整体的抗震性能，见图 4.3。

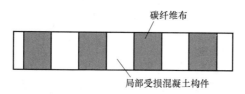

图 4.3　粘贴碳纤维布加固方法示意图

（2）外围护结构改造：对外围护结构进行更换，并对老化的混凝土面层进行修复；外墙外部装饰材料使用金属板，在更新建筑外观的同时，起到了延缓结构老化、防止混凝土面层掉落的作用，见图 4.4。

改造过程中注重对建筑美学特点的提升。通过贯穿建筑物两端的一条白色线条装饰，使增建的入口大厅等与现有建筑物毫无违和感地融为一体。阳台的扶手最大限度地减小间距，既确保通风采光，又遮挡了外部的视线。通过在入口设置地窗，考虑隐私的同时引入自然光，保持内部的明亮度，见图 4.5。

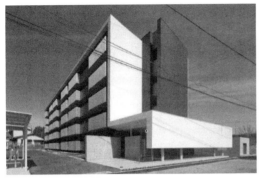

图 4.4　围护结构改造后实景

图 4.5　入口地窗实景

（3）室内装饰装修改造：起居室里设置木质隔墙，内外装饰材料都大量采用了常用装饰材料，并对它们的构成和配置进行独特设计，见图 4.6。

图 4.6　内部装饰装修改造

（4）交通环境的改善：针对公寓的入口和电梯口进行改造，增设了入口门厅、门禁和对讲机等设施（图 4.7），同时还增加了适老化的设施。该措施既显著提升了该公寓的安全性，又提升了公寓居住的舒适性。

图 4.7　改造后的公寓入口

四、改造效果分析

改造后，该建筑的主体结构与围护结构的安全性能均得到了显著提升，通过内外空间的重新布局，增加了使用功能，提升了入住感受。总体改造情况和改造效果分别见图 4.8、图 4.9。

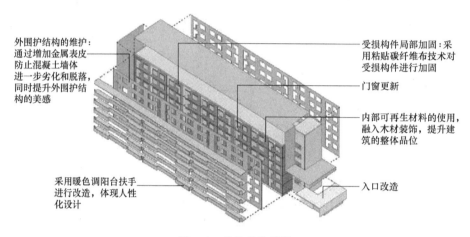

外围护结构的维护：通过增加金属表皮防止混凝土墙体进一步劣化和脱落，同时提升外围护结构的美感

受损构件局部加固：采用粘贴碳纤维布技术对受损构件进行加固

门窗更新

内部可再生材料的使用，融入木材装饰，提升建筑的整体品位

采用暖色调阳台扶手进行改造，体现人性化设计

入口改造

图 4.8　总体改造情况

图 4.9　改造后效果

改造后，该建筑的抗震性能和宜居性均显著提高，入住率也大幅提升，有效提升了原有建筑的资产价值；改造过程中所用材料的造价较低，显著降低了改造成本。另外，本项目于 2016 年获得日本优秀设计奖（Good Design Award。该奖项 1957 年设立，对象为建筑、产品、软件、系统和服务等与人们息息相关的各种事物，只要是人

们为了某种理想和目的而构筑的事物都会被视为设计，其品质将得到评价和表彰。其获奖标志是"G Mark"，该标志在日本有着非常高的认知率）。

五、结束语

该公寓在改造前使用时间已达 40 余年，结构老化严重，安全性低，入住率下降。本次改造在重新利用主体结构大部分原型的基础上，进行了抗震加固、外立面改造、设备更新与电梯入口扩建。改造后，该建筑的安全性和宜居性得到显著提高，深受住户喜欢。同时将当时没有验收证明的建筑物，通过增建进行建筑确认申请，明确了改造后建筑的合法性，提高了建筑物的资产价值。该项目已作为既有居住建筑改造项目的模板在日本推广。

本项目实施中，除了提升结构安全性和使用功能外，还强调了对建筑美学特点的提升，无论是外立面形象、采光构成、室内外装饰等，都花费了大量精力进行了独特设计，并借此获得了日本优秀设计奖。因此，既有居住建筑改造过程中不仅需要关注承重构件的改造，还要注重围护结构的安全性、建筑美感的改造和交通环境的改善。

（注：本文中主要图片资料源于青木茂建筑工房网站 http：//aokou.jp/）

第二篇　环境宜居

5　北京市紫荆雅园小区

项目名称：北京市紫荆雅园小区

建设地点：北京市通州区

改造面积：116125m²

改造设计时间：2017 年

改造竣工时间：2018 年

重点改造内容：海绵设施建设、景观修复和提升、管网改造与建设等

本文执笔：韩元[1]　黄欣[2]　赵利[1]

执笔人单位：1. 北控水务（中国）投资有限公司

　　　　　　2. 中国建筑科学研究院有限公司

一、工程概况

1. 基本情况

紫荆雅园地处北京通州区，北临堡龙路，东邻东六环路，西靠牡丹路，南近通胡路，区位图见图 5.1。本项目于 1999 年开始建设，2003 年竣工交付使用。占地面积为 116125m²，场地内对地下室进行了开发利用，地下室位于建筑下方。现状绿地面积为 38327m²，硬化屋顶面积为 23428m²，道路面积为 17612m²，现状绿化率为 33.36％，建筑密度为 20.40％，小区内包含 17 栋住宅建筑。

图 5.1　紫荆雅园区位图

2. 存在问题

改造前对物业及居民进行调研，结果显示在 2012 年 7 月 21 日和 2016 年 7 月 20 日的特大暴雨中，小区除个别坑洼地点外，道路上基本没有积水。目前存在的问题如下：

（1）场地竖向方面：整体地势较为平坦，相对低点有两处，低洼处易形成积水。

（2）绿化种植方面：现状均为实土绿地，无下凹式绿地，绿化种植品种单一，长势较差，存在荒地的现象，景观效果不佳；由于采取微地形缓坡绿地的形式，绿地普遍高于周边道路，雨季时存在土壤污染路面、堵塞雨水篦子等现象。

（3）道路铺装方面：小区内无透水铺装，主要路面为混凝土路面，包括道路、道路路牙、植草砖停车位等在内的现状铺装均破损严重。

（4）排水系统方面：小区内采取分流制排水系统，现状雨水管道仅布置在小区主干道，楼宇之间未敷设雨水管道，部分雨水依靠地表径流流向就近的主干道雨水口，导致雨水排水不畅。屋面雨水采取外排形式，少部分雨落管发生破损。屋面雨水经雨落管和散水后无序漫排。

另外，小区内交通设计人车分流不彻底，存在安全隐患。公共活动空间不足，居民对休憩场地需求的呼声较大。具体现状情况见图 5.2～图 5.7。

图 5.2　现状绿化

图 5.3 现状铺装

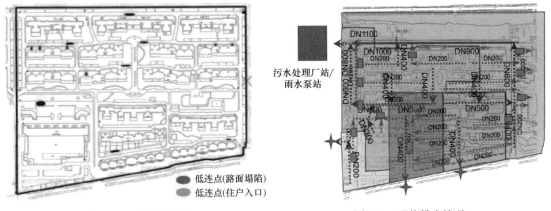

图 5.4 现状低洼点　　　　图 5.5 现状排水情况

二、改造目标

依据通州新城及北京市的上位规划等相关规定，本项目应满足年径流总量控制率 ≥75%，雨水资源化利用率≥3%，年 SS 控制率≥37.5%，排涝标准 50 年一遇，设计暴雨重现期 3 年的指标要求。

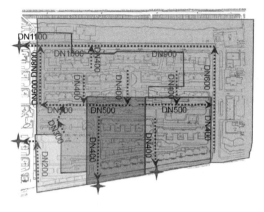

图 5.6　现状雨水管道

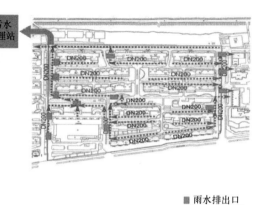

■ 雨水排出口
┅┅▶ 现状污水管道

图 5.7　现状污水管道

三、改造技术

项目充分结合小区现状，小区的五大汇水分区以统筹协调、问题导向、修旧利废、灰绿结合为原则，采用雨水花园、下凹式绿地、透水铺装、渗沟、植草沟、线性排水沟、更新雨落管、雨水管道改造、雨水口改造、污水及再生水处理装置改造等技术措施，对径流总量、径流污染、外排峰值进行控制，并将收集的雨水进行回用，提升了雨水资源化利用率。

同时，重新组织小区交通，实现人车分流；设置休憩座椅，增加人文关怀；并选用北京市乡土植物，适当增加香花槐、五角枫、雪松等常绿及落叶乔木，与千屈菜、马蔺等海绵城市湿水植物结合，形成乔灌草结合的复层绿化空间，形成丰富的园林植物景观。具体流程见图 5.8。

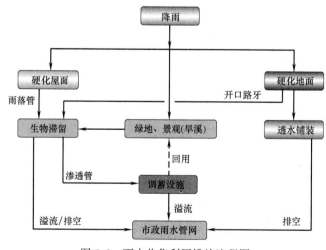

图 5.8　雨水收集利用排放流程图

其中，屋面雨水组织形式为：屋面排水立管→生物滞留设施（雨水花园、下凹式绿地）→蓄水模块/市政雨水管网；道路雨水组织形式为：路面雨水→透水路缘石→下凹式绿地→蓄水模块/市政雨水管网，或路面雨水→透水铺装入渗→市政雨水管网；广场雨水组织形式为：广场雨水→下凹式绿地→蓄水模块/市政雨水管网，或广场雨水→透水铺装入渗→市政雨水管网。

1. 子汇水分区划分

本着充分利用现有设施的原则，结合现状雨水管道，通过数值模型和理论计算，在小区内原 5 个汇水分区的基础上，进一步细分 LID 子汇水分区，划分为 44 个子汇水分区，保证 LID 设施切实发挥作用，达到海绵社区建设目标，见图 5.9～图 5.12。

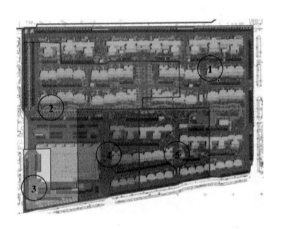

图 5.9 汇水分区

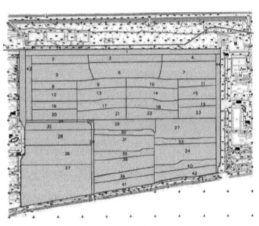

图 5.10 细分汇水分区

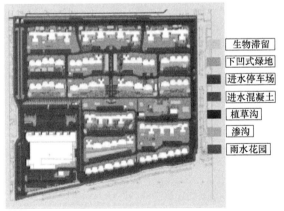

图 5.11 LID 设施平面布局图

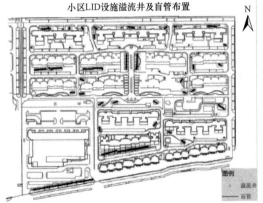

图 5.12 LID 设施溢流井及盲管布局图

2. 生态停车场改造

将现状地上停车场处改为透水（结构）停车场，解决停车位植草砖破损问题，同时收集周边道路或广场径流雨水，见图 5.13。将固定车位增加至 1004 个，满足小区停车需求，并在变电站附近增加 5 个充电桩停车位。

图 5.13　停车位改造实景图

3. 下凹式绿地改造

将小区较平坦及乔木较少的绿地改造为下凹式绿地，收集屋顶雨水，见图 5.14。

4. 透水铺装改造

现状混凝土道路改造为透水沥青路面，现状人行道改造为红色透水铺装，实现人车分流，减少雨水径流，见图 5.15。

图 5.14　下凹式绿地实景图

图 5.15　透水砖铺装改造实景图

5. 雨落管改造

对建筑外排雨落管进行低位断接，并设置卵石等消能措施，防止对绿地造成侵蚀，见图 5.16。

四、改造效果分析

选择 SWMM 模型进行海绵化改造实施效果模拟评估，结果见图 5.17。

本项目经竖向组织调整、LID 设施设计、雨水口改造及雨水管网扩充改造后，场地雨量综合径流系数由 0.6 降低为 0.46，年径流总量控制率达到 84.2%，年 SS 总量去除率达到 67.3%，雨水管网系统满足 3 年一遇的降雨排水能力要求，雨水资源化利用率达到 3%，收集的雨水经净化后回用于绿化浇灌。

图 5.16 雨落管改造实景图

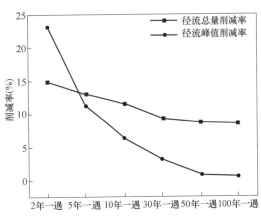

图 5.17 2 小时降雨模拟

根据小区景观特性和海绵改造理念，项目布置了四个 LID 典型示范区，形成典型的示范引领效果，见图 5.18。包括西入口 LID 实施示范区、梧桐大道景观带 LID 体验区、中心广场 LID 知识宣传区、中轴 LID 成果展示区，形成一轴、两带、多节点的结构形式，见图 5.19～图 5.24。

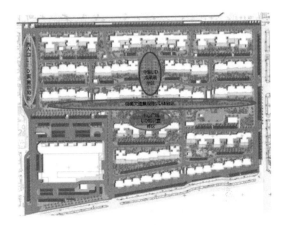

图 5.18 小区 LID 典型示范亮点布局图

图 5.19 西入口示范区实景图

图 5.20 梧桐大道体验区实景图

图 5.21　梧桐大道体验区实景图

图 5.22　中轴成果展示区实景图

图 5.23　路缘石改造实景图

图 5.24　种植池改造实景图

五、经济性分析

本项目包括紫荆雅园小区内的海绵设施建设、景观修复和提升、管网改造与建设工程。项目总投资为 3037.76 万元，造价约为 261.59 元/m²，设施的经济技术指标见表 5.1。

设施经济技术指标一览表　　　　　　　　　　表 5.1

项目	类别	项目或费用名称	数量
道路工程	透水铺装	人行道透水铺装（砂基透水砖）	5774.52m²
		停车场透水铺装（砂基透水砖）	12139.21m²
		混凝土透水砖	450m²
		透水沥青混凝土	23287m²
		透水混凝土铺装	995m²
排水工程	小型雨水管道	雨水管线	144m
		线性排水沟	387m
	中型雨水管	雨水管线	226m

续表

项目	类别	项目或费用名称	数量/m²
海绵工程	海绵设施维护	渗透管	6705m
		雨水花坛	150m²
		渗沟	1206m²
		生物滞留设施	2237m²
		雨水花园	1305.00m²
		下凹绿地	12266.85m²
		植草沟	120.00m²
		特色树池	20.72m²

六、结束语

北京紫荆雅园小区海绵化改造工程充分结合了小区现状，以问题为导向，按照海绵城市建设源头减排、过程控制、系统治理的指导思想，坚持统筹协调、因地制宜、灰绿结合、开放共享、示范引领的原则，以绿色 LID 源头减排设施的建设为主，综合采用渗、滞、蓄、净、用、排等技术手段，兼顾小区基础设施修补，完善了小区雨水系统，提升了居民居住环境，改善了居民生活质量，打造了海绵改造示范社区。

6 西安市大秦阿房宫介护老年公寓

项目名称：西安市大秦阿房宫介护老年公寓
建设地点：陕西省西安市未央区
改造面积：4000m²
结构类型：砖混结构、钢结构
改造设计时间：2018～2019 年
改造竣工时间：2020 年
重点改造内容：物理环境品质提升、空间功能品质提升
本文执笔：张倩
执笔人单位：西安建筑科技大学

一、工程概况

1. 基本情况

西安市大秦阿房宫介护老年公寓位于西安市沣东新城。原有建筑建造于 2000 年左右，东西朝向，建筑面积 1900m²，砖混结构，为单外廊公寓式居住建筑，建筑总平面见图 6.1。改造前，建筑设有三部楼梯，老年人主要居住在一层、二层，基本

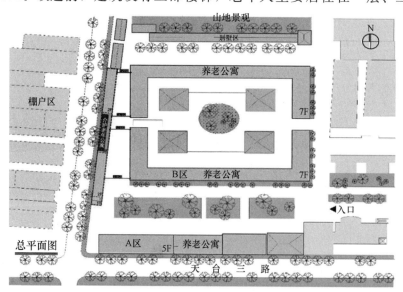

图 6.1 西安市大秦阿房宫介护老年公寓原有建筑现状总平面图

3~4人共用一间居室，部分居室内配有独立卫生间。一层设有公共浴室、办公室，各楼层设置公共卫生间。三层为办公服务人员宿舍，屋顶为临时性晾晒场。

2. 存在问题

（1）室内物理环境品质问题

① 热环境：墙体、门窗等建筑构件保温隔热性能较差。改造前建筑墙体为黏土实心砖砌筑，居室窗为单玻铝塑推拉窗，门为普通木质门，保温隔热性与气密性较差。老人居室内夏季通过空调调节室温，但空调壁挂机布置不合理，造成室内热湿环境及风环境不舒适，不利于老人身体健康。冬季室内采用散热器供暖，散热片布置的不利于室内整体供热的均衡，舒适性不佳，而且散热片占据室内空间，对于家具组织和老年人在室内的行走活动也产生一定影响。

② 光环境：采光面积不足，室内采光效果差。原有建筑一层居室为高窗，窗户距地1.8m，窗户尺寸1400mm×700mm，采光面积小且通风不良。居室内较为昏暗，白天需依靠人工照明提升室内照度。另外，高窗影响室内居住者对窗外情况的观赏视线，居住心理感受不佳。

③ 声环境：门窗气密性差，隔声降噪性能不佳。原有建筑改造前的单层木门和单玻铝塑推拉窗气密性差，导致隔声降噪性能均较差，无法有效阻隔室外、相邻走道或临近房间的噪声。老年人在日间休息和夜间休息时，对于安静环境的要求更高。改造前，十分影响老年人的居住舒适性。

介护老年公寓改造前建筑室内物理环境及设施情况见图6.2。

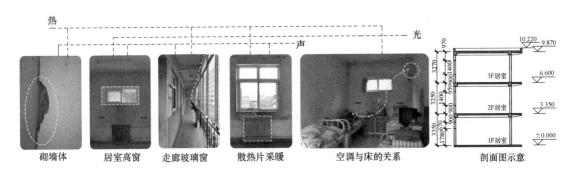

图6.2 介护老年公寓改造前建筑室内物理环境及设施情况

（2）建筑空间功能品质问题

① 整体功能构成不完善，空间布局与使用要求不匹配。原有建筑功能构成简单、空间模式单一，缺少与之配套的文娱休闲、医疗护理等服务功能，长外廊式平面布局仅能基本满足老年人的居住功能，并没有根据老年人的生活需求进行有效的功能分区。

② 服务流线过长，服务效率较低。原有建筑改造前为长外廊式平面布局，长达

110m 的冗长外廊使得为老年人提供照护服务的服务流线过长，大大降低了服务效率。且每户居室的门对着公共走廊，造成视线穿透、相互干扰过大等。

③ 适老化设计不符合老年人无障碍通行和使用要求。改造前，建筑仅设三部楼梯，未安装电梯。所有垂直交通只能通过楼梯解决，且楼梯坡度较陡，老年人居住使用十分不便，在无障碍通行方面存在很大缺失。楼层配置的公共卫生间为蹲便，且存在地面高差，缺少助力扶手、紧急呼叫等适老化辅助设施。

④ 老年人居室多人共居，空间功能性品质差。改造前的老年居室，普遍是 3～4 人共居一室，居室品质较差。室内空间拥挤，家具简陋、布局局促，人员行走活动空间无法满足老年人的人体工学尺度要求。个人私密空间无法保证，相互之间的干扰较大。居室内的无障碍配套设施不够完善，不同身体特征老年人的针对性适老化辅助设施配置不完善，空间设计使用方面人性化不足。

二、改造目标

项目改造旨在扩大现有老年公寓建筑面积，提升老年人居室内物理环境品质，通过配备完善的公共活动空间和公共服务空间等提升建筑功能品质，以此提升建筑整体的宜居性。

1. 室内物理环境品质方面的提升

声环境：提高围护结构的隔声降噪性能。更换原有的单玻铝塑窗，增加窗户的气密性，提升窗户的隔声性能，见图 6.3。

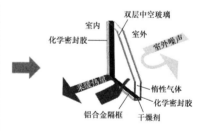

图 6.3　窗改造示意图

光环境：扩大窗户采光面积，增加窗地比，使室内获得更好的光照条件，降低对人工照明的依赖，同时为室内提供观赏性的室外景观。

热环境：增强墙体及门窗的保温隔热性能，提高冬季供暖时供热的均匀性，从而改善室内热环境。

风环境：保证居室内足够的新空气，提高通风效率。

2. 建筑空间功能品质舒适性

增加公共活动空间，包括室内的公共活动区以及室外的屋顶花园，尽可能在建筑内为老年人提供各种邻里交流、人际交流场所，见图6.4。同时，相应地增加辅助性空间，提高服务人员的工作效率，提升对老年人的护理品质。

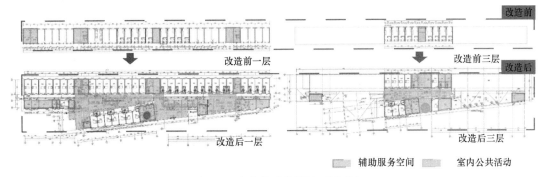

图6.4　改造前后首层平面图对比

提高居室的居住标准，由多人间变为单人间或双人间（图6.5），对不同身体状况的老人采取有针对性的改造设计及护理模式。

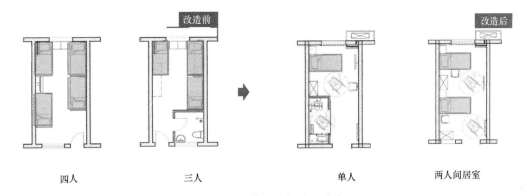

图6.5　改造前后居室平面图对比

从建筑人类工程学的观点出发，对空间布局、家具设备的选定进行适老化考虑。即公共交通、家具尺寸等方面均符合老年人的身体特征。

三、改造技术

1. 室内物理环境优化提升改造

（1）声环境

改造后，外窗由单玻改为中空双玻或三玻窗，窗户开启方式由推拉式改为上悬式，增加窗户气密性的同时提升窗户的隔声性能，使室内声环境品质得到大幅提升，改造前后的外窗见图6.6。

（2）光环境

光环境的提升主要采用在公共区域置入内天井、在屋顶设置天窗、增大窗洞口面

图 6.6　介护老年公寓改造前后窗变化

积等措施，以此扩大采光面积、增大窗地比、增加室内自然光进光量，最大限度地提升室内自然采光效果，改善室内光环境。

置入内天井：由于改扩建后的建筑室内进深过大，公共活动区域自然采光较差。在建筑中部的位置置入内天井，增加相邻公共空间中的走廊、多功能活动厅、护理台等功能区域的自然采光面，有效改善室内光环境品质，见图 6.7。

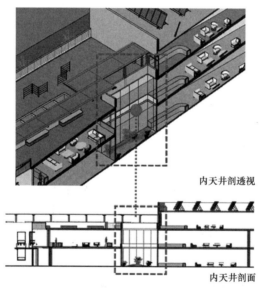

内天井剖透视

内天井剖面

图 6.7　介护老年公寓改造后建筑公共区域设置内天井

设置天窗：在扩建建筑的屋顶设置天窗，增加室内采光面，增大进光量，对于改善室内光环境品质、提升室内光环境质量大有帮助，见图6.8。

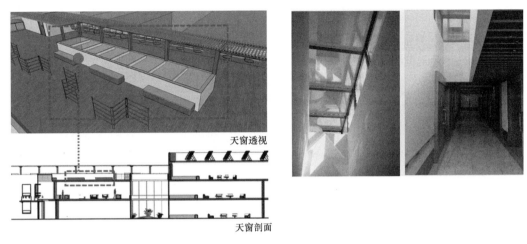

天窗透视

天窗剖面

图6.8　介护老年公寓改造后建筑屋顶设置天窗

（3）热环境

室内供暖方式改造：改造前的建筑室内通过散热器供暖，建筑室内热度不均匀。且散热片占用了部分室内空间，影响家具的布置。改造后采用地板辐射供暖的方式，室内供热更加均匀，且减少了对室内空间的占用，提高室内热舒适度，见图6.9。

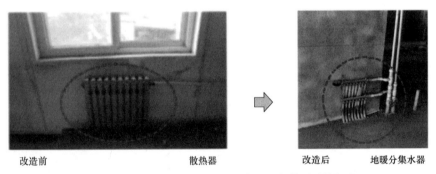

改造前　　　　　　　散热器　　　　　　　改造后　　　　　　地暖分集水器

图6.9　介护老年公寓改造前后建筑室内供暖系统调整

（4）风环境

改造前的建筑室内通风效果较差，通过在建筑公共区域置入内天井、增设室内通风换气设备等措施，改善室内风环境，提升室内物理环境品质。

设置内天井：由于建筑的新加建部分对公共区的自然通风会产生一定影响，故通过置入内天井的方式加强公共空间的自然通风效果，同时在内天井中栽种绿植，调节小气候、美化室内环境。

增设室内通风换气设施：改造前室内主要通过自然通风的方式改善室内空气质量，但老年公寓对通风换气要求高于普通居住建筑，仅通过自然通风无法达到令人满意的室内空气质量。在改造中，室内新增通风换气系统，通过自然通风与机械通风并用的方式，提高室内换气效率，以此调节室内空气循环，见图6.10。新风系统在送风的同时，对进入室内的空气进行净化，以此提高室内空气品质。

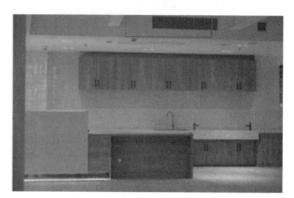

图6.10 介护老年公寓改造后增设新风系统

2. 建筑整体空间功能优化整合改造

（1）增加公共活动空间和辅助服务空间

增加公共活动空间，包括室内公共活动区（兼用餐厅）、室外屋顶活动平台等。增加辅助服务空间，包括办公室、护理台、医药间、公共卫生间及机械浴室等房间，提高为老年人服务的工作人员的效率，使老年人生活更舒适便捷，详见表6.1。

公共活动空间与辅助服务空间 表6.1

名称	实景图片	名称	实景图片
公共活动厅		公共卫生间	
服务台		公共浴室	

名称	实景图片	名称	实景图片
设备带		防撞板	
无障碍扶手		防滑条	

（2）增加无障碍电梯

对建筑整体的交通系统进行改造，在建筑中心部位增加两部无障碍电梯，见图 6.11。在南北两侧扩建的公共空间区域增加两部楼梯，辅助电梯来组织整体建筑的垂直交通，增强老年人居住和工作服务人员垂直交通的便利性和舒适性。

（3）增加屋顶露台

在建筑南北两侧新增加的二层屋面设置屋顶露台，改善原有建筑二层屋面环境，为居住于此的老年人提供临近的室外活动空间，满足晒太阳、接近大自然的行为需求，见图 6.12。

图 6.11　无障碍电梯

图 6.12　屋顶露台

（4）建筑空间尺度及设施配置改善

在合理配置建筑整体功能的同时，从建筑空间的细部尺度和设施配置方面进行优化和提升，改善建筑整体的宜居性和室内空间环境的舒适性。

将所有居室内及公共卫生间的便溺洁具调整为坐便器，见图6.13。为满足介护型老年人日常使用助行器、轮椅或医护床进出居室的便利性，将建筑居室门从原来的平开门调整为推拉门，并将原有建筑的门、窗洞口位置进行调整，以满足无障碍通行的要求，见图6.14。

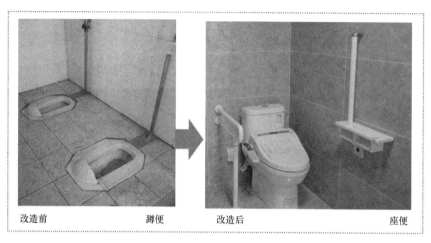

改造前　　　　　　　蹲便　　　　　　　　改造后　　　　　　　座便

图6.13　介护老年公寓改造前后公共卫生间洁具变化

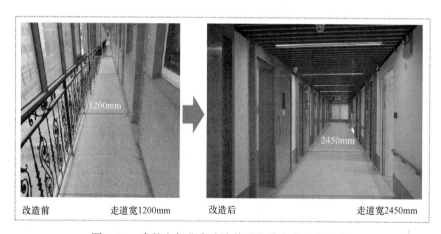

改造前　　　　　走道宽1200mm　　　　　改造后　　　　　走道宽2450mm

图6.14　介护老年公寓改造前后公共走廊尺度变化

四、改造效果分析

1. 改造后居住建筑的空间物理环境品质提升

老年建筑相较于普通建筑，对建筑空间环境的要求更高。与年轻人相比，老年人对室内温度、湿度、光线、空气质量的变化更加敏感，对居住空间的物理环境要求更高，更加希望安全、舒适、安静的空间环境。本项目通过改善建筑门窗的保温隔热性能，提高室内供热均匀性；通过门窗材质和开启方式的改造，提高门窗的隔声降噪性能；通过置入天井天窗，改善室内的采光和通风条件。

（1）光环境改善

改造后，建筑二层南侧公共空间增加天井（12.94m²），北侧走廊增加采光天窗（6.75m²），二层满足采光系数大于2.2的室内空间面积由535.92m²变为713.52m²，增加了177.6m²，有效改善了二层南侧公共空间与北侧走廊室内采光效果，详见表6.2。

介护老年公寓增加天井、天窗后二层光环境前后对比　　　　　　　　　　表6.2

项目 ＼ 位置	2F	
改造设计措施	东西两侧靠窗墙面均采用常规高度开窗	南侧公共空间增加天井（12.94m²）；北侧走廊增加采光天窗（6.75m²）
模型建立		
模拟结果		
满足采光系数大于2.2的室内空间 — 模拟结果 — 面积/m²	535.92	713.52
满足采光系数大于2.2的室内空间 — 模拟结果 — 占比/%	30.69	40.86
满足采光系数大于2.2的室内空间 — 措施实施前后对比 — 面积/m²	增加177.6	
满足采光系数大于2.2的室内空间 — 措施实施前后对比 — 占比/%	增加10.17	
结论	二层南侧公共空间与北侧走廊采光效果得到明显改善	

（2）热环境改善

运用温、湿度自记仪对改造前后老年公寓室内温度进行实测，选取连续24h进行数据对比。改造前的数据采集时间为2018年10月18日（14：15）～2018年10月19日（14：15），改造后的数据采集时间段为2020年11月7日（14：15）～2020年11月8日（14：15）。数据对比结果显示：改造后的室内平均温度比改造前提高8.8℃，详见表6.3。

介护老年公寓改造前后室内温度对比 表 6.3

室内温度曲线图	Max/℃	Min/℃	Avg/℃
改造前 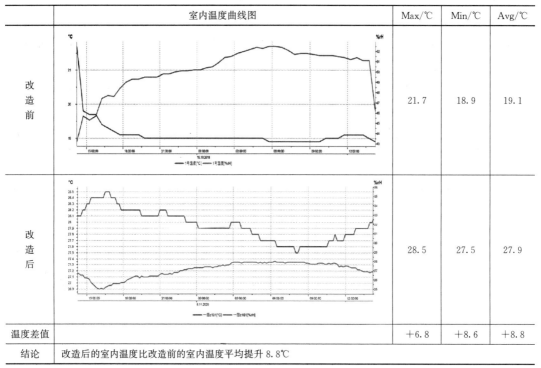	21.7	18.9	19.1
改造后	28.5	27.5	27.9
温度差值	+6.8	+8.6	+8.8
结论	改造后的室内温度比改造前的室内温度平均提升8.8℃		

（3）声环境改善

通过使用声级计对老年公寓改造前后的声压级进行实地测量，分别针对各层的平均声压值进行对比。改造前的数据获取时间为 2018 年 10 月 18 日，改造后为 2020 年 11 月 7 日，前后的数据获取均是在关窗状态下进行。对比结果显示，改造后的室内平均声压值比改造前至少降低 10.2dB，二层的室内声压值降低对比效果最为明显，降低了 15.9dB，详见表6.4。

介护老年公寓改造前后室内噪声值对比 表 6.4

	一层	二层	三层
改造前声压级/dB	41.5	47.1	44.0
改造后声压级/dB	31.3	31.2	29.5
差值/dB	10.2	15.9	14.5
结论	改造后的室内平均声压值比改造前降低至少 10dB		

2. 改造后居住建筑的空间功能品质提升

建筑空间从细节到整体的适老化改造设计，使得室内空间功能品质得到提升，从空间的组织模式、空间的功能布局到居室内的空间尺度设计、家具部品的选择等各方面，都对原有建筑所存在的问题做出针对性的回应。从老人的行为特征出发，充分考虑其生理状况和精神需求，将人性化、适老化的理念贯穿于整个设计过程，全面提升老年人的居住品质。

五、经济性分析

目前，国家对房价的调控日益严格，土地也因此变得更为稀贵。通过对老旧建筑进行改造，可盘活存量土地资产，提高城市的土地利用率，促进城市经济的快速发展。

老旧房屋改造项目不同于一般企业建设项目，它不以项目的自身盈利为目的，而是通过为社会提供服务，使得原有项目的安全耐久、环境宜居、健康舒适等转化为社会效益。对原有结构尚好的老旧建筑项目进行改造，一方面可以有效增加房屋寿命、获得建筑物面积增加所带来的增值，另一方面通过节能改造带来差额收益。除此之外，项目改造之后，居民的舒适度极大提升，用户满意度显著增高，具有较好的经济和社会效益。

六、结束语

全国既有居住建筑存量巨大，据初步测算，2000 年以前建成的居住小区总面积约为 40 亿 m^2。从建成年代看，据全国第六次人口普查的 10％抽样调查数据，2000 年以前建成的城镇住房中，1949 年以前建成的占 1.1％，1949～1979 年建成的占 9.2％，1980～1989 年建成的占 28.0％，1990～1999 年建成的占 61.7％。从地域分布看，严寒和寒冷地区（东北、华北、西北和部分华东地区）占 43.3％，夏热冬冷地区（长江流域为主）占 46.3％，其他地区（华南地区等）占 10.4％。

我国 2000 年以前建成的居住建筑多为多层砖混结构，这些多层居住建筑无法满足居民日益增长的对美好生活的需要，严重影响了住户的居住品质。但是既有多层居住建筑一般都拥有区位好、规模大、住宅成套率高以及周边基本配套设施齐全的特点，对这些既有多层居住建筑进行适当的维护和必要的安全、节能与功能完善性改造，关系到能源资源节约利用和环境保护，具有非常重要的现实意义。

本项目通过老年公寓更新改造，提升老年公寓的物理环境品质和空间功能品质，以此提升建筑整体的宜居性。建筑室内物理环境改善，主要对室内空间的声环境、光环境、热环境和风环境进行改善，通过改善建筑门窗的保温隔热性能、改变供暖方式，提高室内供热均匀性；通过门窗材质及开启方式的改造，提高门窗的隔声降噪性能；通过增加室内天井天窗，改善室内的采光和通风条件。建筑空间功能品质改造，主要分为增加公共活动空间和辅助服务空间、增加无障碍电梯、增加屋顶花园及设施配置等。

建筑从整体到细节的设计充分考虑老年人的生理状况和精神需求，将人性化、适老化的理念贯穿于整个设计过程，全面提升老年人的居住品质。

参考文献

［1］ 中华人民共和国学会标准. 健康建筑评价标准：T/ASC 02—2016 [S]. 北京：中国建筑工业出版社，2017.

［2］ 中华人民共和国国家标准. 既有建筑绿色改造评价标准：GB/T 51141—2015 [S]. 北京：中国建筑工业出版社，2016.

［3］ 中华人民共和国国家标准. 绿色建筑评价标准：GB/T 50378—2019 [S]. 北京：中国建筑工业出版社，2019.

［4］ 赵丰东，胡颐蘅. 北京市绿色建筑适宜技术指南 2016 [M]. 北京：中国建材工业出版社，2017.

［5］ 杨敏行，白钰，曾辉. 中国生态住区评价体系优化策略：基于 LEED-ND 体系、BREEAM-Communities 体系的对比研究 [J]. 城市发展研究，2011，18（12）：27-31.

［6］ 宋然然. 既有住宅再生设计模式研究 [D]. 大连理工大学，2010.

［7］ 魏秀婷. 住宅室内空气品质与控制方法研究 [D]. 天津大学，2007.

［8］ 罗鹏. 既有住宅居住品质改造设计研究 [D]. 北京建筑工程学院，2012.

［9］ 曲直. 城市老旧住宅改造设计研究 [D]. 清华大学，2011.

［10］ 王清勤，陈乐端. "十二五"国家科技支撑计划项目："既有建筑绿色化改造关键技术研究与示范"项目进展 [J]. 建设科技，2013（13）：27.

［11］ 中华人民共和国行业标准. 既有居住建筑节能改造技术规程：JGJ/T 129—2012 [S]. 北京：中国建筑工业出版社，2013.

［12］ 中华人民共和国行业标准. 既有住宅建筑功能改造技术规范：JGJ/T 390—2016 [S]. 北京：中国建筑工业出版社，2016.

［13］ Jerry Yudelson. Greening existing buildings [M]. Harbin Institute of Technology Press，2014.

［14］ 董峻岩. 哈尔滨城市居住区公共空间声环境评价及分析研究 [D]. 哈尔滨工业大学，2013.

［15］ 刘鸣，马剑. 光污染对生态的影响及防治对策 [J]. 上海环境科学，2007，26（3）：125-128.

［16］ 王童. 自建住宅光环境调研与改善 [D]. 合肥工业大学，2017.

7　深圳市福田区玉田村长租公寓

项目名称：深圳市福田区玉田村长租公寓

建设地点：深圳市福田区玉田村向东围村

改造面积：5.09 万 m²

结构类型：框架-剪力墙结构

改造设计时间：2018～2019 年

改造竣工时间：2020 年

重点改造内容：室内外声、光、热、风环境改造

本文执笔：朱红涛

执笔人单位：深圳市建筑科学研究院股份有限公司

一、工程概况

1. 基本情况

深圳市福田区玉田村隶属深圳市福田区南园街道，玉田村由祠堂村、向东围西村、向东围东村组成，占地面积 2.51 万 m²，建筑面积 12.67 万 m²。其中，向东围东村由 52 栋单体建筑组成，占地面积 1.03 万 m²，建筑面积 5.09 万 m²。项目规划图见图 7.1。

图 7.1　项目规划图

2. 存在问题

该项目建筑布局属于典型的城中村建筑布局模式，建筑布局紧密，巷道狭窄，日照、采光及通风效果差。建筑靠近道路、酒店厨房等噪声源，噪声超标。此外，该区域人员密度大，内部无绿化，室外热环境较差。

调研发现，既有居住建筑室内环境功能品质较差，空间布局不合理，流线组织混乱；建筑室内声、光、热等物理环境不佳，难以满足现阶段居住者的使用和舒适性要求。

二、改造目标

应用室内外环境品质提升改造技术，使玉田村长租公寓室内外环境明显改善提升，将玉田村长租公寓打造成为具有较高影响力的宜居、安全、活力的文明社区。

三、改造技术

1. 室外环境宜居改善

（1）声环境

人车分流和噪声源隔断：在居住区入口或在居住区范围内的合理距离设置机动车停车场，减小机动车出口处对建筑的噪声影响。例如车辆直接驶入小区的地下车库，保障地面行人的安全，同时减少噪声和空气污染，还能腾出空间用于社区景观建设，净化居住环境。

根据声环境诊断结果，将测点 2 处的停车场入口改在离居民楼更远的地方，实现人车分流，可有效降低出入车辆对该村内部住宅的噪声影响。此外，测点 2 处和 6 处的噪声均超标见图 7.2。究其主要原因，是测点 2 处和 6 处有酒店厨房，在用餐期间炊事噪声巨大，因此对排油烟风机进行降噪处理。

图 7.2 噪声测点位置

（2）热湿环境

绿色屋顶：传统的屋顶大都由太阳辐射吸收率较高的灰色材料制成，这些屋顶在太阳直射下会达到较高的表面温度，与周围空气进行强烈换热，从而使环境温度升高。绿色屋顶是在各类建筑物的屋顶进行草木花卉的种植和造园，利用植物的蒸腾作用吸收环境热量，从而降低屋顶表面温度、节约建筑能耗。项目绿化屋面不仅美观，而且能提高住户的舒适性，见图 7.3。

图 7.3　绿化后的屋顶

冷屋顶：冷屋顶是指表面具有高反射率和高红外发射率的屋顶，这两种屋顶可以使屋顶表面温度降低，减少屋顶表面与空气的换热，以此降低周围环境温度。向东围村的屋面可分为上人屋面和不上人屋面，上人屋面进行绿化处理，不上人屋面通过涂刷一层高反射涂料，改善室外微环境，见图 7.4。

图 7.4　涂刷高反射材料的屋面及墙面

透水铺装：通过采用大空隙结构层或排水渗透设施使雨水就地下渗，从而达到消除地表径流、雨水还原地下、缓解城区热岛效应、优化室外环境的目的。透水沥青和混凝土路面适用于人行和车行道路、停车场等处；透水砖路面则适用于对路基承载能力要求不高的人行道、步行街、休闲广场、非机动车道、小区道路以及停车广场等场所，见图 7.5。

图 7.5　车行道改造前后对比

（3）风环境

通过居住建筑的改造，使底层架空形成通风廊道，从而改善居住小区热环境。将建筑底层架空改造归至居住小区室外环境改造中，以构成高效的居住小区热环境呼吸体系，提高小区整体环境、空气质量和人群居住的舒适性。该村进行了底层街道的拓宽和架空，从而形成一条风道，改善小区风环境，见图 7.6、图 7.7。

图 7.6　底层架空和首层拓宽示意图

2. 室内环境宜居改善

（1）声环境

项目对门窗、隔墙板、卫浴等进行更换或改造，以此改善室内声环境。具体如下：

① 门窗

针对长租公寓住户对建筑室内声环境的需求，主要空间采用隔声门窗等改善室内声环境，见图 7.8。

隔声门：提高居住建筑户门的气密性及隔声性，采用在门缝处加设橡胶材料的密封条等密封措施，采用材料密度较大的门等；阳台推拉门采用透光性能高的玻璃铝合金门，在隔声的同时兼顾采光。

图 7.7 底层架空和首层拓宽实景

(a) 改造前

(b) 改造后

图 7.8 改造前后外窗对比

隔声窗：更换外窗，并在窗框上设置吸声材料。窗户的开启方式由推拉窗改为上悬窗，同时提高室内安全性。

② 隔墙板

该项目中部分楼栋户型的平面重新进行了设计，采用隔墙分隔户型。在项目实施中，课题组研究了薄板复合墙、水泥发泡轻质复合隔墙板、砌块墙等的隔声量，最终确定采用 12mm、15mm 厚的水泥发泡轻质复合隔墙板。

水泥发泡轻质复合隔墙板是以工农业固体废弃物（如粉煤灰、煤矸石、石英砂、尾矿砂、稻糠、麦秆、棉秆、锯末、水泥等）为原料，利用水泥发泡作为芯材制作而成，具有轻质、隔声、防火等特点，是一种新型墙体材料。采用的轻质复合隔墙板制品中，同时具有较低的导热系数。

③ 整体卫浴

将卫浴空间进行一体化设计，同时把卫浴产品集中配套生产，使空间布局更科学实用，见图 7.9。整体卫浴可有效解决上下楼层间排水产生噪声的问题。其中，材料选取静声管道（带泡沫隔声层），管道表面刷胶并粘贴一层 2mm（或 3mm）厚隔声毡，为了防止开胶，外面用管道膜缠绕扎紧。另外，支架、接口采用柔性减震连接；给水管道控制流速、压力，外包隔声棉；立管采用螺旋管改变水流状态。

图 7.9 改造后整体卫浴

（2）光环境

该村对内部空间功能进行整合改造，由原来采光通风不良的家庭式套型，改造为独立式单间个人公寓，餐厨空间进行一体化设计。部分户型的开窗面积相应增大，采光面积增大，很大程度上改善了室内采光效果，见图 7.10。

图 7.10 改造后采光实景

（3）热湿环境

建筑的外窗和幕墙透明部分中采取遮阳措施，东西向主要房间的外窗设置可以遮蔽窗户的外遮阳措施，见图 7.11。

（4）风环境

长租公寓户型面积普遍较小，结合建筑特征和室内需求，可设计安装高效通风换气装置和新风系统，见图 7.12。在排出室内污浊空气的同时，引入净化过滤后的室外新鲜空气。示范项目由于改造成本要求，在整体卫浴中设置排风系统，通过各楼层排风系统将室内污浊空气排出，并通过门窗渗透补风。

图 7.11　改造后外遮阳　　　　　　　图 7.12　改造后室内排风系统

四、改造效果分析

本项目改造前为 114 栋单体建筑，建筑密度高、握手楼多、地面空间紧张。此外，历史顽疾多，主要建筑立面被大量宿舍、高层大厦遮挡，采光及通风条件较差，室内外环境品质低。

项目针对上述问题进行了室内外环境改善。具体包括：通过窗洞口改造、门窗隔声、隔墙隔声、整体卫浴等措施提升室内物理环境品质，采用地面架空、透水地面、屋顶花园等措施提升室外空间功能品质。

通过对福田区玉田村长租公寓项目室内外环境改造，使室内外物理环境品质得到有效提升，给物业带来了一定增值；另一方面，项目通过遮阳、屋顶绿化等技术，降低了建筑空调能耗，节省了运行费用，具有较好的经济、社会及生态效益。

五、结束语

目前，城中村建筑密度较高、握手楼较多、采光及通风条件较差，普遍存在室内外环境品质差等问题。对于城市未来发展而言，尚未有城中村全部拆建的可能。本项目对城中村室内外环境进行了全面改造，有效提升了城中村的环境品质，旨在打造成为安全、宜居、活力的文明社区，对既有居住建筑宜居改造具有较好的参考价值。

8　深圳市景田天健花园

项目名称：深圳市景田天健花园

建设地点：深圳市福田香梅路东侧、景田北六街

改造面积：18555m²

结构类型：框架-剪力墙结构

改造设计时间：2018～2019 年

改造竣工时间：2020 年

重点改造内容：景观环境提升、海绵功能植入

本文执笔：孙茵

执笔人单位：深圳市建筑科学研究院股份有限公司

一、工程概况

1. 基本情况

深圳市景田天健花园位于深圳市福田香梅路东侧、景田北六街，于 1998 年竣工。该项目占地面积为 18555m²，建筑面积为 33460m²，其中建设用地面积为 16730.8m²，道路用地面积为 1825.1m²，容积率为 2.0，见图 8.1。主体建筑的结构为框架-剪力墙结构。

图 8.1　深圳市天健花园区位图

该小区有 17 栋住宅建筑，半地下停车库一层，地上 6～9 层半；共有住户 269户，居住人口约 800 人，入住率为 100％。小区内设有休闲广场（凉亭、花架）、儿童娱乐设施、游泳池、运动设施等，为不同年龄的居民提供休闲、娱乐场地。小区绿化面积约 5000m²，绿化覆盖率达 27％，植物丰实生长良好，乔灌木品种达 30 多种。该项目主要技术经济指标见表 8.1。

技术经济指标表			表 8.1
总用地面积/m²	18555	地下规定建筑面积/m²	8911
总建筑面积/m²	16730.8	最大层数	9 层半
容积率/%	2.0	最高高度/m	30.5
建筑覆盖率/%	19.8	停车位(地上/下)/个	244
绿地率/%	27		

2. 存在问题

（1）内涝

小区现状积水点主要在健身设施区域，下设缓冲沙地，地势低于周边路面；同时排水管设置在沙池底部，堵塞严重。雨天形成内涝面积 100m² 左右，占小区面积的0.58％，其他道路基本没有积涝，见图 8.2、图 8.3。

图 8.2　健身区域沙池晴天实景

图 8.3　健身区域沙池雨天实景

（2）围护结构渗漏

天健花园 1998 年竣工至今，已有 20 多年的时间，半地下车库顶板出现大面积渗漏，历年来经过多次修补，目前仍存在渗漏面积约 3000m²，见图 8.4、图 8.5。采取的措施主要是在车位顶搭设塑料棚防水。

（3）景观环境

小区花园铺装采用石材和瓷砖路面，铺装老旧、路面褪色、雨天湿滑，见图 8.6。

小区利用半地下室外的场地高差，原设计有一处水景喷泉。然而已停用多年，目前用摆放花盆进行装饰，见图 8.7。

图 8.4　地下车库临时防漏措施

图 8.5　地下车库渗漏痕迹

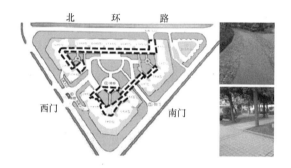

图 8.6　天健花园铺装形式

图 8.7　停用水景

（4）台风损毁

2018 年 9 月 16 日，台风"山竹"在广东台山海宴镇登陆，对深圳市造成显著破坏。天健花园受灾严重，树木倒伏 2 棵，大面积压倒树枝，内涝积水面积约 500m²，见图 8.8、图 8.9。

图 8.8　中央花园树木倒伏

图 8.9　小区大门树木倒伏

二、改造目标

该小区使用年限已超过 20 年，小区主体结构安全，但存在内涝点、地下室顶板渗漏、下垫面硬化严重、景观面貌陈旧、海绵基底不足等问题。本项目在保证小区居民正常生活出行的前提下，提出以下改造目标：

（1）解决现状问题

消除全部内涝点约 500m²，解决地下室顶板渗漏问题，完成灾后园区修复。

（2）海绵化性能提升

① 年径流总量控制率 62%

《深圳市海绵城市建设专项规划及实施方案》将深圳市分为 25 个管控单元，并设定了不同的管控标准，详见表 8.2。项目所在的新洲河片区为西部雨型壤土土质，综合整治类项目的年径流总量控制率要求为 55%，其他引导性指标作为设计参考。

综合整治类目标和管控指标要求　　　　　　　　　　　　表 8.2

类比			综合整治区域（%）
控制目标	东部雨型	壤土	65
		软土（黏土）	60
	中部雨型	壤土	55
		软土（黏土）	45
	西部雨型	壤土	55
		软土（黏土）	45
引导性指标		绿地下沉比例[a]	40
		人行道、停车场、广场透水铺装比例[b]	50
		不透水下垫面径流控制比例[c]	50

注：a. 绿地下沉比例是指包括简易式生物滞留设施（使用时必须考虑土壤下渗性能等因素）、复杂生物滞留设施等，低于场地的绿地面积占全部绿地面积的比例；其中复杂生物滞留设施不低于下沉式绿地总量的 50%。

　　b. 指人行道、停车场、广场具有渗透功能铺装面积占除机动车道以外全部铺装面积的比例。

　　c. 不透水下垫面径流控制比例是指受控制的硬化下垫面（产生的径流雨水流入生物滞留设施等海绵设施）面积占硬化下垫面总面积的比例。

《深圳市建筑工程海绵设施设计规程》SJG 38—2017 对于扩、改建房屋建筑工程年径流总量控制率的要求，对于二类居住用地，西部雨型壤土条件下年径流总量控制率为 62%。

综合《深圳市房屋建筑工程海绵设施设计规程》和《深圳市海绵城市规划要点和审查细则》，本项目年径流总量控制率设为 62%。

② 面源污染削减率 50%

综合《深圳市房屋建筑工程海绵设施设计规程》和《深圳市海绵城市规划要点和审查细则》，对于处于西部雨型壤土区域的二类居住用地改造项目，面源污染削减率目标为 50%。

（3）环境性能提升

① 指标的提升：屋顶绿化面积增加、活动空间增加；

② 舒适性提升：路网通达性增加，无障碍程度提升，小雨不湿鞋；

③ 景观丰富性提升：结合海绵增加趣味水景（乐泉、叠瀑、旱溪），丰富场地地形；

④ 生态性提升：绿化灾后修复，增加树荫、花园。

三、改造技术

1. 下沉式绿地

（1）"薄"型下沉式绿地

项目半地下室上方，设置约 800m² 的绿地，为贯彻海绵城市设计理念，设计"薄"型下沉式绿地。

技术要点：绿化带比周面路面低 40mm；为了减少荷载，采用 30mm 厚多孔纤维棉，解决营养和保水问题；绿化带下方设置排蓄水板排水。薄形下凹绿地的构造做法和改造后效果分别见图 8.10、图 8.11。

地下室顶板上的薄形下凹绿地构造深度不足 300mm，对雨水主要起净化过滤的作用，基本无蓄水功能，在计算雨水控制总量时不做计算。

（2）其他下沉式绿地

在小区外围绿地及场地部分地势相对较低的区域设置下沉式绿地，部分下凹绿地与雨水花园结合，形成丰富的景观效果。

下沉式绿地依据住房和城乡建设部《海绵城市建设指南》及《深圳市海绵城市建设专项规划》的要求，满足以下设计：

① 下沉式绿地的下凹深度应根据植物耐淹性能和土壤渗透性能确定，不得高于周边路面。

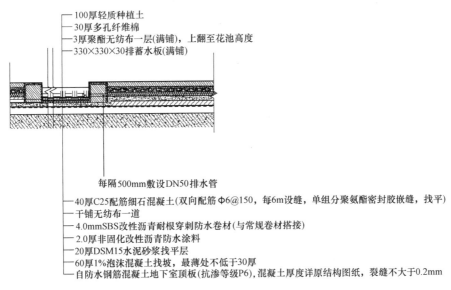

　—100厚轻质种植土
　—30厚多孔纤维棉
　—3厚聚酯无纺布一层(满铺)，上翻至花池高度
　—330×330×30排蓄水板(满铺)

每隔500mm敷设DN50排水管
—40厚C25配筋细石混凝土(双向配筋Φ6@150，每6m设缝，单组分聚氨酯密封胶嵌缝，找平)
—干铺无纺布一道
—4.0mmSBS改性沥青耐根穿刺防水卷材(与常规卷材搭接)
—2.0厚非固化改性沥青防水涂料
—20厚DSM15水泥砂浆找平层
—60厚1%泡沫混凝土找坡，最薄处不低于30厚
—自防水钢筋混凝土地下室顶板(抗渗等级P6)，混凝土厚度详原结构图纸，裂缝不大于0.2mm

图8.10　恒载4.0kN/m²下的"薄"型下凹绿地的做法

图8.11　地下室顶板"薄"型下凹绿地改造后效果

② 下沉式绿地内一般应设置溢流口，保证暴雨时径流的溢流排放，本项目溢流口顶部标高一般高于绿地50mm，以便滞蓄雨水能及时下渗。

③ 对于径流污染严重、设施底部渗透面距离季节性最高地下水位或岩石层小于1m及距离建筑物基础小于3m（水平距离）的区域，应采取必要的措施防止次生灾害的发生。

2. 透水铺装

（1）轻荷载透水铺砖

项目半地下室上方，标高27.45m处（场地标高25.55m）为主要出行路线，目前瓷砖面老旧脱落。本次改造采用透水铺装的形式换新，实现小雨出行不湿鞋。结合结构鉴定结果，建议恒载4.0kN/m²，活荷载3.0kN/m²，进行透水铺装层设计。

经过比较研究和核算，在 4.0kN/m² 恒载的限制条件下，采用 40mm 的仿石材透水砖做面层，考虑人行路面，其下可采用 20mm 级配中砂、40mm 天然级配砂石碾实；贴地下室顶板防水做法上方采用 30mm 厚排蓄水板，及时排除地下室顶板雨水。地下室顶板透水铺装做法和改造效果分别见图 8.12、图 8.13。

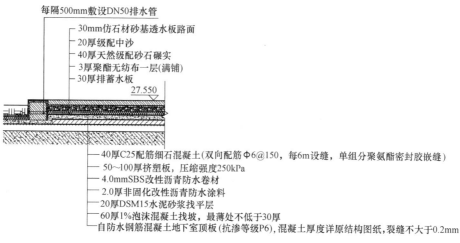

每隔500mm敷设DN50排水管
— 30mm仿石材砂基透水板路面
— 20厚级配中沙
— 40厚天然级配砂石碾实
— 3厚聚酯无纺布一层(满铺)
— 30厚排蓄水板
27.550

— 40厚C25配筋细石混凝土(双向配筋Φ6@150，每6m设缝，单组分聚氨酯密封胶嵌缝)
— 50~100厚挤塑板，压缩强度250kPa
— 4.0mmSBS改性沥青防水卷材
— 2.0厚非固化改性沥青防水涂料
— 20厚DSM15水泥砂浆找平层
— 60厚1%泡沫混凝土找坡，最薄处不低于30厚
— 自防水钢筋混凝土地下室顶板(抗渗等级P6)，混凝土厚度详原结构图纸，裂缝不大于0.2mm

图 8.12 恒载 4.0kN/m² 下的地下室顶板透水铺装做法

图 8.13 地下室顶板轻荷载透水铺砖实景

（2）其他透水铺装

小区内道路、半地下室顶板上部等区域采用透水铺装，见图 8.14。透水铺装结构应符合现行行业标准《透水水泥混凝土路面技术规程》CJJ/T 135、《透水砖路面技术规程》CJJ/T 188、《透水沥青路面技术规程》CJJ/T 190 的相关规定。本项目透水铺装还满足以下要求：

① 透水铺装在与市政道路交界处等对道路路基强度和稳定性潜在风险较大的位置，采用半透水铺装结构。

② 透水铺装设置在地下室顶板上时，设置排水层。

③ 透水铺装路面设计满足路基路面强度和稳定等国家标准规范要求；地面停车场宜采用透水铺装。机动车道采用透水路面时，必须满足其强度需求。

(a) 改造前   (b) 改造后

图 8.14 改造前后铺装对比

园区内部设置健身环道，采用透水沥青铺设，见图 8.15。

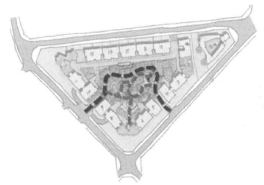

图 8.15 透水沥青健身环道及实景

3. 复杂生物滞留设施（雨水花园）

场地内原有沙池等易涝区域、地势低洼区域设置雨水花园，见图 8.16。通过滞蓄削减洪峰流量、减少雨水外排，保护下游管道、构筑物和水体；利用植物截流、土壤渗滤净化雨水，减少污染；降低场地内雨水径流，减少对城市管网的压力。

雨水花园属于雨水滞留设施，基于海绵城市雨水滞留设施的景观设计应符合以下条件：

① 雨水花园内应设置溢流设施，可采用溢流竖管、盖箅溢流井或雨水口等，溢流设施顶一般低于汇水面100mm。

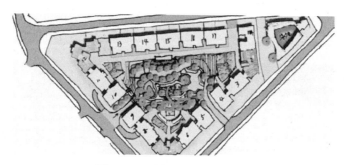

图 8.16　雨水花园区域分布图

② 复杂型雨水花园结构层外侧及底部应设置透水土工布，防止周围原土侵入。地下室顶板及周边设置的雨水花园，在雨水花园底部和周边设置防渗膜。

4. 滞水台地

项目将已停用的水景改造为滞水台地，将半地下室顶与整个场地连成一体，使得场地更加开阔。滞水台地每一梯级平台绿化均低于周边地面 100mm 左右，50mm 为有效滞蓄深度，见图 8.17。通过边沟收集半地下室顶的场地雨水，并引入滞水台地，有效消纳场地雨水。

5. 植被草沟

项目采用净化型植被草沟，在草沟下部设置滞蓄净化层，碎石填充，见图 8.18。

6. 雨水净化设施

在硬质地面周围，雨水不能进入下凹绿地、雨水花园等海绵设施的地方，项目设置生态雨水口或有截污挂篮及滤料的雨水口，使硬质地面的雨水先经截污挂篮或净化填料后，超量雨水从溢流口排至雨水管网，见图 8.19。生态雨水口的设置密度大于普通雨水口。

图 8.17　停用水景改为滞水台地

图 8.18　植被草沟示意图

海绵设施内的雨水口或溢流口应高于周边地面，以利于雨水通过海绵设施滞蓄、净化后溢流，海绵设施内的雨水口可结合景观设计采取多种形式。

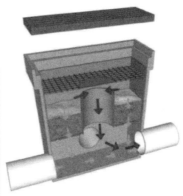

图 8.19　生态雨水口

7. 旱溪

作为海绵城市的一项重要综合管理技术措施，旱溪能很好地渗透、滞留雨水，具有较强的地下水涵养功能，对转输、净化中水也有一定的促进作用。仿照自然溪流进行布局，以便有效减缓水流速度，适时延长水流时间，进一步提高径流控制的效果；在绿地种植局部改造的过程中，将软石置入溪流的底部，同时采用退台式的生态驳岸。以充分增强周边环境和旱溪的融合，做好生态驳岸的景石置入作业，以提升旱溪改造景观的整体美感，改造后的旱溪见图 8.20。

图 8.20　改造后的旱溪

8. 雨水景观小品

通过收集屋顶的雨水汇入雨水调蓄池，大雨期间可以形成瀑布水帘，旱季可以从底部口引出浇灌绿地，形成重要的雨水利用景观设施，营造立体式海绵景观，增添场地的趣味性，见图 8.21。

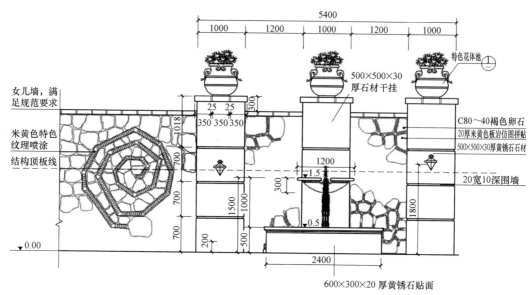

图 8.21　景观小品大样图

四、改造效果分析

通过对该项目原存在的内涝、围护渗漏和景观环境问题进行针对性改造，达到了理想的效果。

（1）改造后小区原有的内涝点消除。内涝的沙池区域被改造为雨水花园，并结合凉亭的设计，在室外形成舒适的纳凉、避雨空间。

（2）地下室顶板功能和景观提升。地下室顶板上户外场地是人员出行的主要场所之一，结合薄型下凹绿地和轻型透水铺砖的改造，实现了一定的雨水滞蓄功能，小雨场地干爽。同时，由于整体防水重新施工，基本消除渗漏问题。

（3）通过雨水立管断接，营造出 2 处雨水景观小品（乐泉、叠瀑），场地结合雨水径流组织，设置旱溪、小桥等景观，增加小区景观的趣味性。

（4）小区的景观环境得到了整体提升：通过滞水台地将半地下室顶板的活动空间与场地整体连通，给人以更开阔的视觉效果；增加了户外休憩场所；通过原开挖土的利用，营造出场地中央的山坡小景，可供居民攀坐戏耍；健身步道引人在园区穿梭活动。

（5）改造后，小区的海绵城市建设目标指标达到深圳市综合整治建筑小区的海绵城市建设目标指标，即年径流总量控制率 62%，面源污染削减率 50%。

五、经济性分析

既有居住建筑小区场地景观陈旧、存在内涝等问题，一直未得到有效解决。此次通过海绵景观更新，消除内涝点，提升居民出行体验；合并地下室顶板防水改造等工程，切实解决了居民生活诸多问题。

项目海绵城市改造和景观提升工程施工投资约 535.59 万元，其中地下车库顶板防水工程约 135.60 万元，其他海绵化改造和景观提升工程 399.99 万元。海绵化改造和景观提升工程施工（不含防水工程）总投资单价约 363.63 元/m²。施工投资分项工程费用详见表 8.3。

海绵化改造景观提升工程施工费明细　　　　表 8.3

序号	项目	改造内容	投资金额/万元
1	园林景观提升	凉亭、廊架、绿植	140.50
2	海绵化改造	下凹绿地、雨水花园、透水铺装、乐泉、叠瀑、滞水台地	221.49
3	地库顶板防水工程	地库顶板拆除、防水重做	135.60
4	其他	垃圾点、儿童乐园	38.00
	合计		535.59

六、结束语

既有居住建筑小区进行海绵化改造涉及利益主体众多，技术难度和协调难度大。为在改造过程中全面落实海绵城市建设要求，本项目充分利用场地条件，因地制宜选用海绵城市建设技术，在既有建筑结构限制条件下，创新性提出"薄"型下凹绿地、"轻"型透水铺砖等做法。通过大量调研，挖掘居民的真实需求，结合海绵化改造，切实解决小区存在的问题，提升海绵化改造的民众满意度。

9 西班牙马德里街区

项目名称：西班牙马德里街区

建设地点：西班牙马德里市

结构类型：砖混结构

改造设计时间：2017 年

重点改造内容：室内外环境改善

本文执笔：Vladimir Elistratov，Olga Pastukh，Svetlana Golovina，Nikolai Elistratov

执笔人单位：Saint-Petersburg State University of Architecture and Civil Engineering

一、工程概况

1. 基本情况

西班牙马德里街区由 Quinta 大道、Segunda 大道、Nueve 街道和 Diez 街道交叉围合而成，该街区依据 1950—1960 年的标准设计，旨在为 Pegaso 拖拉机厂的员工提供住房。其中，大多数住宅具有相同的建筑尺寸、结构方案和施工系统。本次改造范围包括 2 栋建于 1956 年的住宅楼、2 个单层棚屋、1 个院子和 1 个小广场，见图 9.1。

1 号楼是一栋 4 层的居民住宅楼，长 69.6m，宽 9.2m，建筑总高度为 13.2m，地下室层高 1.4m，见图 9.2。建筑屋面为坡屋面，并带有阁楼。地下室用于设置供水和污水处理系统的管道，其墙壁和楼板均采用钢筋混凝土材料。建筑结构为砖混结构，其纵向承重墙由陶瓷砖制成。建筑饰面抹灰 15mm，外墙厚度 320mm。

2. 存在问题

1 号楼中的楼梯台阶数量不同，并且平台的入口无坡道或升降设备；其中，楼梯间宽度为 0.89m，未安装电梯。为了供暖和供应热水，每间公寓配备了独立的燃气或电锅炉，但未连接到市政供热管网，难以满足多功能舒适性住房的要求。1 号楼和 2 号楼相同。

另外，通向庭院的两条街道都是封闭的，只能从住宅的楼梯间延伸部分进入。该空间最初设计为露台。在 2017 年调研时发现，院子区域的一部分是两排单层棚屋，另

布局包括：1号楼，2号楼；1—院子；2，3—单层棚；4—小广场

图 9.1　改造区域的总体布局

资料来源：Google 地图

(a) 从 Diez 街观看的前立面

(b) 面向院子和侧面的立面

图 9.2　1号楼的总体布局

一部分是用网状隔板划分的多个开放空间，该开放区域目前已被遗弃，见图 9.3。

2号和3号区域改建为单层棚屋，可以从街道（外面）进入。

4号区域位于项目的南侧，一侧与2号住宅楼相邻，另一侧与 Diez 街道相邻。广场上主要种植常绿树和灌木丛，但未经专项规划，娱乐空间的设置也未考虑不同社会人群的适用性。广场内有一个开放的中央区域，配有几个供市民休憩使用的长凳。该广场地势高于相邻街道，高差为 0.4~0.9m。由于没有设置入口坡道或升降设备，行

(a) 全景图

(b) 棚屋入口

图 9.3 （1 号）院子

动不便的人很难进入广场，在无外界帮助的情况下轮椅无法进入。

该区域内允许车辆在所有道路上停放，居民及其访客停车暂无困难。

二、改造目标

2017 年从 Isover Saint-Gobain 的官方网站 http：//www. isover-students. ru（国际版本……Isover，2017 年）查到了该地区的设计规范和初步设计数据。该项目是由 Isover Saint-Gobain 公司、马德里建筑部、马德里市可持续城市发展部合作进行"2017 年多居室设计"。根据设计规范，该项目为以下任务提供了解决方案：

（1）考虑 Isover 多功能住宅的要求，包括使用清洁能源进行的住宅建筑翻新；

（2）马德里住宅低层卧室区建筑的现代化；

（3）新建住房空间；

（4）优化储藏室的空间布局；

（5）设计用于公共和商业目的的非住宅设施；

（6）创造无障碍环境，包括行动不便者在内的不同社会群体；

（7）对私人和公共区域进行分区；

（8）提出使用城市空间和增加居住空间等具有经济吸引力的现代方案。

三、改造技术

1. 建筑

该项目的理念是统一独立建筑和创建综合的现代住宅综合体：根据"Isover Multi"的标准，对 1 号和 2 号现有建筑物进行翻新，并在 2 号和 3 号地区设计新区域。

（1）改造平面设计

节能建筑的建造不仅为企业提供了新机会，而且还促进了建筑和建筑领域的创新（Mlecnik，E.，2013 年）。该项目提供了 530m² 的新住宅投入运营，其中包括 24 套独立的公寓（12 个单卧室、6 个三居室、6 个四居室）。1 号和 2 号楼的翻新工程还包括在四楼上方建造斜屋顶，从地板到吊顶倾斜部分的房屋最小高度为 1.8m。阁楼房间的规划与建筑物典型楼层的规划相似。

综合住宅的四层侧面部分的设计尺寸为 10.9m×17.0m，布局平面见图 9.4。每层都有 2 个单卧室的套型，这样可以为今后的重新布局做准备。屋顶和观景台可以使综合住宅楼的居民享受新鲜空气，并进行舒适的休憩。

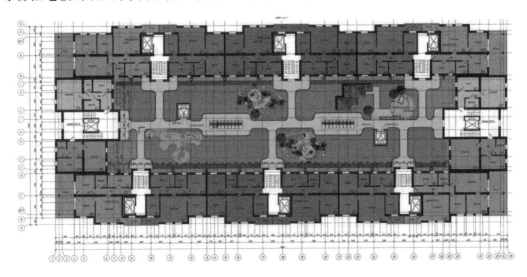

图 9.4　住宅区典型楼层的布局

改造前调研了住宅首层居民居住存在的问题，如房间内阴影过大、与走廊上的人有视线交集、安防设施较差等。改善现有问题所采用的方案是将一楼居民重新迁置，将住宅楼底层非住宅化，并且进一步开发公共和商业用途，具体包括食品店、药店、动物诊所、裁缝店、修鞋店、面包店等，见图 9.5。值得注意的是，非住宅用房设有独立的外部入口，与住宅部分的延伸楼梯入口是分隔的。

一层住宅迁离的居民可以搬至屋顶层、任何楼层的侧面部分，或者 Mad-Re 计划覆盖的马德里其他地区。

取代了过时的棚屋，在 1 号、2 号和 3 号区域的庭院下方设置储藏室，见图 9.5。新的存储场所设有方便宽敞的通道以及通风系统，同时通过设置屋顶灯来增加照明。

（2）建筑立面

该建筑将自然的水平和垂直木元素与 Isover 灰泥外墙系统结合，形成砖石建筑风格的建筑群外部形象，见图 9.6。该建筑在周围一带的开发中脱颖而出，并且与周围

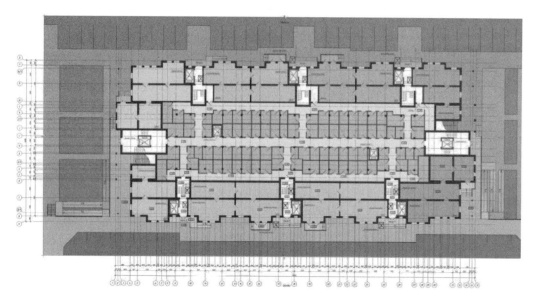

图 9.5　一楼的布局以及非住宅区、储藏室的位置分布

图 9.6　住宅区的整体视图

环境相协调。

　　垂直木板的投射阴影使建筑物的外立面变得多样化。窗框线脚较宽，且高出墙面，不仅起到了装饰作用，同时还起到遮阳的效果。

　　凹入式阳台的旧钢筋混凝土围墙被木围墙代替，木围墙覆盖了楼板的端面，同时突出于上一个楼层，从而增加阴影。住宅的入口部分也采用了相同的方法。在垂直方向上使用木墙板作为支柱，改变了面向院子一侧立面的窗户韵律。这种做法实现了延伸楼梯部分无横梁式全包裹玻璃的构想。

　　1号楼和2号楼的立面采用带三角窗的双坡屋顶进行装饰，侧面有带木制围墙的宽敞露台。新的侧立面是屋顶观景平台，可通过楼梯和电梯到达；同时，配有可休憩的遮阳长凳和丰富的植物。

住宅周边的绿色区域凸显了与大自然和谐共生的关系，并且是实现设计者设定目标之一（创造舒适的生活环境）的必要条件。

2. 声环境改造

将建筑物进行隔声处理，可以营造室内良好的声环境。使用 Saint-Gobain 技术可以隔离高达 68dB 的空中噪声和 35dB 的撞击噪声。在住宅内进行噪声较高的活动时，也能为其他住户和邻居提供安静的环境。

3. 热环境改造

Isover 多功能舒适性住房的概念，不仅要符合被动式房屋标准，还要为居民提供舒适、幸福的生活。通常，可以通过减少建筑物围护结构的热损失来满足室内热舒适。正确选择 Isover 隔热材料的厚度、安装低辐射玻璃的窗户、设计合理的无热桥结构节点等，确保建筑物较低的能耗，该建筑每年的供暖能耗不超过 $15kWh/m^2$。

4. 气密性改造

Isover 多功能舒适性房屋的气密性标准比欧洲住宅气密性标准低 2/3。较高气密性的建筑，可以保证较好的气流组织；同时，安装热回收通风系统，确保室内新鲜空气供应和 80% 以上热量回收。为了使建筑免受热交换器运行产生的噪声和振动影响，将其放置在延伸楼梯处。

5. 节能计算与材料

使用 Saint Gobain 公司开发的 Multi-Comfort House Designer 2.0 软件，利用马德里室外计算参数对建筑围护结构进行热工计算。MCH Designer 软件的优点是可以应用 Isover 法律框架内的认证技术方案、结构和组件。计算主要包括建筑朝向、主动和被动遮阳、通风时间、热交换的性能系数以及其他因素（设计的 A+节能等级，夏季最高允许室内温度为 23℃ 的情况下，年耗热量为 $12.2kWh/m^2$）。

使用 Isover 楼板对建筑围护结构进行保温隔热，可以达到较高的舒适指数。该项目提供了以下保温隔热材料：

① 地下室内壁：Isover Topdec DP 1 032 Ultimate-60mm；

② 地下室外墙：Isover Exporit EPS PDP 1-200mm；

③ 地下室吊顶：Isover Topdec DP 1 032 Ultimate-120mm；

④ 外墙：Isover Kontur FSP 1-032 Easy Fix-320mm；

⑤ 阁楼屋顶：Isover Integra AB SolidBlack 035-200mm，Isover Integra ZKF-1 032-140mm；

⑥ 屋檐：Isover Metac FLP 1 Duratec-360mm。

该项目规定使用清洁能源，如安装在双坡屋顶上的太阳能电池板，可用于供暖和热水供应。由于需要与现有公用设施管网相协调，该项目未考虑地源热泵系统。

6. 室外环境改造

项目改造后，住宅区的街道空间明确划分为私人区域和公共区域，不同年龄和社会阶层的人们可以根据兴趣分组进行见面和交流。为此，项目中实施了私人庭院和公共广场的划分。两个人区域都被划分为多个小区域，可以同时让儿童和成人休息。

私人庭院位于储藏室上方的无障碍屋顶区域，仅供住户使用，见图9.7。私人庭院由步行道、绿色植物、长椅、儿童游戏沙坑等组成。该项目的设计人员考虑到植物的多样性和展示性，因此设置了根系发达的植物。同时，将储藏室的分隔墙变为支撑墙，用作种植载体。住宅正面的两个宽拱门为庭院提供自然通风，同时增加了入口。

图9.7 住宅区的庭院

除私人场地外，该项目还提供了公共广场，所有公民均可进入。具体改造采取的措施包括草地喷洒系统、室外照明系统、移动凉亭、儿童游乐区、运动设施等。

项目设计在夜间以艺术的方式展示广场。除了标准的公共照明外，广场上还提供现代景观照明。通过这种照明，人们只能看到光，而不能看到光源，而且照明设备和照明位置确保光线不会直射眼睛。

7. 竖向设计

对于行动不便的人而言，住宅的使用性不仅体现在建筑和环境的竖向无障碍设计、不同层面的坡道，还包含了提供坡道处垂直或倾斜的升降设施。

该项目中所有延伸楼梯间均配备西班牙Orona公司生产的现代无声电梯，其轿厢尺寸为2.1m×1.4m。这种电梯使轮椅使用者无需外部协助就能在轿厢中回转，并且能够转移躺在手架上的病人。虽然电梯竖井占用了一个房间的位置，但是这些公寓中宽敞的嵌入式阳台弥补了居住面积不足的问题。同时，靠近房间墙壁的竖井做了隔声处理。

另外，庭院内安装有1.4m×1.4m轿厢的电梯，方便轮椅使用者充分使用。

四、结束语

通过现代绿色技术应用和统一的施工方案，住宅展现出了新面貌。应用Saint Gobain公司目录中的建筑材料和技术方案，可以设计出满足Isover多功能舒适性房屋标准的建筑。该项目满足 A＋等级的能源效率，年耗热量为 12.2kWh/m^2，并符合欧盟指令（Directive 2010/31/EU）第 9 条的规定。

根据 Mad-Re 城市更新计划，为了改善住宅居住条件，创造舒适和负担得起的居住区。设计师提供了阁楼、储藏室、屋顶观景露台、新的立面、升降设备、入口坡道、安全的内部私人庭院、广场景观、用于公共和商业用途的非住宅用房等。

该改造项目为该地区的提升和发展提供了动力，同时营造了舒适的城市环境，提高了 Colonia Ciudad Pegaso 区域的经济吸引力。

参考文献

[1] S Caird，R Roy，S Potter. Energy Efficiency 5，283-301 (2012).

[2] Catalog of Isover products based on fiberglass. Professional safe solutions (2015).

[3] Component Suitable for Passive Houses：Thermal bridge free connection detail (Saint-Gobain Isover) …

[4] M Derbez, G Wyart, E Le Ponner, O Ramalho, J Ribéron, C Mandin. Indoor air quality in energy-efficient dwellings：Levels and sources of pollutants Indoor Air 28 (2)，318-338 (2018).

[5] M V Harlamov. Creation methods of architecture light image 3 (28)，28-33 (2011)

[6] http://www. madrid. es/UnidadesDescentralizadas/UDCEstadistica/Nuevaweb/Territorio，％20Clima％20y％20Medio％20Ambiente/Territorio/Cartograf％C3％ADa/Mapas％20de％20dist％20y％20bar/20％20San％20Blas. pdf.

[7] International Edition of Multi-Comfort House Students Contest Edition 2017 by Isover，http://www. isover-students. ru

[8] E Mlecnik. Journal of Cleaner Production 10，103-111 (2013).

[9] Plan Mad-Re, http://www. madrid. es/portales/munimadrid/es/Inicio/Vivienda-y-urbanismo/Plan-MAD-E？vgnextfmt ＝default&-vgnextoid＝e000cb5ee0993510VgnVCM 1000001d4a900aRCRD&-vgnextchannel＝593e31d3b28fe410VgnVCM 1000000b205a0aRCRD.

[10] Plan Mad-Re，https://planmadre. madrid. es.

[11] Official Journal of the European Union 18. 06，13-35 (2010).

[12] E M Wells, M Berges, M Metcalf, A Kinsella, K Foremen, D G Dearborn, S Greenberg. Building and Environment 93 (2)，331-338 (2015)，https://www. sciencedirect. com/science/article/pii/S0360132315300354.

第三篇　低　能　耗

10 住房和城乡建设部三里河路 9 号院（甲字区）

项目名称：住房和城乡建设部三里河路 9 号院（甲字区）

建设地点：北京市海淀区车公庄西路以南、首都体育馆南路以西

改造面积：57907.54m²

结构类型：1 号、2 号、4 号、5 号、6 号、12 号、甲 5 号、甲 7 号、印刷厂居民楼以及人防指挥部为砖混结构，甲 8 号楼为剪力墙结构

改造设计时间：2016 年

改造竣工时间：2017 年

重点改造内容：节能改造、结构加固

本文执笔：刘洋　李婷

执笔人单位：中国建筑第二工程局有限公司

一、工程概况

1. 基本情况

住房和城乡建设部三里河路 9 号院（甲字区），位于北京市海淀区车公庄西路以南、首都体育馆南路以西，建于 20 世纪 50 年代末，建筑多为 3～6 层砖混结构，建筑高度为 4.5～19.2m；其中，甲 8 号楼为高层住宅，地下 2 层，地上 20 层，为剪力墙结构，建筑高度为 55.75m，位置图见图 10.1。

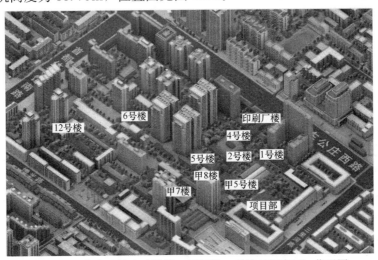

图 10.1　住房和城乡建设部三里河路 9 号院（甲字区）位置图

2. 存在问题

部分单体为砖混结构，屋顶为木屋架，经抗震鉴定，抗震能力不满足现行规范要求；节能设计不能满足使用需求；智能化设施不足；公共设施老旧等。

二、改造目标

（1）结构方面，1号、5号、6号居民楼及印刷厂楼为3～4层砖混结构，屋顶为木屋架；经抗震鉴定，房屋楼层综合抗震能力指数小于1.0，需进行结构加固。加固的主要方法包括：对墙体进行单面70mm厚或双面各70mm厚的钢筋混凝土板墙加固，原有木屋架不拆除直接安装C型钢镀锌支架。加固后满足设防烈度为8度的抗震加固设防目标，后续使用年限为30年，满足建设单位对房屋的使用要求。

（2）对原建筑进行节能改造，增设外墙保温及更换屋面保温和防水；外墙重新粉刷及贴墙面砖；更换外门窗为塑钢中空玻璃平开窗。供暖系统采用热计量技术，将温度变化数据实时传输至云数据库，根据室外温度等信息及时调节室内温度，以此降低能源消耗，居住建筑节能超过60%。

（3）为了更好地满足小区居民的居住需求，方便居民出行及生活便利，对小区公共部位进行修缮改造、设备设施改造等"菜单式"改造。针对小区居民老人居多的现象，做"适老性"改造，增设无障碍坡道。公共区域设施修缮包括更换带可视对讲门禁的单元门，更新楼道内指示牌及应急指示灯，增加各楼内每户的户门标识牌，粉刷栏杆扶手、墙面及顶棚等公共部位，修补楼梯间地面，修复室外台阶、更换栏杆，以及空调室外机拆除后统一规划安装等。

三、改造技术

本项目针对原建筑进行了结构加固、节能改造、公共设施修缮等。以下以节能改造为重点，介绍本项目所采用的改造技术。

1. 聚氨酯防水保温一体化屋面施工

本工程采用聚氨酯防水保温一体化屋面施工技术。聚氨酯防水保温一体屋面做法和施工分别见图10.2、图10.3。具体施工方法为：

（1）原有木屋架不拆除并安装长100mm的C型钢镀锌支架，其规格为C80mm×50mm×20mm×2mm；采用双螺钉将其与屋架檩条连接，支架横纵间距为900mm×700mm。采用规格为4mm×50mm的镀锌扁钢，将镀锌支架纵向连接；采用长度为40mm的燕尾钉，将规格为40mm×40mm×2mm的镀锌方钢、4mm×50mm的镀锌扁钢、长度为100mm的C型钢支架连为一体。

（2）喷涂硬泡聚氨酯，聚氨酯厚度≥80mm。待硬泡聚氨酯成型后，喷抹10mm厚DBI砂浆，表面喷抹平整；喷涂硬泡聚氨酯密度≥55kg/m³，燃烧性能B1级，成型压缩强度≥300kPa，泡沫吸水率≤1。

（3）喷涂硬泡聚氨酯时，屋面边缘500mm范围内设置防火隔离带。屋面边500mm范围内硬泡聚氨酯厚度为50mm，发泡成型后上面铺设30mm厚竖丝岩棉复合板，完成后喷抹10mm厚的DBI砂浆，随坡找平。

（4）DBI砂浆喷抹找平后，采用配套防水螺钉安装合成树脂瓦。合成树脂瓦安装后，采用耐候密封胶对螺帽、钉孔薄弱部位进行防水处理。

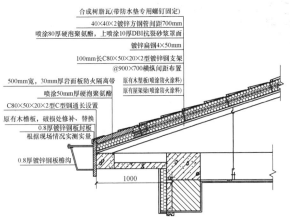

图10.2　聚氨酯防水保温一体屋面做法详图

图10.3　聚氨酯防水保温一体屋面施工图

2. 断桥铝节能门窗

铝合金门窗采用60系列断桥铝合金型材，传热系数K≤2.8W/(m²·K)，玻璃采用6+12A+6中空玻璃。其中，建筑门窗性能满足以下要求：①外门窗气密性等级：1～6层建筑外门窗气密性等级不低于现行国家标准《建筑幕墙、门窗通用技术条件》GB/T 31433中规定的4级，7层及7层以上不低于6级；②外门窗水密性等级：不低于3级；③抗风压等级：多层不低于4级水平，中高层和高层不低于5级；④隔声性能：≥30dB。

本工程门窗采用内平开方式，配两点锁，窗开启扇配置隐形纱扇，见图10.4。

3. 供热计量改造

对热计量系统进行升级改造，统一采用流温法热计量系统。该系统使用全新的垂直系统无线网络方案，并将住户的室内调节阀门更新为自动恒温调节阀，该系统可提供更方便的数据查询系统。升级改造内容包括：

（1）使用恒温调节阀，实现自动温控调节。

（2）增加流量标定管段，住户的流量比例测定更加准确。

（3）增加测温三通，对不能改造的住户进行补点。

图 10.4　断桥铝门窗实际效果图

（4）室外采用无线通信方式，无需再布线。降低施工难度的同时，也更易于依据现场实际情况调整设备网络结构，工程适应性更强大。且无需二次入户编写地址，设备地址编写工作将自动完成。

（5）采用中继接力通信方式，扩大网络覆盖范围，消除通信死角，提高数据上点率。

（6）采用数据中心管理模式，方便住户和供热站通过通信网络接入管理。

流温法原理图和现场实际效果分别见图 10.5、图 10.6。

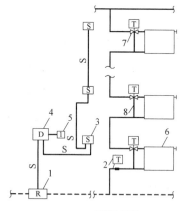

主要设备表

序号	名称	序号	名称
1	楼栋热量表	5	热量查询器
2	无线温度采集处理器	6	散热器
3	数据接收器	7	无线三通测温调节阀
4	热量分配器	8	跨越管

图 10.5　流温法原理简图

图 10.6　现场实际效果图

4. 光伏照明

照明系统的电力主要由屋顶安装的光伏组件提供，多余电力存储在照明智控系统柜内的蓄电池组里。当连续阴雨天光伏组件提供电力不足且蓄电池电力不足时，电力由楼栋内该层原有的照明配电箱提供，以保证照明系统的正常运行。蓄电池组电力蓄满时，可供系统应急照明2.5~3h。光伏照明节能技术详细做法见图10.7、图10.8。

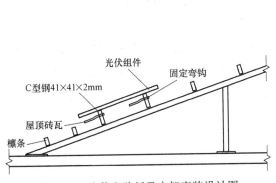

图10.7　光伏电路板及支架安装设计图　　　　图10.8　现场光伏板安装

照明灯具为10W的LED灯，照明采用红外感应开关控制，见图10.9。

四、改造效果分析

住房和城乡建设部三里河路9号院（甲字区）改造项目，是北京市海淀区一个非常典型的针对老旧小区节能改造项目。该项目采用了聚氨酯防水保温一体化屋面施工技术、断桥铝节能门窗技术、供热计量改造技术、光伏照明节能技术等，提高结构安全性的同时节约了大量能耗，减少了物业运营成本与社会公共资源投入。

图10.9　现场光伏线及灯具安装

本工程采用屋顶太阳能高效非逆变技术进行太阳能光伏LED（PV-LED）照明，共安装18套控制系统，屋顶太阳能光伏安装的总功率为6000Wp。采用PV-LED公共照明技术，为项目的道路、走廊公共区域照明提供新能源的电力，可实现90%以上的节电率，同时可以节约公共照明维护费用。太阳能光伏与LED灯相结合，同属于半导体技术的应用，属于低碳的照明方式。

施工过程中为最大限度降低对住户的影响，多次调整施工方案，如将拆除原屋面方案修改为拆除水泥瓦，对木屋架采用钢镀锌支架加固，整体加固效果良好；确保屋架的安全性能，同时避免住户进行搬迁工作，得到了居民的一致认可。

五、结束语

2020 年 7 月,国务院首次就城镇老旧小区改造工作出台专门文件《关于全面推进城镇老旧小区改造工作的指导意见》,党中央、国务院高度重视城镇老旧小区改造工作。习近平总书记多次强调,要加强城市更新、存量住房改造提升,做好城镇老旧小区改造。

老旧小区改造是城市建设中一项重要的民生工程,是城市走向现代化的必然趋势。本项目通过一系列的改造技术,提升小区功能和性能,大大提高居民的生活品质;同时老旧小区改造使原有建筑焕然一新,提高了小区自身的价值,并取得了良好的社会经济效益。

11　北京市西城区白广路西里5号楼

项目名称：北京市西城区白广路西里5号楼

建设地点：北京市西城区白纸坊街道内

改造面积：4442.07m²

结构类型：砖混结构

改造设计时间：2014年

改造竣工时间：2016年

重点改造内容：节能改造、抗震加固

本篇执笔：王战勇　戴连双　司永波

执笔人单位：中国新兴建筑工程有限责任公司

一、工程概况

1. 基本情况

北京市白广路西里5号楼位于西城区白广路西侧，建筑高度为13.9m。该建筑建造于20世纪50年代，原建筑物屋面和外墙均无保温，屋顶为老旧木质坡屋面，原外墙厚360mm，外窗仅为25空腹单玻钢窗。由于原结构年代已久，部分木檐口已开裂破损，部分坡顶油毡防水层已破损漏雨。主体结构为4层砖混结构，结构外围仅设圈梁抗震措施。改造加固前面积为3898.25m²，加固后建筑面积为4442.07m²，见图11.1。

图11.1　改造前白广路西里5号楼

2. 存在问题

（1）结构方面

屋顶为不抗震的老旧木质坡屋面，防火管理难度大、维修困难。1976年唐山地震后，仅采取增设层间圈梁的抗震构造措施。根据抗震检测鉴定单位2012年提供的检测鉴定报告：本楼体抗震措施不符合国家标准《建筑抗震鉴定标准》GB 50023的相关要求，经二级鉴定，结构整体抗震承载力不满足该标准的要求。

（2）建筑节能方面

由于原有楼体建成年代较久，原屋面和外立面均无保温，主要围护结构的节能性较差；楼梯间单元门破损严重或无门；原单玻外窗密闭性和保温效果较差，保温性能不达标。

二、改造目标

抗震加固改造目标：抗震设防烈度达到8度，建筑物安全等级达到二级，该建筑抗震加固后续使用年限及作用重现期为30年。

节能改造目标：改善室内热环境，降低使用能耗。外围护结构保温均采用50mm厚复合聚氨酯（A级），外保温体系整体传热系数不大于0.41W/(m² · K)，并且满足居住建筑节能65%的要求；外门窗系统整体传热系数不大于2.6W/(m² · K)，外窗相关性能不低于《外窗气密性、水密性、抗风压性能分级及检测方法》GB/T 7106—2008中抗风压性能4级、气密性能6级、水密性能3级，外窗空气隔声性能不小于30dB。

三、改造技术

本项目针对原建筑进行了抗震加固、节能改造等。下面以节能改造为例，重点介绍本项目所采用的改造技术：

1. 屋面改造

屋面设计防水等级为二级，为不上人屋面，具体做法为：①50mm厚C20混凝土，每6m×6m分10mm宽的缝，缝内下部填憎水膨珠砂浆，上部填密封膏；②0.4mm厚聚氯乙烯塑料薄膜隔离层；③50mm厚复合A级硬泡聚氨酯板保温层；④3+3mmSBS卷材防水双层（聚酯胎）；⑤20mm厚DS砂浆找平层；⑥最薄50mm厚A型（≤600kg/m³）HT发泡混凝垫层找坡2%。改造后屋面见图11.2、图11.3。

2. 外墙保温改造

（1）建筑外墙原来无保温，根据设计要求现外墙增加有复合浮雕弹性涂料饰面层的50mm厚复合A级硬泡聚氨酯外保温体系，见图11.4。

图 11.2　屋面改造设50mm厚聚氨酯保温层

图 11.3　50mm厚C20混凝土防水保护层

图 11.4　外墙贴50mm厚复合A级硬泡聚氨酯保温板

复合聚氨酯硬泡保温板（有涂料装饰层）外墙外保温系统基本构造包括：①基层；②胶黏剂；③聚氨酯硬泡保温板界面层；④聚氨酯硬泡保温板；⑤抹面胶浆防护层；⑥玻纤网格布增强层；⑦柔性腻子；⑧浮雕弹性涂料饰面层。详见图11.5。

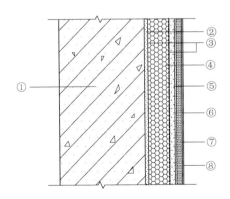

图 11.5　复合聚氨酯硬泡保温板外墙外保温系统涂料饰面做法

（2）复合聚氨酯硬泡保温（有涂料装饰层）外墙外保温系统施工工艺流程如图11.6。

（3）复合硬泡聚氨酯保温板（有涂料饰面层）安装施工工序

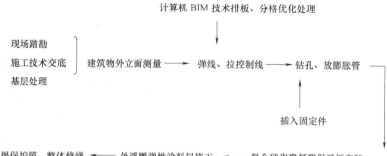

图 11.6 复合聚氨酯硬泡保温外墙外保温系统施工工艺

① 清理基层墙面，其他技术准备到位。

② 建筑物外立面测量、计算机分格优化处理。

根据《北京市老旧小区综合改造外墙外保温施工技术导则（复合硬泡聚氨酯板做法）》相关要求，采用 600mm×1200mm 规格的复合聚氨酯硬泡保温板，采用计算机 BIM 技术进行预排板、分格优化处理方案指导实际施工。各部位 BIM 排板见图 11.7。

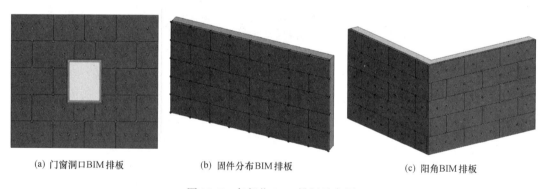

(a) 门窗洞口BIM排板   (b) 固件分布BIM排板   (c) 阳角BIM排板

图 11.7 各部位 BIM 排板示意图

（4）配制胶黏剂，粘贴翻包网布。根据设计要求，门窗洞口、变形缝、勒脚等收头部位做粘贴翻包网布。

（5）粘贴保温板

① 采用点框法粘贴保温板，有效粘贴面积不低于保温板面积的 60%；门窗洞口四周采用整块保温板粘贴。保温板的粘贴按各编号由下至上进行，并压实采用锚固件辅助固定；排板时宜上下错缝，阴阳角应错茬搭接。

② 钻孔、锚固件固定：在胶黏剂固化 24h 后进行；将螺钉穿过安装孔插入锚栓套管内，用螺丝刀将螺钉拧紧，锚固件插进结构墙的锚固深度大于 50mm。

（6）配制抹面胶浆做抹面层，铺贴玻纤网布

① 建筑物首层，做双层网格布，加强处理且阴阳角处的搭接宽度不小于 200mm；

建筑物二层及以上墙体，采用标准玻纤网格布满铺，搭接玻纤网格布接缝，其搭接宽度不小于100mm；门窗洞口、女儿墙等保温系统收头部位，采用耐碱玻纤网布进行翻包，包边宽度不小于100mm。

② 在已贴于墙上的保温板面层上抹1~2mm厚的抹面胶浆，随即将网布横向铺贴并压入胶浆中；单布长度不宜超过6m，并且要平整压实，严禁网布褶皱、不平；搭接长度为100mm。翻包网布的同时压入胶浆中；再抹一遍抹面胶浆，抹面胶浆的厚度以微见网布轮廓为宜。

（7）饰面层施工

抹灰基面达到涂料等饰面层施工要求时，在抹面层上应满刮外墙弹性腻子一遍、窗口部位两遍；待外墙腻子基层达到要求后，喷点、刷耐碱封底漆，刷浮雕外墙弹性涂料两遍。

3. 外门窗改造

原有建筑外窗为空腹钢窗，现全部更换为88系列（6＋12＋6）单框中空玻璃普通塑钢保温窗，外窗开启扇带纱窗。所有的外窗立口均在结构墙中，框料与结构墙体之间的缝隙全部使用密封材料填堵，见图11.8。

(a) 改造前   (b) 改造后

图11.8 外窗改造前后对比

阳台与居室隔间增加88系列塑钢推拉门，建筑单元入口安装带电子防盗系统的钢制保温单元门，见图11.9。

四、改造效果分析

北京市2000年以前建成的建筑外窗基本为单玻钢窗或单玻铝合金窗，外窗目前密封老化，保温及气密性较差；通过外窗节能改造，可以提高外窗气密性、保温性能和隔声性能，减少冷空气渗透。同时还可以降低建筑能耗，提高住房舒适度，增加楼

(a) 改造前

(b) 改造后

图 11.9　外门改造前后对比

房美观度。在冬季实测发现，节能改造前用户室内温度不足 14℃，节能改造后用户室内温度均高于 18℃，极大地改善了室内热环境。

据统计，2004 年北京市建筑能耗为 1444 万吨标准煤，占当年全市能耗总量的 28.1%。2009 年全市建筑能耗为 1945.6 万吨标准煤，占全市能耗总量的 29.6%。随着经济社会的发展，居民对热舒适性要求越来越高，对于既有居住建筑而言，为营造良好的室内热环境就需要消耗更多的能源，从而导致能耗强度上行压力不断加大。本项目将既有非节能建筑的外窗全部更换为 88 系列（6+12+6mm）单框中空玻璃普通塑钢保温节能窗，采用复合聚氨酯外保温系统，大大提高了围护结构的保温隔热性能，降低了供暖空调能耗，同时还能减少冬季燃煤供暖所带来的三废排放，降低对环境的污染程度，具有良好的经济效益和生态效益。

五、结束语

当前，我国既有建筑面积已超过 600 亿 m²，其中很大部分进入了"老年"和"中年"期。限于当时的经济、技术条件，设计标准偏低，绝大多数既有建筑存在着抗灾能力弱、运行能耗高、使用功能差等问题，亟需进行合理的改造，如在仅增加少量投资的前提下，提高既有建筑物的综合抗灾能力，降低建筑能耗等。

参考文献

[1] 段恺，任静，张金花，等. 北京市既有居住建筑节能改造效果测试及经济能效分析 [J]. 施工技术，2012，41 (21)：35-38.

[2] 北京市住房和城乡建设委员会. 北京市"十一五"时期建筑节能发展规划 [R]. 2006.

［3］　北京市住房和城乡建设委员会. 北京市发展和改革委员会. 北京市"十二五"时期民用节能规划［R］. 2011.

［4］　张娟. 住房和城乡建设部、财政部联合推进"十二五"时期北方既有居住建筑节能改造［J］. 建筑，2011（13）：26.

［5］　李楠，李越铭，王皆腾. 北京市既有建筑外窗节能改造效果分析［J］. 节能技术，2015，33（01）：51-54.

12   河北省建筑科学研究院2号、3号住宅

项目名称：河北省建筑科学研究院2号、3号住宅

建设地点：河北省石家庄市

改造面积：5037m²

结构类型：砌体结构

改造设计时间：2016年

改造竣工时间：2017年

重点改造内容：超低能耗改造

本文执笔：赵士永　付素娟　郝雨杭

执笔人单位：河北省建筑科学研究院有限公司

一、工程概况

1. 基本情况

河北省建筑科学研究院2号、3号住宅楼位于河北省石家庄市（寒冷B区），两栋住宅楼分别建造于20世纪80年代和90年代，均为砌体结构，两栋楼中间有10cm的伸缩缝，见图12.1。

图12.1　河北省建筑科学研究院2号楼（右）、3号楼（左）

2号住宅楼建设于1988年，于1998年在建筑北侧进行了部分扩建，总面积1937m²；该建筑地上5层，总高度为14.7m，层高为2.8m。3号住宅楼建设于1998年，总面积3100m²；该建筑地下1层、地上6层，总高度为18.8m，层高为2.9m；

地下 1 层为非供暖区，地上 6 层为供暖区，供暖面积 2640m²。

2. 存在问题

2 号楼一期屋面为炉渣保温架空隔热屋面，传热系数为 1.21W/(m²·K)；扩建部分为加气混凝土保温架空隔热屋面，传热系数为 1.14W/(m²·K)，架空层破损严重。一期各部位外墙均为黏土实心砖墙体，无保温层，传热系数为 1.58W/(m²·K)；扩建部分采用轻骨料混凝土空心砌块，无保温层，传热系数为 2.11W/(m²·K)。外窗采用单框单玻窗，窗框大部分为塑钢和铝合金，有个别窗框为木制材料，传热系数为 6.40W/(m²·K)，窗扇封闭不严，冷风渗透严重。改造前屋面、外窗的状况，见图 12.2。

图 12.2 改造前 2 号楼屋面及外窗状况

3 号楼屋面为加气混凝土保温架空隔热屋面，传热系数为 1.16W/(m²·K)，架空层破损严重。各部位外墙均为黏土实心砖墙体，无保温层，传热系数为 1.59W/(m²·K)。外窗采用单框单玻窗，窗框大部分为塑钢和铝合金，有个别窗框为木制材料，传热系数为 6.40W/(m²·K)，窗扇封闭不严，冷风渗透严重。改造前屋面、外窗的状况，见图 12.3。

图 12.3 改造前 3 号楼屋面及外窗状况

室内供暖系统全部为传统的上供下回式单管串联系统，管材为铸铁管，散热器全部为铸铁制散热器，无分户控制，不能进行室温调节，见图 12.4。

图 12.4　室内供暖设施现状

二、改造目标

本项目 2 号楼设计年代为 1988 年，3 号楼设计年代为 1998 年，建筑外观质量良好，该建筑总高度、层数、最大抗震横墙间距及高宽比均满足规范要求，平面布置呈矩形，未发现影响结构安全的损伤。2 号、3 号住宅楼可进行超低能耗改造。

2 号、3 号住宅楼超低能耗改造，是全国首例采用超低能耗改造的示范项目，具有开创性意义。超低能耗改造以保障居住人员的正常生活为前提，改善建筑居住水平，提高环境质量，最大限度地降低对居住人员生活的影响。

三、改造技术

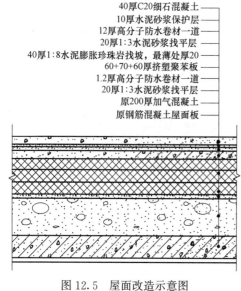

40厚C20细石混凝土
10厚水泥砂浆保护层
12厚高分子防水卷材一道
20厚1:3水泥砂浆找平层
40厚1:8水泥膨胀珍珠岩找坡，最薄处厚20
60+70+60厚挤塑聚苯板
1.2厚高分子防水卷材一道
20厚1:3水泥砂浆找平层
原200厚加气混凝土
原钢筋混凝土屋面板

图 12.5　屋面改造示意图

1. 屋面改造

在原有屋面基础上采用倒置法对屋面进行超低能耗改造，将原有屋面清理至基层后，重新做保温层、防水层、找坡层，保温层为 190mm 厚挤塑聚苯板，双层铺设，改造后屋面的传热系数均小于 $0.15\mathrm{W}/(\mathrm{m}^2 \cdot \mathrm{K})$。屋面与外墙之间采用宽度不小于 500mm 的岩棉防火隔离带。

为保证屋面上人孔的保温性能及气密性，本工程在上人孔安装可开启式节能窗，用于维修人员出入。屋面改造做法见图 12.5～图 12.7。

图 12.6　屋面铺设防水层

图 12.7　屋面保温错缝干铺

对屋面挑檐、雨棚及穿屋面的所有管道（如雨水管、透气管、排气道、排烟道等）均采取断热桥处理措施。

2. 外墙改造

外墙节能改造采用石墨聚苯板薄抹灰外墙外保温系统，保温层石墨聚苯板的厚度为 220mm，燃烧性能等级为 B1 级。改造后外墙的传热系数均小于 0.15W/(m^2·K)。外墙与地面交接处、穿外墙的所有管道（如雨水管支

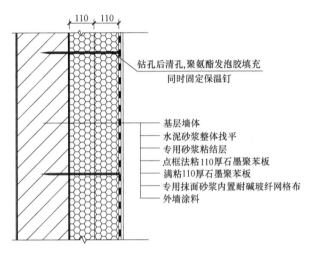

图 12.8　外墙保温做法节点

架、空调孔等）均采取断热桥处理措施。外墙外保温系统中沿楼层每层设置岩棉防火隔离带，宽度为 300mm，错缝搭接。外墙改造做法见图 12.8~图 12.11。

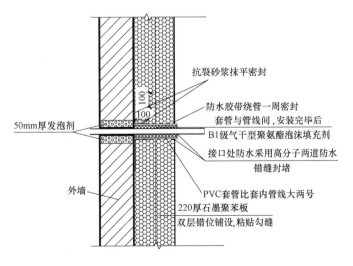

图 12.9　管道穿墙处做法节点

图 12.10 外墙保温错缝粘贴

图 12.11 穿墙管道断热桥处理

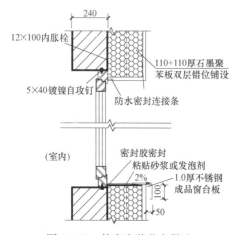

图 12.12 外窗安装节点做法

3. 外门窗改造

本工程外窗进行改造时，在不拆除原外窗的情况下，在原有窗户的外侧加装节能窗。节能窗窗户玻璃采用三玻两中空玻璃，改造后整窗传热系数 $K_w \leqslant 1.0W/(m^2 \cdot K)$，气密性能为 8 级，水密性能为 4 级，隔声性能为 3 级，抗风压性能为 6 级，在改造时，为了避免由于墙体承载能力不足而发生安全问题，外窗采用外嵌式安装。单元门更换为节能门，传热系数 $K_w \leqslant 0.8W/(m^2 \cdot K)$，采用"外挂式"安装。外门窗改造做法见图 12.12～图 12.15。

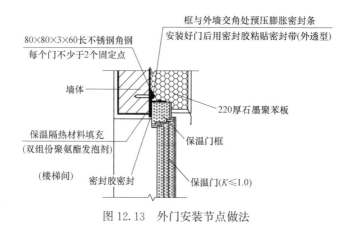

图 12.13 外门安装节点做法

4. 阳台改造

原阳台三侧为栏板，上部安装单框单玻窗，传热系数大。本次改造在原有阳台外侧新砌砖墙，然后外粘石墨聚苯板，安装节能窗，节能窗窗户玻璃采用三玻两中空玻璃。改造后，整窗传热系数 $K_w \leqslant 1.0\mathrm{W}/(\mathrm{m}^2 \cdot \mathrm{K})$，气密性能为 8 级，水密性能为 4 级，隔声性能为 3 级，抗风压性能为 6 级。阳台改造做法见图 12.16~图 12.17。

图 12.14 旧窗拆除

图 12.15 被动窗外嵌式安装

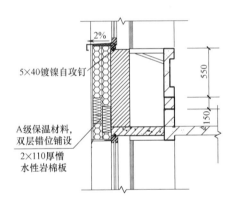

图 12.16 阳台改造剖面图

图 12.17 原有阳台外侧新砌砖墙

5. 厨房飘窗改造

原厨房飘窗底部一半为现浇混凝土板，一半为后加三角形钢支撑，上部安装单框单玻窗，窗顶采用钢盖板，传热系数不满足要求。本次改造将原三角形钢支撑拆除后，上下均增设 100mm 厚混凝土板，然后安装节能窗，飘窗顶部和底部粘贴保温层，最后在外部统一增设排烟通道，设置烟道一侧用 ASA 板封堵。厨房飘窗改造做法见图 12.18~图 12.20。

6. 室内供暖系统改造

本项目共提供三种方案供住户选择。方案 1：不保留暖气，使用新风系统加分体式空调的形式，不再收取暖气费；方案 2：不保留暖气，安装能源环境一体机，供暖期间不再收取暖气费；方案 3：保留暖气，安装新风系统，供暖期间正常收取暖气费。对于改造后不保留暖气的住户，暖气片可拆除也可截断。

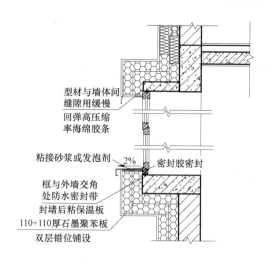

图 12.18　厨房飘窗改造做法

图 12.19　厨房飘窗底部粘贴保温层

图 12.20　外部统一增设排烟道

本项目结合新风系统、空调、能源环境一体机三种供暖系统，统一在外墙每户预留新风系统送风管和回风管各 1 个孔洞，卧室和客厅均预留空调孔，并根据不同室外机规格统一增设室外空调板。

四、改造效果分析

超低能耗改造前后，2 号楼、3 号楼的耗热量、耗煤量计算见表 12.1。

改造前后计算表　　　　　　　　　　　　　　　　　　　　　表 12.1

指标类型	2 号楼		3 号楼	
	改造前	改造后	改造前	改造后
耗热量指标/（W/m²）	39.7	5.02	34.47	4.21
耗煤量指标/（kg/m²）	23.97	2.28	21.07	1.91

2 号住宅楼改造前后耗热量指标分别为 39.7W/m²、5.02W/m²，进行超低能耗改造后耗热量指标降低 87.36%。按照耗煤量指标换算，改造前后分别为 23.97kg/m²、2.28kg/m²，改造后耗煤量指标降低 90.49%，2 号住宅楼每年可节约标煤 42.01t。

3 号住宅楼改造前后耗热量指标分别为 34.47W/m²、4.21W/m²，进行超低能耗改造后耗热量指标降低 87.79%。按照耗煤量指标换算，改造前后分别为 21.07kg/m²、1.91kg/m²，改造后耗煤量指标降低 90.93%，3 号住宅楼每年可节约标煤 50.58t。

通过对建筑整体气密性检测，在 50Pa 压差下的换气次数为 0.91 次/h，满足居住建筑被动式超低能耗改造技术建筑气密性指标要求。

河北省建筑科学研究院 2 号、3 号住宅楼超低能耗改造示范项目在规划与建筑、暖通空调、给水排水和电气四方面进行了改造，并获得了绿色改造二星级设计标识。

五、经济性分析

河北省建筑科学研究院 2 号、3 号住宅楼进行被动式超低能耗改造的成本为 650 元/m²，2 号、3 号住宅楼改造后，可节省电量 279160kWh/a。根据一度电 0.52 元计算，每年节约运行费用为 14.52 万元，静态投资回收期为 21 年。

六、结束语

建筑节能是节能减排的重要组成部分，既有建筑节能改造是建筑节能的主要措施，也是环境保护的需要。减少城市供暖燃煤对缓解大气污染问题有直接影响，通过既有居住建筑节能改造，可以减少供暖煤炭消耗，节约电力资源，减少二氧化碳、二氧化硫等气体的排放量，降低温室效应。

经济的发展和生活水平的提高，使得居民改善室内热舒适、用能等需求不断增长，建筑能耗总量和能耗强度上行压力不断加大，这对做好建筑节能发展工作提出了更新、更高的要求。既有居住建筑超低能耗节能改造是一种对于居民和政府双赢的节能改造方式。超低能耗节能改造既能改善住宅内部居住环境，提高居民在冬夏两季的居住舒适度，又能大幅度降低建筑物能耗损失，大量节省能源。这种节能改造方式符合可持续发展的思想。

13 法国蒙巴纳斯大厦

项目名称：法国蒙巴纳斯大厦

建设地点：法国巴黎 Georges Pitard 街 15 号

改造面积：15000m² （改造部分）

结构类型：混凝土结构

改造竣工时间：2015 年

重点改造内容：节能改造

本文执笔：曾雅薇

执笔人单位：China Green Building Council French Branch

一、工程概况

1. 基本情况

法国蒙巴纳斯大厦建设于 1968 年，由著名建筑师 Zehrfuss 设计。建筑面积 15000m²，高度超 50m，层数为 30 层，是一幢有 270 家住户并带凉廊式阳台的住宅建筑。由于年久失修，该建筑部分外墙的玻璃胶脱落，严重威胁路人的安全。

为确保建筑周边的安全，大楼的业主们共同出资，在建筑外围临时搭起了脚手架。该建筑外围护结构保温隔热性能较差，供暖费用较高。大楼的物业管理公司及业主们对大楼做了能源审计，并提出建筑改造计划。改造前大厦见图 13.1。

图 13.1 改造前的大厦

2. 存在问题

住宅因建设年代久远，外墙的玻璃胶多处脱落，门窗保温性能差，30 层建筑供热系统热平衡性较差，能源费用较高，业主们对大厦更新改造需求迫切。

另外，业主们（或住户们）的社会地位、收入和利益不一致，即使每个业主决定对其住宅投入资金进行翻新，但住宅楼的公共空间和公共设施的更新改造费用存在一定分歧。最后，因物业管理公司积极承诺、巴黎市政府等多方参与，业主们很快达成共识，顺利启动了改造工程。

二、改造目标

为响应巴黎市政府"应对气候变化目标"所做的号召，建筑物业管理公司和业主们聘请 PAZIAUD 公司对大楼进行了能源审计，确定了大楼需重点解决的问题：①外墙保温隔热和断热桥处理；②更换外窗、排气口；③安装带温度调节的通风系统。

三、改造技术

建筑设计师利用 BIM 技术制作了原来大厦的模型，在整个改造过程中采用建筑设计师和业主团队共同决定的技术方案，并对模型做进一步修改完善。BIM 是与这栋大厦 270 户住户沟通的工具，它能让住户们快速做出决策。

借助 BIM 技术，住户们还可以全面了解项目的情况，如窗户的类型、颜色、定位、开口等，并能让住户"看得见"更新改造后其个人住宅发生的变化。BIM 可以协调住户与施工单位之间进行良好的沟通，确保施工顺利的开展。BIM 模型见图 13.2、图 13.3。

图 13.2　BIM 模型

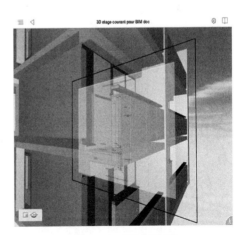

图 13.3　BIM 3D 图

设计师在节能改造设计时，在尊重大厦原有建筑风格的基础上，考虑建筑形状、外保温选材等因素，在外墙敷设性能一致的保温隔热层。其中，大厦的外墙由被称为"MD 壳"

的金属墙面板组成，"MD壳"的金属墙面板是一种嵌入通风装置式的金属墙面板围护结构系统，其材质是单层不锈钢或铝合金平板。这种围护结构系统不仅能保证大厦的保温隔热性能，还能保持外墙亮度，且不影响大厦住户的视觉舒适度。另外，改造的外窗具有良好的隔热和隔声性能。大厦改造过程和改造后的情况见图 13.4、图 13.5。

图 13.4　大厦外墙改造

图 13.5　改造后的大厦

四、改造效果分析

本项目改造前，建筑能源消耗量为 20600kW/(m^2·a)；改造后，外墙传热系数为 0.80W/(m^2·K)，基础能源消耗量为 111.85kW/(m^2·a)。其中，按照现有的热能规则计算，标准建筑的基础能源消耗量 73.82kW/(m^2·a)。按照法国节能标准，大厦改造后达到节能 C 级，见图 13.6。

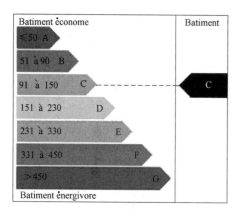

图 13.6　节能等级

本项目建筑面积为 15000m^2，住宅 270 套，改造成本为 5000000 欧元，资金补贴为 536000 欧元。改造的建筑每平方米成本为 333 欧元，每套住宅成本为 18519 欧元。

五、结束语

蒙巴纳斯大厦位于巴黎一个高密度城区，大厦建于 20 世纪 60 年代，集中了 270 家住户，在周围的城市景观中位置突出，对如此大规模的住宅项目进行节能改造，难度较大。本项目利用所采用的创新改造技术，达到了理想的效果，并被巴黎市政府和巴黎气候环境局评为既有居住建筑节能改造成功的案例，具有较好的示范和推广价值。

14　新西兰 Fearnley 路独立式住宅

项目名称：新西兰 Fearnley 路独立式住宅

建设地点：新西兰奥克兰北岸市 Fearnley 路

改造面积：约 $220m^2$

结构类型：钢筋混凝土基础、木制主体结构

改造设计时间：2016 年

改造竣工时间：2017 年

重点改造内容：节能改造

本文执笔：陈可[1]　黄宁[2]

执笔人单位：1. K&J Architecture Design Ltd.

　　　　　　2. 中国建筑技术中心

一、工程概况

1. 基本情况

新西兰 Fearnley 路独立式住宅位于新西兰奥克兰北岸市 Fearnley 路，总占地面积 $501m^2$，总建筑面积约 $220m^2$。共两层，层高 2.4m，其中一楼包含起居室、客厅、书房、餐厅、厨房、车库等，二楼主要为卧室。

该建筑地处无尾静街，周边环境无交通产生的噪声。住宅西面是高尔夫球场，视野开阔。场地地形为矩形，东西向分布。由于奥克兰位于南半球，所以该建筑采光面为北面。

2. 存在问题

该建筑建成于 1999 年，当时的设计要求较低，建筑技术相对落后，施工要求未规范化，材料使用方面也存在不少问题。目前，建筑存在的主要问题总结如下：

（1）原建筑在格局、平面布置、外观设计等多个方面没有达到现住户的要求，如建筑原层高仅为 2.4m，自然采光量明显不足，造成室内压抑感严重，见图 14.1。

（2）原屋顶材料是热压预制水泥瓦，部分瓦面出现裂纹，水泥瓦透气性很好，但是冬季不利于保温，瓦面裂纹也会造成漏水。

（3）原外墙做法是水泥板加喷涂，安装方法是水泥板直接挂装，没有空腔隔层，

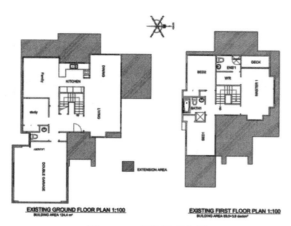

图 14.1　建筑平面布局

容易导致水或潮气直接渗透至外墙后的木框架，同时木料防腐处理未达标，所以木料易被腐蚀，形成结构性安全隐患，见图 14.2。这是同年代建造的房屋普遍存在的现象，部分漏水房屋已经出现结构安全问题。

图 14.2　改造前外墙和门窗照片　图片来源：K&J Architecture Design Ltd.

（4）外墙门窗使用的是单层玻璃铝合金门窗，墙体和屋顶等处保温棉的热阻值较低，墙体和屋顶两部分的热阻值 R 分别为 1.6（m^2·K）/W、1.9（m^2·K）/W，保温效果不好且未达到现行的规范要求。室内隔墙未做隔声处理，各空间互相干扰比较大。

（5）供暖设备只能靠电暖器片，属于低效率高能耗的供暖方法，导致冬季无法保持适宜的室内温度。

（6）房屋地面与基础做法采用的是传统基础加 100mm 厚水泥现浇楼板，无保温处理。

二、改造目标

本次项目改造中，希望通过改进建筑布局及使用适宜的建筑材料与设备，提高屋顶和外墙防漏及整体保温性能，满足住户的美观与舒适的要求。同时提高建筑物耐久性，在节能环保方面达到或超过现行新西兰居住建筑节能标准。建筑改造的平面图和立面图分别见图 14.3、图 14.4。具体改造目标如下：

（1）改变部分房屋的内部结构，增加建筑面积、建筑层高。

（2）更换主体木结构材料、外墙材料；增加美观和耐久性，使其满足住户需求并达到新西兰现行居住建筑标准。

（3）提高保温隔热性能，加装保温棉，基础扩建部分使用泡沫隔热板，增加循环热水的地板辐射供暖系统。

（4）利用雨水，增加雨水收集回用罐。

（5）对厨卫设施进行升级，提高住宅居住的舒适性。

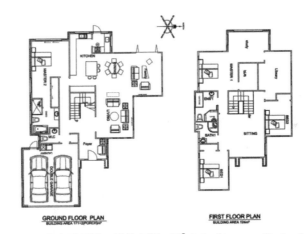

图 14.3　改造平面图　图片来源：K&J Architecture Design Ltd.

图 14.4　改造立面图　图片来源：K&J Architecture Design Ltd.

115

三、改造技术

1. 建筑设计改进

为解决原设计不足给建筑使用带来的诸多不便，建筑师首先对建筑平面布局和立面形式做了提升。

（1）布局修改，增加入口门厅面积和户外门楼，将门厅内楼梯的方向进行调整。

（2）在该建筑一楼的北面和西面进行了部分扩建，一楼增加父母房，扩大厨房面积，同时还增加了洗碗间。

（3）重新设计时把一楼层高增加了 180mm，缓解压抑感。

（4）增加外墙门窗的面积，外墙窗顶部及内门顶部高度都相应提高，增加了自然采光量，提高了住宅的舒适性。

（5）为缓解原建筑上楼后就是走廊的压迫感，增加了二层的使用面积。主人房在配置上极大地提高了使用面积，卫浴房及衣帽间都增加了面积，同时配备了书房和阅览室。扩建部分照片见图 14.5。

2. 建筑材料提升

（1）提高木料的防腐处理等级，达到耐久标准

主结构干燥部位采用符合防腐处理要求、标号为 H1.2 的木料。室内潮湿部位如卫生间地板和室外采用符合防腐处理要求、标号为 H3.2 的木料；达到相应处理级别的木质结构框架使用寿命至少满足 50 年的标准（参照 3.2/B2-AS1：2004）。具体施工参见图 14.6。

图 14.5　扩建部分照片

图片来源：K&J Architecture Design Ltd.

图 14.6　主结构框架选择 H1.2 木料

照片来源：K&J Architecture Design Ltd.

（2）外墙及屋顶材料更换，保证防漏措施

对于外墙材料的提升，部分采用了雪松实木外墙板（空挂 20mm 间隙），木材防腐等级为 H3.1，施工工艺参见图 14.7、图 14.8。在更换外墙材料后，外观效果也得到极大提升。

图 14.7　改造后的墙体外观

照片来源：K&J Architecture Design Ltd.

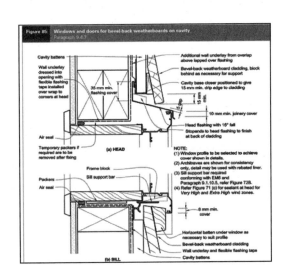

图 14.8　实木外墙板空挂安装详图范例

图片来源：Acceptable Solution E2/AS1：2011 August p130.

还有一部分采用红砖外挂（空挂 50mm 间隙），空挂可防止水直接接触木框架，提高墙体内本身通风，对木框架保持干燥起积极作用。施工工艺参见图 14.9。

（3）改造时，屋面使用了 15mm 甲板打底，中层铺防水布，上层为双层沥青夹玻璃纤维片状屋顶瓦（Asphalt Shingle Roof），屋顶保温防漏性得以大大改善。具体参见图 14.10。

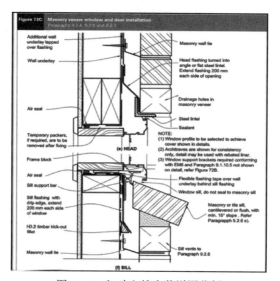

图 14.9　红砖空挂安装详图范例

图片来源：Acceptable Solution E2/AS1：2011 August p116.

图 14.10　改造后的屋面

照片来源：K&J Architecture Design Ltd.

3. 围护结构节能改造

针对原住宅热阻值（即 R 值，新西兰目前是以 R 值来计算衡量围护结构的隔热性能）不达标的问题，在外墙保温、外窗和供暖形式三个方面进行了改造。

（1）改造之后的屋顶保温棉 $R=3.2(m^2 \cdot K)/W$，外墙保温棉 $R=2.2(m^2 \cdot K)/W$；同时在内墙加装隔声棉（图 14.11），内部隔声抗噪由原来的 15～18dB 提升到 25～30dB。

（2）外门窗使用了双层中空玻璃，大门和车库门选择了断桥铝合金门，使室内的保温效果提升，达到新西兰居住建筑的保温性能要求（Thermal Insulation-Housing

图 14.11　高性能保温材料的使用　照片来源：K&J Architecture Design Ltd.

And Small Buildings NZS4218：2004）。

（3）采用了天然气水暖供暖系统，一楼为地暖模式，二楼采用挂墙单元式取暖器，实现中央供暖。这套系统与日常使用的热水器分离，在不需要的时间处于停机状态，只保留管内冷水循环。降温后开始使用时，通过人工控制，启动后可以设置定时与自动感应结合的模式来实现室内温度的调适。具体做法：在现有水泥面铺装 600mm×600mm 的地热垫块（水泥纤维），一方面承托水管，另一方面是阻止地面部分的热损失；最后铺设热水管道，试压结束，用水泥自流平做完成面，表面再铺装复合木地板，见图 14.12。

图 14.12　改造时地暖做法　照片来源：K&J Architecture Design Ltd.

（4）扩建部分基础使用了高密度的泡沫苯板垫块，增加了地基保温性能，使其达到地板的保温性能要求 $R>1.6(m^2 \cdot K)/W$（Thermal Insulation-Housing And Small Buildings NZS4218：2004），具体做法参见图 14.13。

图 14.13　地基的隔热保温做法　照片来源：K&J Architecture Design Ltd.

4. 雨水收集及回用

雨水收集及回用是新西兰现行居住建筑标准的要求。建筑改造中，通过收集屋顶雨水进行有效再利用，既实现了节约用水，又缓解了城市排水管道峰值的压力。回收的雨水用于绿化浇灌、车辆冲洗、道路冲洗、家庭坐便器冲洗等，从而达到节约用水的目的，见图 14.14、图 14.15。

图 14.14　雨水收集罐
照片来源：K&J
Architecture Design Ltd.

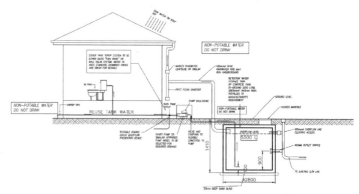

图 14.15　雨水收集系统工作图
照片来源：K&J Architecture Design Ltd.

5. 电气

在电气方面，改造之后的住宅全部使用 LED 光源，灯泡功率从 60W 降低为 10W，达到节能效果。

四、改造效果分析

通过重新设计和施工改造，建筑视觉和功能效果均得到明显提升。建筑外立面美观度得到整体升级，提升了房产价值；内部结构更加合理，大大提高了居住的舒适度；解决了旧房存在的结构、水、暖、电使用中的一些安全性和耐久性问题，如部分主体框架老化、外部围护结构存在漏水隐患等，将大大延长建筑的使用寿命；通过对外围护结构的改造升级，以及供暖形式的调整，同时实现节能和供暖舒适度改进；改进了建筑室内环境质量，如隔声效果等；合理进行水资源循环利用；易于日后建筑的维护修缮等。

五、经济性分析

（1）项目的综合性价比获得了客户的认可与好评，新西兰常规建筑成本 2400 新西兰元/m² （注：改造时汇率约 1 新西兰元＝4.57 元人民币），本项目的单位成本为 2300 新西兰元/m²，与新建普通住宅基本一致，但建造标准高于普通住宅。

（2）改造后使用成本降低：供暖系统及外墙外窗保温性能的提升，使得冬季在能源方面的总开支保持与原来基本一致的情况下，室内实现全天温度 18～20℃，冬季在供暖方面的开支约为 3～4 新西兰元/天。

（3）日常照明用电成本节约估计超过 50%。

（4）天然气使用费用在冬季会有一定增加，主要是由于供暖系统使用了天然气。

（5）水费有所减少，主要是因冲马桶、浇花、清洗室外地面可以采用收集的雨水。

六、结束语

整个建筑的改造过程持续一年左右，最后呈现出来的不仅仅是建筑外观上的变化，更有内部空间的改善与舒适性的提高，住户对改建后的结果表示满意，超过预期效果。在最大可能保护和利用现有资源基础上（既有建筑部分保留，原有树木全部保留），结合既有建筑，从节能高效、优化舒适等方面去完成这个改建项目。

由于保持场地内及周边原有的自然形态，完成后对整个社区产生的影响非常小；施工过程中合理安排各分项工程，对周围住户日常生活的影响控制到最小，也因此获得了邻居们的赞扬。改造投入与产出上达到高性价比，以普通新建建筑的成本投入，实现了对既有建筑的多个方面性能的提升，同时也使得建筑运营成本减少。具体使用中，不仅大大延长了建筑使用寿命，而且降低了使用和维护的成本，提高了舒适度，同时还充分利用了水资源。

改造后的建筑在可持续性方面长久获益，真正实现了安全耐久、健康舒适、资源节约、环境有益等可持续建筑发展的目标。

参考文献

［1］ New Zealand Standard，NZS 4218：2009 Thermal Insulation-Housing and Small Building. New Zealand：BRANZ，2009.

［2］ New Zealand Building Code，NZBC：B2/AS1 Durability. New Zealand：NZ Government，1990.

［3］ New Zealand Standard，NZS 3602：2003 Timber and wood-based products for use in building. New Zealand：BRANZ，2003.

［4］ Bricks NZ etc.，Design Note TB1-May 2012：2 Storey Clay Brick Veneer Construction-Made Easy. New Zealand：NZ Clay Brick & Paver Manufacturer's Association，2012.

［5］ New Zealand Standard，NZS 3604：2011 Timber-Framed buildings. New Zealand：BRANZ，2011.

第四篇　适　老　化

15 大连市金寓花园小区 29 号楼

项目名称：大连市金寓花园小区 29 号楼

建设地点：大连市甘井子区郭东街

改造面积：约 1200m²

结构类型：砖混结构

改造设计时间：2017 年

改造竣工时间：2018 年

重点改造内容：加装电梯

本文执笔：徐红

执笔人单位：大连市绿色建筑行业协会

一、工程概况

1. 基本情况

据不完全统计，大连市 2000 年前交付使用的既有多层住宅多数未配置电梯，有近 3000 栋建筑存在加装电梯的需求。早在 2016 年，辽宁省住建厅就制定了《辽宁省既有住宅加装电梯指导意见》，旨在解决老旧小区高楼层老人出行难的问题。金寓花园小区是以多层住宅为主的老旧小区，位于大连市甘井子区郭东街，区位图见图 15.1。该小

图 15.1 金寓花园小区的区位图

124

区于 2003 年开工建设，2004 年底入户。小区有超过 1000 户业主，入住率基本达到 100%。

2. 存在问题

该小区业主大部分为 2014 年前退离休老干部，其中 29 号楼三单元共有 12 户居民，最大年龄 83 岁，最小年龄 65 岁。随着年龄的增长，他们步行上下楼越发困难。小区还经常因自来水改造维修等问题遭遇停水，高楼层业主到一楼或物业处打水十分困难。没有加装电梯的住宅极大限制了老人的出行，业主加装电梯意愿强烈。

另外，大连地区冬季平均气温 −5℃，极端最低气温可达 −21℃ 左右。老旧住宅室外加装电梯时，电梯井道建于原建筑物外，会受夏季炎热、冬季寒冷等环境因素制约。此项目开展过程中正值冬季，加装电梯在 0℃ 以下运行，机械润滑油容易出现凝结现象，电梯无法正常工作。经与润滑油厂家沟通，采用耐寒性强的 46 号润滑油可保障冬季加装电梯的正常使用。

二、改造目标

既有住宅加装电梯是推进新型城镇化建设的重要民生举措，可提高居住品质、改善居民生活、提升民宅价值。本项目针对金寓花园小区 29 号楼 3 单元进行加装电梯，具体改造目标包括：①方便老人、残疾人和婴幼儿等居民出行；②适当增大可用面积；③提升功能性，利于住房保值。

三、改造技术

既有住宅加装电梯总体流程见图 15.2。

（1）加装电梯前期工作

老旧住宅室外加装电梯，首先需要业主签署委托书。加装电梯前，需单元内所有业主同意委托办理。具体包括：①办理增设电梯的建筑设计、施工监理等手续；②到规划、建设等部门办理增设电梯相关手续；③到质监部门办理电梯开工告知和监督检验等相关手续；④全权代理本单元增设电梯的出资人向所在区增设电梯牵头单位提出补贴申请，领取加装电梯政府补贴；⑤委托代理人在其权限范围及代理期限内签署一切合法文件及办理相关手续。

为办理电梯安装和审批手续少走弯路，物业公司奔波多个部门沟通咨询、讨教经验，甘井子区市场监督管理局机场管理所的工作人员，定期来到施工现场进行监督指导工作，从电梯井开掘到电梯安装调试完毕，共计 63 天。

改造期间涉及管线改造的部分，必须由相应的主管部门，安排指定技术人员加以

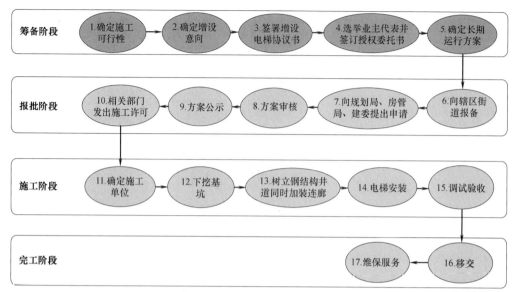

图 15.2 既有住宅加装电梯流程

改造，如燃气、供水、供电、排水等。涉及绿植部分，需报请绿化部门进行现场勘察，并制定进一步的移栽工作。

从结构上，因为年代久远，无法获取建楼初期的预埋施工图。一般来说，额定载重 800kg 的电梯井道尺寸内径 2.05m×1.80m，加上玻璃幕墙及钢结构外径约为 2.50m，底坑约 1.20m。在底坑四角需开拓作业面，需预先判断是否可以下挖、空间面积是否足够，加装前要确保有足够空间新建井道。

从具体使用上，一楼单元门至井道的距离应保证单元门垂直打开后有 1.2m 的通行间距，故连接井道到窗口的连廊预计 3m 左右，否则无法满足消防条件。如果设置监控系统，还需考虑监控室安装位置等。

（2）加装电梯费用情况

项目于 2017 年 11 月开工，加装电梯的单元共有 6 层，每层 2 户业主。物业公司在业主委员会的协助下，本着"低层少出钱、高层多出钱"的原则，挨家挨户做沟通解释工作。最终，1 层业主不收取加装电梯费用，2 层设定为基准层，收费 20000 元/户，每增加 1 层增加 5000 元/层，详见表 15.1。其中，10 户居民总计花费 3 万余元，不足费用、申报改造等费用由房屋维修基金和物业公司分别承担。

用户出资情况   表 15.1

一梯 3 户每层出资比例	一梯 3 户每户出资比例	一梯 2 户每层出资比例	一梯 2 户每户出资比例	楼层
25.71%	8.57%	28.00%	14.00%	6
22.86%	7.62%	24.00%	12.00%	5
20.00%	6.67%	20.00%	10.00%	4
17.14%	5.71%	16.00%	8.00%	3
14.29%	4.76%	12.00%	6.00%	2

（3）施工工程及工程量

电梯加装过程中，涉及建筑、电气和结构等施工内容，现场施工情况见图 15.3。

图 15.3 施工过程

改造后的电梯，验收依据参照《电梯制造与安装安全规范》GB 7588、《电梯安装验收规范》TSG-T 7001、《电梯工程施工质量验收规范》GB 50310 和《电梯试验方法》GB/T 10059 等相关规定。其中，总工程量见表 15.2。

工程量核算 表 15.2

土石方工程	工程量	钢结构主体	工程量
平整场地/m²	9	连接钢板制作、安装(型材)/套	22
挖土方/m³	45	M16 化学螺栓、安装/套	88
余泥渣土外运排放/车	5	安装配件(电焊条、螺栓等)/箱	10
钢筋及混凝土工程		钢架聚酯面漆(材料及施工)/m²	130
垫层 C15 商品混凝土/m³	1	钢结构环氧防锈漆(含打磨)/m²	130
基础 C30 商品混凝土/m³	45	聚酯面漆及环氧防锈漆释放剂/m²	130
基础混凝土钢筋/t	3	钢架运输/车	1
模板工程/m²	80	构件厂内制作/t	10
钢结构主体		钢架吊装、安装/t	10
主立柱制作、安装 150×150×5 方钢管/t	5	安装措施/项	1
导轨支架制作、安装 150×150×5 方钢管/t	1	成品保护费/项	1
横档 150×150×5 方钢管/t	3	井道四面玻璃外墙	
电梯厅门头横梁 150×100×5 方钢管/t	1	电梯专用 220 型避震不锈钢驳接爪(四爪)/只	40

续表

土石方工程	工程量	钢结构主体	工程量
门前小立柱 100×100×4 方钢管/t	1	电梯专用 220 型避震不锈钢驳接爪(二爪)/只	136
电梯曳引机主吊钩(承重 2t)/个	2	电梯专用 220 型避震不锈钢驳接爪(一爪)/只	20
预埋板/个	22	定制不锈钢万向驳接头/个	196
钢架与墙体连接(型材)/套	22	12mm 平面钢化玻璃、制作/m²	280
廊桥制作(1.5m)		透明耐候胶 10mm/m	200
廊桥与墙体连接 150×150×5 方钢管/t	3	玻璃安装配件(泡沫条及螺栓)/m	200
楼层板	40	玻璃架的制作/个	1
钢架制作,安装、吊装/t	3	特种玻璃场内制作/m²	280
		特种玻璃安装费(含吊顶设备的安装)/m²	280
		特殊玻璃装、卸及运输包装费/车	1

（4）运行维护

产权是本单元的出资者所有，业主既是使用者又是管理者，以此实现共建、共管、共享的管理模式。每个使用者都当电梯是自家财产来爱护，在一定程度上提高了电梯的使用年限。同时，物业公司加强电梯的日常管理，引导业主合理使用电梯，并做好电梯保养、检测工作，使之安全运营。如果条件允许，可以增加电梯 IC 卡进行控制，每户制作对应人数量的卡片，便于管理。

四、改造效果分析

改造建筑前后效果对比见图 15.4。

图 15.4 施工前后对比

加装电梯后，电梯运行产生的电费、维保费等费用由住户们平摊，每年下来平摊费用为五六百元。改造后，业主居住体验和出行自由得到极大改善，见图 15.5。

电梯的维护保养尤为重要，需要有一个长期、稳定的管理单位进行组织管理，同时要对主体部分、装饰部分及其他相关设施进行维护，以此保障电梯安全、有效的运行。目前，物业公司已对电梯主体的位移、沉降、变形等参数进行连续三年的检测，

图 15.5 电梯加装完成后的居民反馈

可为今后大规模加装电梯提供技术指导。

五、结束语

随着中国老龄化社会的到来，既有居住建筑增设电梯问题越来越引起各界人士，特别是无电梯住房中老年居民的关注，居住在既有多层住宅内的老龄人面临着极大的出行困难，加装电梯成为一个亟待解决的工程乃至社会问题。因此，加装电梯工作不仅是满足我国老年人居家养老需求的重要措施，还是促进城市现代化和经济稳定增长的必然选择。

16 北京市石景山区八角南路 21 号楼

项目名称：北京市石景山区八角南路 21 号楼

建设地点：北京市石景山区八角南路

改造面积：3.3m²（电梯井道占地面积）

结构类型：钢结构井道

改造设计时间：2019 年

改造竣工时间：2020 年

重点改造内容：加装电梯

本文执笔：王丽方[1]　张弘[1]　衣洪建[2]　程晓喜[1]　朱宁[1]　王强[1]

执笔人单位：1. 清华大学

2. 中国建筑科学研究院有限公司

一、工程概况

1. 基本情况

北京市八角南路社区位于石景山区，小区有 33 栋楼房、87 个单元，建成年代不一。其中，21 号楼建于 20 世纪 80 年代，是北京典型的既有多层住宅。该建筑位于小区东侧，楼体北侧依次为道路、停车位、花坛和社区派出所，总平面图见图 16.1。楼体共 6 层，层高为 2.9m。楼梯间在北侧，一梯两户布置，楼梯间内净宽 2.4m。楼体表面无过多凸起装饰，顶层有挑檐，伸出 150mm。楼体现状和一层平面图见图 16.2、图 16.3。

2. 存在问题

加装电梯过程中经常遇到的问题如下：

（1）低层居民反对，反对理由中最普遍的是加装电梯挡光、挡风、空间拥堵，见图 16.4。

（2）加装电梯的自身资金使用量大、筹集困难。

（3）加装电梯形体粗大，侵占门前道路，改移道路增加额外工程量和资金量。

（4）加装电梯形体粗大，占压地下市政管线，见图 16.5；改移管线增加额外工程量和资金量。

（5）加装电梯形体粗大，小区空间环境变差。

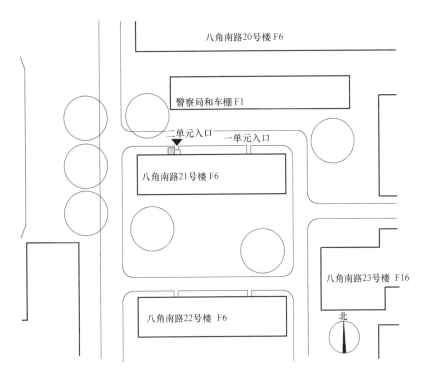

图 16.1　八角南路 21 号楼总平面图

图 16.2　楼体现状照片

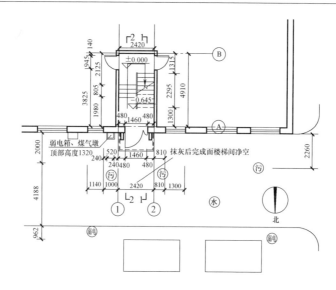

图 16.3　八角南路 21 号楼楼梯间一层平面图

图 16.4　老旧小区加装电梯造成空间拥堵现状

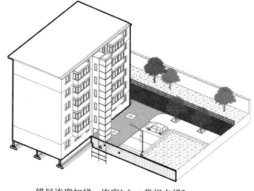

错层连廊加梯：连廊1.5m+常规电梯2m

图 16.5　老旧小区加装电梯造成道路和地下管线改移

二、改造目标

对北京市石景山区八角南路 21 号楼 2 单元加装小型化电梯，增加既有住宅的使用功能，改善居住品质，增强人民获得感和幸福感。

三、设计与技术创新

1. 井道与电梯的一体化、小型化设计

从平面看，曳引式电梯的主要构件有轿厢、对重、门机、导轨等。从顶部机房看，还要考虑曳引轮、电机吊钩、吊点的布置规则。在不断的探索中，对构件有了一些新的布局思路。具体包括：

（1）门的协同设计

在方案设计中，对井道与电梯统一考虑，在井道钢结构中预留门机的安装空间。把层门镶嵌在井道壁中，从而节省了井道内的门机空间，见图 16.6。

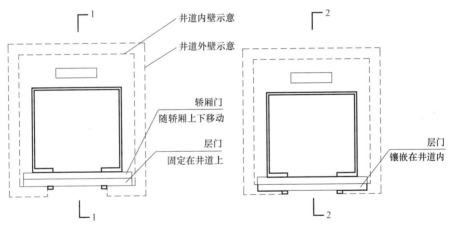

图 16.6　门机镶嵌与不镶嵌的平面对比

门机使用旁开多折门，缩小井道宽度，见图 16.7。旁开可以利用相同的门机宽度，实现较大的开启宽度。同时，小型化电梯贴近楼梯间，层门开启的位置偏向井道的一侧。项目选用了一般较少使用的旁开双折门。

（2）轿厢、门机、导轨、对重的平面布置

井道内部面积可以分为间隙和轿厢两部分。间隙的压窄包括两部分，一部分是构件尺寸的调整，一部分是构件之间距离的缩小。调整尺寸的构件主要是对重的压薄实验。配重两侧常有很多剩余空间，若能将配重平面尺寸变薄变长，则可以节省更多空间。但配重变薄也会带来稳定性的风险。

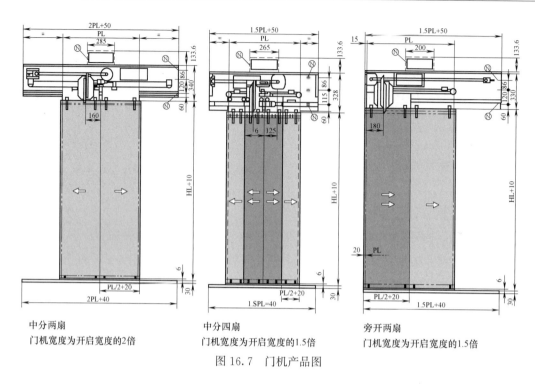

中分两扇
门机宽度为开启宽度的2倍

中分四扇
门机宽度为开启宽度的1.5倍

旁开两扇
门机宽度为开启宽度的1.5倍

图 16.7　门机产品图

缩小间隙的要点是从精准度上要尺寸。井道与电梯之间的间隙主要是为导轨、对重和其他构件的安装和调整预留尺寸。设计过程反复协调井道制造和电梯制造两方"能否达到某个垂直度"以及"是否认可某个垂直度"。在保证轿厢形态方正的条件下，出于工期的考虑采用一般门机，最终方案的井道利用率为 53.64%，见图 16.8。

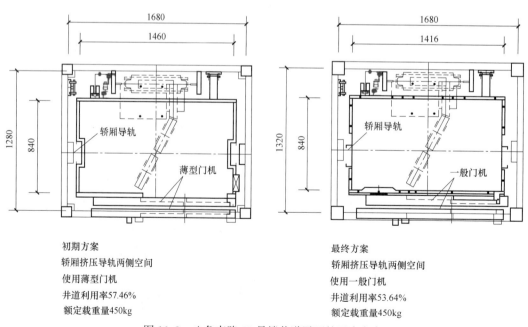

初期方案
轿厢挤压导轨两侧空间
使用薄型门机
井道利用率57.46%
额定载重量450kg

最终方案
轿厢挤压导轨两侧空间
使用一般门机
井道利用率53.64%
额定载重量450kg

图 16.8　八角南路 21 号楼井道平面的两次方案

2. 电梯门与井道构件、楼梯间尺寸的紧凑设计

小型化加装电梯方案在楼梯间的一侧设置单元门，另一侧设置梯井，见图16.9。

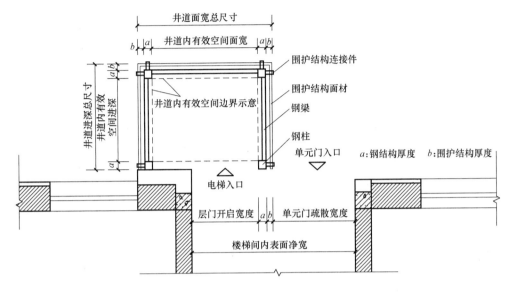

图16.9　单元门、电梯与楼梯的相对位置

单元门和层门被限制在楼梯间净宽之中，两者以井道的角部宽度为分隔。楼梯间净宽有限，调研所见的一般为2.4m或2.2m。单元门宽度不能小于改造前宽度，一般取1.2m。层门宽度在此条件下尽可能大，以方便进出。项目选择使用0.8m宽度，并依据此宽度选择电梯门的开启方式和宽度，最终确定为旁开双折门。

3. 井道玻璃幕墙特小尺寸的安装设计

对于大面积建筑外墙，幕墙式围护结构的厚度至少为200mm。本项目是小型建筑，但幕墙常用做法的厚度也会在100mm左右。项目考虑井道为非供暖空间，没有严格的保暖要求。为减小尺寸，未使用32mm厚的中空钢化玻璃，而是采用12mm厚的安全夹胶玻璃。

尺寸小强度大的连接件是缩小围护结构厚度的关键，项目组决定优先选用既有的成熟连接件产品。玻璃幕墙中使用较多的点式接驳爪件有200系列和150系列两种：150系列爪件尺寸较小，但是强度有限，只能固定小块的玻璃、增加玻璃分缝的密度，需加设钢梁以固定更多爪件，但影响整体的视觉效果；200系列爪件强度高，能固定较大面积的玻璃，但大爪件尺寸过大，围护厚度接近190mm，空间占用过大。考虑到梯井幕墙的体量小，因此在点式爪件之外，提出考虑更传统的合页式连接件。小合页式连接件可以对尾部进行切割，通过局部加工获得所需尺寸和强度。幕墙节点调整过程，见图16.10。

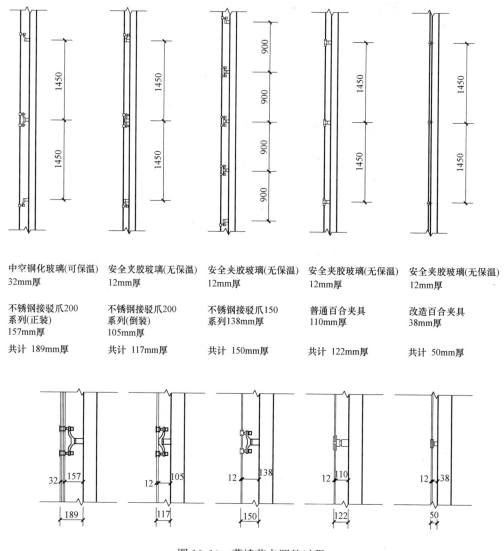

图 16.10　幕墙节点调整过程

4. 井道结构轻量化与新旧结构整体化设计与计算

在 21 号楼的项目中,采用了两种减小井道立柱截面的方法:①在旧楼拆改加固中使用钢筋混凝土墙柱,并与原构造柱连接,将钢结构井道与加固的墙柱牢固连接。②使用高强度混凝土 UHPC 对柱内进行灌浆,提升强度。

采用井道贴建的方式,见图 16.11。井道与主体建筑是刚性连接,原主体建筑可承担大部分侧向力,使得井道钢结构整体呈现细长外形且保证稳定;同时,钢柱截面尺寸较独立安装的井道也可大幅缩减。采用现浇钢筋混凝土加固原有楼梯间部分,同时与井道钢结构连接。

一般的立柱截面尺寸为 200mm 左右。采用以上方法后,截面尺寸大大减小。初

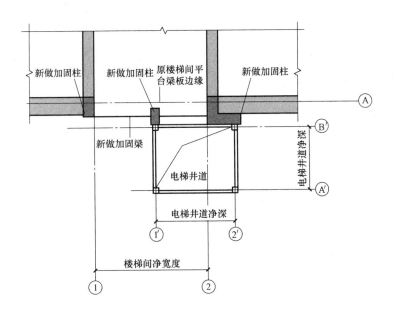

图 16.11 附着式设计

次设计方案的柱截面边长为 100mm。审图之后增加为 120mm。方案使用的钢梁梁宽为 60mm，立柱尺寸接近钢梁宽度，角部空间的占用有所减少。

5. 井道基坑与旧建筑基础协调设计与加固

既有住宅普遍使用条形基础，下方有大放脚。放脚需支撑在牢固的土层或岩层上，深度不一，需要挖探确定。我国要求公共电梯必须有底坑，深度在 2m 左右。梯井靠近楼体时，底坑和放脚有可能产生冲突。放脚可能在底坑以下，也可能与底坑相撞。

新增结构的基础宜与既有住宅结构基础脱开；当既有住宅结构地基基础条件较好时，可利用既有结构基础，并应对原结构地基基础进行承载力及变形验算。当增设电梯井道底坑及基础与既有住宅原基础产生并联时，应采取适当技术措施对原结构基础进行局部加固，见图 16.12。

6. 基坑防雨防撞新材料预制构件设计

公共电梯的井道需设置底坑。井道接地部位需设置防水坎，以防止地面水流入底坑，见图 16.13。若井道靠近道路，还需设置防撞设施，防止车辆磕碰，见图 16.14。为了缩小防水防撞设施的尺寸，项目引进了新材料超高性能混凝土 UHPC，新材料具有高强度、防水、可开模具、精确铸造等特点。其中，液体状态具有高流动性，可以设计不同形态尺寸；凝固之后强度较高，20mm 厚的板就能抵挡撞击。同时，具有较高的防水性能，可作为防水构件为底坑防水。

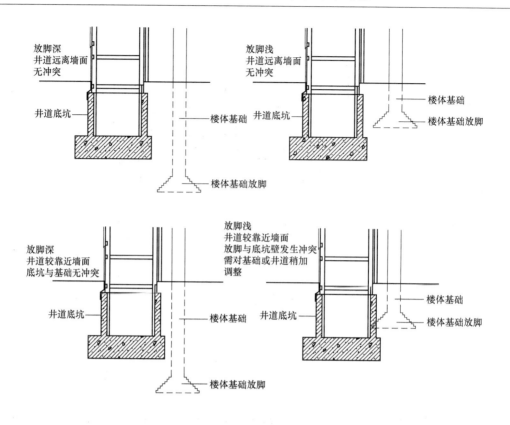

图 16.12　楼体基础与井道底坑相对位置示意图

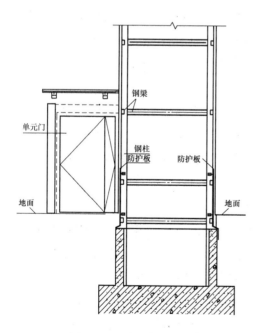

图 16.13　防护板剖面图

图 16.14　兼具防水与防撞功能的创新防护板

7. 井道顶盖与旧建筑檐沟的协调避让设计

井道顶盖有两个作用：密封和防水。小型化电梯加装时，顶部空间局促。八角南路 21 号楼有挑檐，为躲避檐口，梯井顶部压低，形成台阶形。顶盖需要在檐口和钢结构之间的缝隙中放置和安装。此项目的顶盖形状复杂，有向上的防水翻边和向下的搭接翻边。因此，使用超高性能混凝土 UHPC 制作，最终制作的顶盖允许二次裁切，现场可以做一定的尺寸调整，见图 16.15。

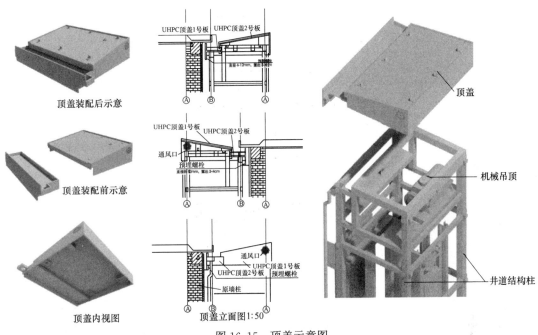

图 16.15　顶盖示意图

8. 太阳能光伏供电的井道防止过热设计

此项目尝试使用太阳能风扇，增强井道通风，需设置太阳能板、工频逆变器、蓄电池、风扇和止回阀五个设备。太阳能光伏板将光能转换为电能，工频逆变器将电能变得稳定，驱动风扇；多余的电能储存在蓄电池中。为防止空气倒灌，加设止回阀。顶部太阳能设备布置见图 16.16。

排水设计时，大顶盖的顶面倾斜。斜面朝南，正好固定太阳能板；斜面下有一个三角形空间，正好布置其他设备。

顶盖需开设通风孔。孔洞没有选择圆形，以防止内部扇叶被看到。在计算了通风量之后，使用一组小通风孔代替大通风孔。

9. 防噪声设计

传统电梯一般将控制柜放置在井道顶部机房，对顶层住户的噪声干扰较大。此次项目将井道顶部小型化后，将电梯控制柜取出，放在楼梯间顶层。

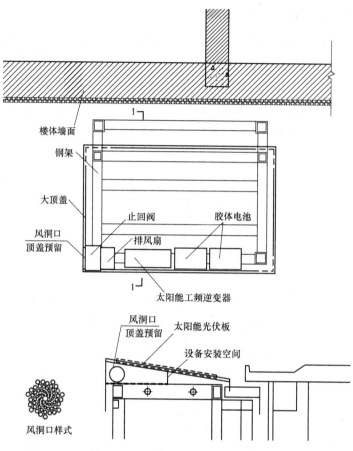

图 16.16　顶部太阳能设备布置图

　　课题组在设计时发现，控制柜中需要调试的部分并不多，更多是附带的设备。因此，将控制柜分为两部分，即：需要维修调试的部分靠近地面放置；不需要调试的设备部分放在高处，见图 16.17。日常需要调试的部分是一个 150mm × 250mm × 1000mm 的小箱子，不需调试的部分是一个 200mm × 400mm × 1700mm 的大箱子。小箱子放在地上，大箱子放在窗户以上的位置，极大便利了空间布置的灵活性。控制柜的设备部分会发出声音，为避免干扰两侧住户，控制柜的设备部分远离两侧墙壁安装。

10. 适老化设计

　　休息平台的适老化主要包括呼梯板位置、座位、扶手和灯光。

　　在考虑到居民上半层的流线需求之后，对呼梯板的位置进行了调整，将呼梯板设置在靠近层门的墙壁上，减少了出入电梯的碰撞。在休息平台设置一些休息设施，能让老人在等电梯时进行休息，休息设施可以采用座椅或斜靠的扶手。层门两侧均加设扶手，扶手与加固梁、加固柱固定，保证牢固。在厅门上方增加了一条面光源，为层门和休息座位提供照明。漫反射的光投在墙面上，营造温馨的氛围。

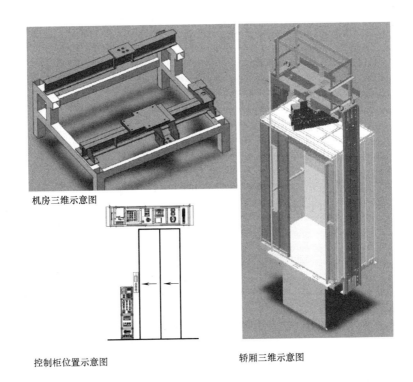

机房三维示意图

控制柜位置示意图

轿厢三维示意图

图 16.17　机房和控制柜示意图

　　轿厢内的适老化设计包括扶手、镜面、窗户和颜色。在轿厢中加设了一个镜面，镜面正对着层门，使用者不用回头也可观察到层门的情况。轿厢内也设置了一长一短两个扶手。休息平台的层门、轿厢的轿厢门、扶手和周围的墙面采用了较为醒目的颜色进行标识，便于确认位置。扶手与轿厢适老化设计的变化见图 16.18。

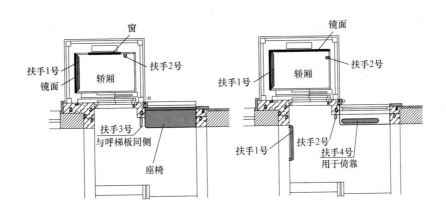

图 16.18　扶手与轿厢适老化设计的变化（一）

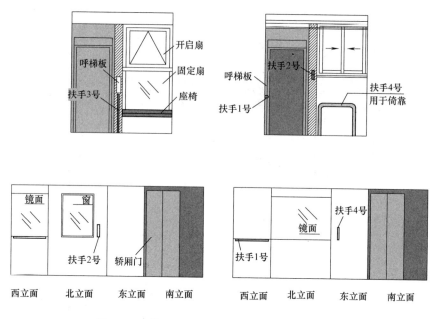

图 16.18　扶手与轿厢适老化设计的变化（二）

四、改造效果分析

通过实现建筑—结构—设备高度紧凑的设计，最终井道获得面宽 1.92m、进深 1.67m 的极小外围尺寸，实现占用场地面积仅 3.3m²，为常规加装电梯的 30％ 左右，见图 16.19。该方面的技术突破规避了大量工程与社会问题：避免空间拥堵遮挡；避免占用道路或影响消防疏散；尽可能避让占压地下管线（单次改造费用高达几十万

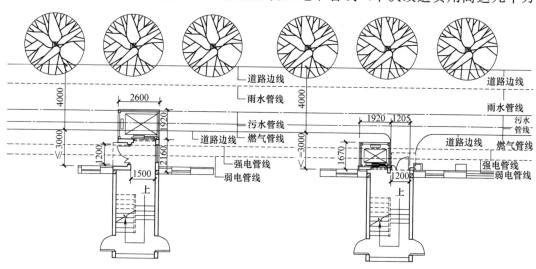

图 16.19　常规电梯与小型电梯对比图

元），因此也降低了居民协调的难度，带来巨大的社会效益。加装电梯的实际效果，见图 16.20。

图 16.20　石景山区八角南路 21 号楼示范工程

五、结束语

本课题研究目标是解决加装电梯体量粗大，对居住区环境影响过大的难题；课题研究的三年期间，全国加梯数量每年倍增，但方式依然粗笨，少有小型贴建的加装电梯案例。

本研究能显著减小加装电梯的体量、减少对环境的干扰，而且加装形态对底层居民友好，具有可标准化推广的技术特点，对课题成果进行推广将使增设电梯的工作得到显著优化，群众工作难度下降，为这一巨大民生难题的破解作出独特贡献。

17　中国建筑设计研究院退休职工之家

项目名称：中国建筑设计研究院退休职工之家

建设地点：北京市城区

改造面积：大于 1000m²

结构类型：以砖混结构为主

改造设计时间：2018～2020 年

改造竣工时间：2019～2020 年

重点改造内容：居家适老化改造

本文执笔：娄霓　王羽　余漾　王祎然　苏金昊

执笔人单位：中国建筑设计研究院有限公司

一、工程概况

1. 基本情况

为初步了解中国建筑设计研究院退休职工的生活改造需求和既有居住建筑现状，课题组首先在院内开展了住宅适老化改造技术咨询活动，对老年人居家养老需求进行了摸底调查，见图 17.1。主要工作包括统计有改造意向的退休职工，并为老年人提供居家养老环境评估与改造服务。通过前期住户需求沟通和入户评估，共统计了超过 50户具有居家适老化改造意向家庭。基于住宅适老化改造技术意向访谈调查结果，本项目最终选择超过 15 户适老化问题较为典型和突出的家庭作为示范对象，并分别提出了居家适老化改造技术方案。

图 17.1　住宅适老化改造技术咨询活动

根据前期统计结果，具有居家适老化改造意向退休职工的住宅多数位于北京市城区内，尤其是居住在院办公区所在的西城区人员数量较多，具体分布见图17.2。由于居住在20世纪八九十年代规划并建造的既有居住区内退休职工比例较高，这类居住区域附近的道路交通相对便利，医疗、商业等公共配套设施相对齐全，周边环境相对有利于老年人日常外出活动。

图17.2 具有住宅适老化改造意向的退休职工家庭所在区位

2. 存在问题

课题组针对每个案例开展了入户现状评估。根据评估发现，老人对自身居家空间改造需求较为迫切的空间主要集中在入户过渡空间、卫生间、厨房、卧室、阳台以及客厅这几个部位。在入户过渡空间方面，老年人普遍表示，随着身体机能下降，站立换鞋对他们来说较为困难，希望能坐姿换鞋；在卫生间方面，老年人的需求主要集中在地面材料不防滑、干湿分区不明确、缺乏扶手支撑、无法坐姿洗浴、储物空间不够用等；厨房和卧室的改造需求主要集中在室内照明方面，部分自理老人表示操作台缺乏照明，卧室灯光昏暗，起夜时开灯过于刺眼等；对于家居部品方面，老年人的需求主要集中在取放物品、晾晒衣物困难等。通过开展针对院内退休职工的入户现状评估，整理出改造需求后，形成了各自的改造建议，见表17.1。

入户评估改造需求及改造建议　　　　　　　　　　　　　　　　表17.1

	改造需求	改造内容
案例1	入户换鞋起身困难	在入户门增加穿鞋凳
	阳台晾衣架过高，老人操作困难	将现有晾衣杆更换为电动晾衣杆
	卫生间地面湿滑，无法坐姿洗浴；洗浴时缺乏支撑	铺设防滑垫、增设浴凳、加设扶手
案例2	起夜路线较长，不安全	增加夜灯，避免起夜路线有干扰
	如厕起身困难、担心洗澡滑倒	增设防滑地垫，加设置物、手纸架于一体的扶手
	入户鞋柜换鞋不便	更换带软凳的鞋柜
案例3	卧床老人起坐不便，缺乏支撑	更换护理床、增加扶手

	改造需求	改造内容
案例4	缺乏居家康复环境	购置居家康复器具
	厨房操作不易看清	在厨房操作台增加局部照明
	担心洗澡时滑倒	增设防滑地垫
	卧室灯光昏暗	更换卧室整体照明
案例5	马桶过于老旧,不满足老人需求	更换智能马桶盖,便于监测老人身体健康
	镜柜灯光照明不足	在镜柜前增设照明设施
	如厕缺乏支撑	加设扶手
案例6	卫生间灯光昏暗,面盆放置杂乱	在卫生间根据储藏量增设储藏柜
	空间狭小,老人洗澡不便	加设步入式沐浴器,方便老人沐浴
案例7	厨房操作区缺乏局部照明	橱柜下方增设照明器具
	卫生间有高差易摔倒,地面材质湿滑	加设防滑垫
	入户穿脱鞋起身困难	加设换鞋凳
案例8	起夜路线较长,容易发生危险	在起夜路上设置小夜灯
	南方冬天潮湿阴冷,影响老人睡眠质量	在卧室增设电取暖器,改善卧室热湿环境,提升老人夜晚睡眠质量
	卫生间有高差、中间有蹲坑易摔倒淋浴器不可上下移动,老人洗澡不便,缺乏支撑,卫生间灯光昏暗	加设蹲便器盖板,方便老人淋浴,更换淋浴设施,取暖器,入户鞋凳
案例9	老人容易忘带钥匙,打不开门	更换智能门锁
案例10	担心洗澡时滑倒;淋浴时缺乏支撑;吊柜过高,取物不方便	调整平面布局,进行干湿分离;更换摩擦系数更高的地面材质;加装扶手,添置浴凳;更换为有助于功能的吊柜
	整体缺乏储藏空间	依据实际需求,合理增设储物柜
	客厅光线昏暗、沙发起坐不方便,窗户不便于老人开启	通过人工照明改善室内照度,更换沙发,改成下悬窗
案例11	空间狭小,无法满足全家用餐需求	调整平面布局,合理设置可容纳5~6人的餐桌
	抽油烟机位置太低,易磕碰	更换为倒吸式抽油烟机
	卧室采光不足,双人床靠墙,上下床不便;	调整卧室布局,增大通行空间
	沙发较矮、起坐不便	底部垫高或更换沙发
	无法满足储物需求	依据实际需求,合理增设储物柜
	阳台面积较小,难以满足晾晒需求	在采光较好的房间添置可升降晾衣杆
	卫生间存在高差,易摔倒;洗澡后地面湿滑;淋浴时缺乏支撑;地面排水不畅	调整平面布局,进行干湿分离;更换摩擦系数更高的地面材质;加装扶手,添置浴凳;设置排水槽;添置可移动坡道部件
案例12	沙发较矮、起坐不便	增加可移动扶手,通过部品的增加解决老人的问题
	卧室衣柜较高,取物不便	在衣柜增设下拉式晾衣架
	厨房橱柜较高,取物不便	设置下拉式置物架
案例13	老人容易忘带钥匙,打不开门	更换为指纹智能门锁,方便老人开门
	洗澡无法坐姿淋浴,容易摔倒	在卫生间增设浴凳
	站立换鞋困难	在换鞋处增设换鞋凳

续表

	改造需求	改造内容
案例 14	马桶过于老旧,不满足老人需求	更换为智能马桶
	如厕时缺乏支撑	添加马桶扶手
案例 15	如厕时缺乏支撑	添加马桶扶手
案例 16	卧室灯光昏暗	添加智能床头灯
	马桶过于老旧,不满足老人需求	更换为智能马桶

以老年人在北京市橡胶院小区、北京市八里庄北里小区等居住环境为例,前者在现有居住环境内发生数次跌倒事故,同时表示房间内有通行面积狭小、无处撑扶等问题,因此这三项改造需求已作为改造建议计划中优先解决的内容。后者与上述案例类似,该职工主要在现有居住环境的卫生间入口处发生过跌倒事故,同时也有容易滑倒、无处撑扶等问题,此部分改造需求也已优先纳入了改造建议计划中。入户评估现场见图 17.3。

(a) 橡胶院小区

(b) 八里庄北里小区

图 17.3 入户评估现场照片

基于前期摸底调查,归纳项目改造前存在的问题大致可分为交通流线问题、功能分区(家具部品)问题、物理环境问题、设备管线问题和后期使用习惯问题等五方面。交通流线问题是指居室内交通流线穿插或过长;功能分区(家具部品)问题包含由于高差、门洞、隔墙等造成活动限制,功能分区不足不当(如卫生间未干湿分离、功能空间兼用等),家具部品尺寸不适宜或形式不当,家具部品摆放位置不合理,缺乏无障碍设施等问题;物理环境问题包含采光不足、室内照明不当,或室内噪声过大等问题;设备管线问题主要是指外露影响美观;后期使用习惯问题是后期生活物品垒放堆砌形成的原因之一。

二、改造目标

基于牵头承担的"十三五"国家重点研发计划课题"既有居住建筑适老化宜居改造关键技术研究与示范"的研究成果，以及结合老年人的居住需求，针对中国建筑设计研究院退休职工家庭进行居家适老化改造。首先，针对地面高差、扶手、交通空间、墙地面材质等部位进行改造，以解决退休职工日常生活基本安全保障需求。在此基础上，通过更换门窗、改善室内光环境等形式，选择性地开展居家适老化改造，进一步提升退休职工的居住环境。

三、改造技术

1. 基本安全保障层面改造技术

（1）地面高差

既有居住建筑的卫生间由于管道、防水等设计原因，存在卫生间地面高差，限制了部分老年人对卫生间的直接使用。相对应的解决方案包括：在确认工程可行的前提下，拆除原地面及防水，重新铺设防水层、地砖以及墙砖；而对于无法拆改、高差较高的卫生间，可在卫生间门口设置减缓高度的木制台阶、台面贴防滑垫，或者设置可移动、可拼接防滑 PVC 斜坡等，以此减缓地面高差对老年人步行带来的影响，见图17.4、图17.5。

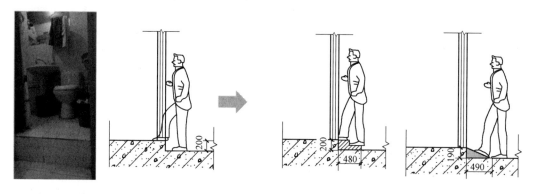

图17.4　卫生间高差改造前现状　　　　图17.5　卫生间改造前后的剖面图

（2）扶手

针对部分退休职工在家中需要撑扶活动等问题，根据不同功能空间使用的实际需求和居住环境现状，提出扶手安装解决方案，见图17.6、图17.7。

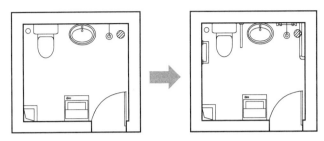

图 17.6　卫生间改造前现状 　　　　　图 17.7　卫生间扶手改造前后平面示意图

（3）交通空间

考虑到一部分在家中需要使用助行器、轮椅等辅具的退休职工，主要根据老年人活动路径和居住环境现状，提出特定的平面布局方案，以改善交通空间使用现状，见图 17.8、图 17.9。

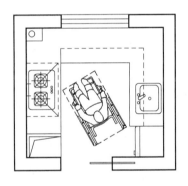

图 17.8　居室内改造前现状 　　　　　图 17.9　厨房轮椅空间使用平面示意图

（4）地面材质

既有居住建筑用水空间多数选用瓷砖地面，难以避免地面湿滑现象的产生，见图 17.10。通过铺设卷材防滑产品，减少老年人滑倒等安全隐患，见图 17.11。

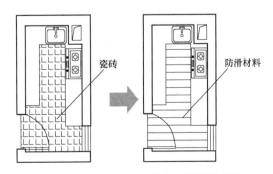

图 17.10　厨房改造前现状 　　　　　图 17.11　厨房地面改造前后平面示意图

2. 适老宜居改善层面改造技术

（1）门窗

针对部分退休职工表示卧室或起居室内平开门的门扇开启范围大、侧身不方便等问题，提出将平开门改成折叠门的方案，在一定程度上降低老年人开关门的困难程度，并节省空间，见图17.12、图17.13。

 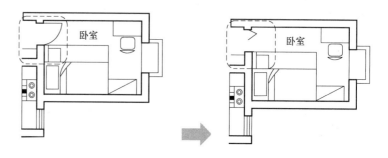

图 17.12　卧室门改造前现状　　　　图 17.13　卧室门改造前后平面示意图

（2）室内光环境

针对居室内光线昏暗，以整体照明为主，且部分退休职工未进行夜灯设置、起夜需要摸黑找开关等问题，根据老年人生活习惯和功能布局现状，在特定位置安装灯具以加强局部照明，并增设开关和夜灯，见图17.14、图17.15。

 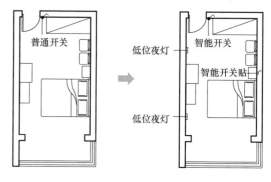

图 17.14　卧室改造前现状　　　　图 17.15　卧室改造前后平面示意图

（3）家具部品

家具部品由于尺寸不当、摆放位置不合适等问题会对用户使用舒适度产生一定程度的影响，其中多数问题可通过更换部品、调整居室平面布局等方式解决。一部分院内退休职工表示由于弯腿困难，在使用传统台面偏低的马桶或蹲便器时较为吃力，且卫生间内及出入口处存在高差。可根据管道布置局部消除高差，形成无高差通行及活动空间，并相应调整部品，见图17.16、图17.17。

图 17.16　卫生间马桶改造前现状

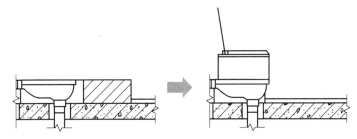

图 17.17　卫生间马桶改造前后平面示意图

四、改造效果分析

项目针对退休职工家庭开展了有针对性的居家适老化改造。该项目建成后，一方面通过墙地面拆改、平面布局调整等形式，解决了退休职工的日常生活中基本安全保障需求，很大程度上确保了老年人行为的安全性；另一方面，视居住者需求和住宅现状情况，通过平面布局调整、安装家具部品等，解决了一部分储藏空间狭小、门窗破旧、室内光环境较差等问题，一定程度上提高了居住环境适老化水平，提升了用户心理感受。

1. 物理环境改造

在物理环境改造层面，通过增加内保温的方式改善室内热环境，同时增加储物柜优化内部空间布局；对初次建造施工时遗留的工程问题（不防潮、墙面渗漏发霉）进行了针对性改造。有条件的户型通过扩大窗洞口改善室内自然采光和通风，见图17.18；利用家具部品本身的特性合理布局，降低户外电梯井噪声的干扰。通过增加局部照明，提升厨房操作、夜间行走等行为的安全性与便捷性，见图17.19。增加的灯具并不需要对电路进行改造，直接加装即可，一定程度上降低了改造的难度。

图 17.18　起居空间物理环境改造　　　　　　　　图 17.19　居住照明改造

2. 卫生间改造

卫生间改造方面，在需要撑扶的位置加设扶手，解决如厕与沐浴中起坐的辅助需求。有条件的情况下，结合卫生间中的行为特点以及利用部品的布置，尽可能减少扶手安装数量，将部品本身作为撑扶体系；卫生间地面采用防滑面层，潮湿状态下比普通地砖具有更好的防滑性能。另外，针对卫生间内部有地面高差、中间的蹲坑易让人摔倒的情况，主要运用加设蹲便器盖板的方式，消除老年人在日常通行和如厕行为切换过程中可能存在的踩空跌倒的安全隐患，见图17.20。

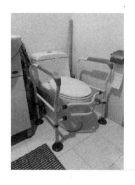

图17.20　卫生间改造

3. 增加辅助部品

针对部分退休职工所居住的环境因空间面积受限，导致无法开展以上适老化改造，或存在安全隐患相对较少的情况，采用无工程化的改造方法，开展家具部品选型。在一定条件下通过错时利用的方式，缓解和确保老年人的相关功能使用需求。

例如部分老年人生活于空间较为局促的套型功能空间中，在日常更衣、换鞋、洗浴、盥洗等过程中存在缺乏支撑设施，不满足相关辅助部品的面积需求。本项目通过选用日常可收纳的换鞋凳、可折叠的扶手等，针对相关形式、材质、色彩等进行选型，并在合理位置进行安装，以达到支撑效果。在阳台处增设电动升降晾衣架，减少老年人日常晾晒过程中腰部及双臂处的压力，同时不影响室内空间的采光通风、观景等日常需求，见图17.21、图17.22。

图17.21　入户过渡空间增加换鞋凳　　　　图17.22　增设电动升降晾衣架

五、结束语

根据第六次全国人口普查数据，可以推算90m² 以下的中小套型住宅已占全国城市住宅面积的 40%左右。中小户型中老年人行动多有不便，特别是需要使用辅具器具或是需要护理照护的老年人，难以完成日常生活行为，此类型住宅亟需解决适老化改造设计问题。

本项目基于"十三五"国家重点研发计划课题"既有居住建筑适老化宜居改造关键技术研究与示范"的研究成果，结合老年人的居住需求，针对中国建筑设计研究院退休职工家庭开展了居家适老化改造。通过相关改造技术成果的应用示范，提出了针对不同既有居住建筑现状的解决方案，推进了中小户型适老化改造工作，形成了显著的经济和社会效益。

致谢：感谢中国建筑设计研究院有限公司退休职工及家属在本项目设计、施工过程中所给予的帮助与支持。

参考文献

[1]　北京市规划和自然资源委员会. 既有住宅适老化改造设计指南［S］. 2019.

[2]　［日］财团法人 高龄者住者财团. 老年住宅设计手册［M］. 北京：中国建筑工业出版社，2011.

18　北京市车公庄大街19号院

项目名称：北京市车公庄大街19号院

建设地点：北京市西城区车公庄大街19号

改造面积：3925m²

改造设计时间：2019年

改造竣工时间：2020年

重点改造内容：室外环境适老化改造

本文执笔：赵文斌　刘环　工羽　金洋　王玥

执笔人单位：中国建筑设计研究院有限公司

一、工程概况

1. 基本情况

北京市车公庄大街19号院位于北京市西城区，该项目占地约3925m²，共分为4个片区，有9栋居民楼，南北朝向，见图18.1。院内居民大部分为离退休老年人，对室外生活环境有一定的需求。

图18.1　车公庄大街19号院平面图

2. 存在问题

项目场地改造前存在的问题大致可分为通用性问题、物理环境问题和景观绿化问题三方面。通用性问题体现在办公人员与老年居民的活动空间混合，缺乏区域划分领域感，人车混行现象严重，铺装材料凹凸不平，存在地面高差与积水现象，标识系统设置不合理，缺乏可供老年人活动的休憩座椅、设施等；物理环境问题包含交通噪声过大，夏季遮阴效果差，灯具损坏致使夜晚光线昏暗等；景观绿化问题包含植被缺失、植物种植种类单一，老年人植物景观参与度低，详见图 18.2。具体表现在：

（1）路面平整度差。小区内部分道路狭窄且道路铺装不平，给老年人的行走造成一定的安全隐患。

（2）场地内休憩设施有限。小区内的场地较小，部分空间未得到充分利用，导致整个户外空间显得较为局促。适老性的休憩设施更是缺乏，且配置距离不合理。

（3）夜间照明缺乏，老年人视觉能力下降，夜间识别转角或高差边缘时，存在一定困难。同时，老年人身体平衡能力较差，在夜间被绊倒的风险较高。

（4）植物配置不合理，层次单一，未考虑老年人身心健康及康复的积极干预作用。

图 18.2 改造前现状问题

二、改造目标

针对车公庄大街 19 号院进行室外环境适老化改造，首先是针对地面高差、铺地材料、交通空间、标识系统、休憩小品等方面进行改造，以解决场地内老年人日常生活出行基本安全保障需求。在此基础上，通过改善室外声环境、光环境及热环境等形式开展室外环境适老化改造，进一步提升场地内老年人的居住环境。最后，通过丰富植物配置并结合其他设施，有目的地为老年人身心健康营造积极干预的康复景观环境。

三、改造技术

1. 场地通用性改造

（1）路面铺装

使用恰当的材质进行路面铺装。由于腿脚不便和视力下降的因素，老年人对路面材质有着特殊的要求，根据老年人对不同铺装路面的适应性，着重考虑使用防滑性能强、相对平整、不易反光的铺装，见图18.3。针对一些使用轮椅的老年人，避免使用粗糙的铺面（如卵石铺面、碎石铺面），使用防滑的平整路面。

图 18.3　基于老年人步态特征的室外步行环境需求

（2）步行道

考虑到一部分在室外环境中需要使用助行器、轮椅等辅具的老年人，主要根据老年人活动路径和室外环境现状，对步行道净宽进行改造，以改善交通空间使用现状，见图18.4、图18.5。

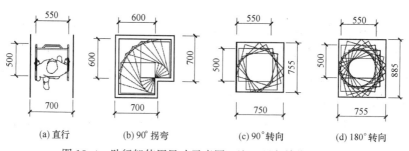

图 18.4　助行架使用尺寸示意图（注：距离单位为 mm）

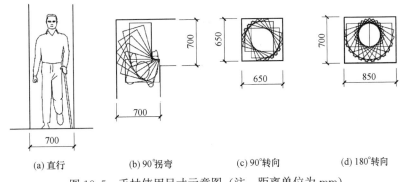

| | (a) 直行 | (b) 90°拐弯 | (c) 90°转向 | (d) 180°转向 |

图 18.5　手杖使用尺寸示意图（注：距离单位为 mm）

（3）休憩座椅

老年人由于体力限制所造成的主观抵触心理以及路线偏差所造成的客观危险因素多存在"步行状态异常"特征。因此，存在此类特征老年人对于整体步行环境需要更加灵活舒适。改造中，结合场地改造进行合理的配置，缺少休憩座椅的步行空间也进行一定的修补。另外，在距离、坡度较大及转角处设置休息区，或者沿路设置座椅等休憩设施。根据环境以及行为为主线的步态分类，见表 18.1。通过设置休憩设施降低通行过程的疲劳不适，同时促进其与不同人群进行互动交流，营造健康活跃的室外步行环境。

根据环境以及行为为主线的步态分类　　　　　　　表 18.1

观察内容		观察要点	特征
下肢	腿部	体态特征	腿部异型（内弯）（僵硬）（下垂）
		行为特征（摆动相）	步态不稳，脚向外甩呈划圆弧状
			步态不稳，走路动作不灵活，东倒西歪
		行为特征（支撑相）	落地有力
			抬腿缓慢
			抬腿较低
			抬腿较高（步伐高）前冲状态
		行为特征（摆动相）	两腿分得很宽（步态略宽），速度较慢
			步距短小，行走缓慢
			步距短小，速度较快
			拖曳行走
	足部	行为特征（支撑相及摆动相）	脚掌不离地，擦地而行
			足部抖动
上肢		体态特征	上臂弯曲
			手部抖动
		行为特征（摆动相）	上肢不做前后摆动

157

观察内容	观察要点	特征
躯干	行为特征(摆动相)	身体左右摇摆
		身体左倾/右倾
		身体前倾
		臀部左右摇摆
眼睛	视线特征	四周看
		低头
步行状态	持续行走时间	不能够长时间行走
	持续行走路线	步行时不能走直线,忽左忽右

2. 场地物理环境舒适度改善

针对室外环境光线昏暗、缺乏照明设施,且一部分光源易引起眩光等问题,根据老年人出行规律和室外环境现状,加强整体照明,并在台阶等特定位置安装灯具,以加强局部照明。

在不同场所,老年人的视觉需求不同,需要不同等级的照明。通过对老年人开展低照度照明实验研究,发现当地面照度为5lx时,基本满足老年人视觉感知与识别需求,但部分老年人存在识别问题,且大部分老年人心理舒适度不高;当地面照度为10lx时,基本满足老年人行为发生及心理状态等方面的需求;当地面照度为20lx时,老年人心理舒适度较高。同时,参考《住宅健康性能评价体系》(2013年版)、《城市夜景照明设计规范》JGJ/T 163—2008、《城市道路照明设计标准》CJJ 5—2015等标准中室外环境的照度参考值,确定改造的照度参考值及灯具参考安装高度,照度与灯具安装高度见表18.2。

照度与灯具安装高度参考 表18.2

适用场所	参考照度/lx	灯具参考安装高度/m
人行道	10~20	2.5~4.0(高位);0.3~0.6(低位)
小径、园路	20~50	2.5~4.0(高位);0.3~1.2(低位)
运动场	200	4.0~6.0
休闲广场	100	2.5~4.0
建筑与广场出入口	100	/
标识位置	300	/

3. 适老化康复景观设计

对于老年人来说,接触自然有助于减小压力,并增加潜在的肢体活动机会,健康身心。在种植池中种植有特殊质感、气味的植物,为老年人提供园艺操作的机会,可在刺激感官的同时缓解负面情绪，强化运动机能，也可促进交流，提高老年人社交频率。

充分发挥景观植物的实用功效，加强老年人与植物的互动方式，改变绿化空间过去只能看不能亲近的特点，让绿化与老年人的生活息息相关，达到冬季造景、夏季遮阴、春秋时踏青和户外聚会的目的。同时，种植低矮的果实类植物、常见蔬菜及花卉，满足老年人种植的乐趣，并且使其能够参与果树护理、采摘等社区活动中。

基于老年人对康复景观的需求，受场地条件限制，改造中增设了可供老年人亲近的植物，并设置园艺操作的种植池和操作平台，以满足不同类型老年人对园艺活动及康复疗愈的需求。种植池和操作平台设置 3 种不同高度，对于使用轮椅的老年人可以为 ≥400mm、≥800mm、≤1400mm。轮椅老年人宜使用抬高式的种植池和操作平台，底面距地高度在 650～700mm 之间。基于轮椅老人特征的容膝高度需求实验见图 18.6。

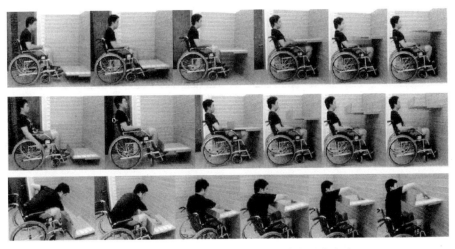

图 18.6 基于轮椅老人特征的容膝高度需求实验

四、改造效果分析

1. 改造后室外环境道路品质提升

道路是老年人进行社区活动的重要通道，散步是老年人主要的锻炼方式。在道路设施的适老化改造中，首先明确了主要的车行路径和慢行路径，并对停车区域进行整合，规范停车秩序；其次梳理整合了既有的步行线路，明确 1～2 条老年人步行道，并进行进一步的适老化改造及周边环境改造。同时，选用防滑性能强、相对平整不易反光的铺装。在步行道宽度上，考虑到老年人存在步态异常、行动不便及需要助行器辅助的情况,步行道通行净宽不小于 1.5m,见图 18.7。

图 18.7　改造后路面铺装

2. 改造后室外环境休憩设施品质提升

老年人由于身体衰老、行走速度变慢,长时间行走能力下降,经常会走走停停。鉴于体力限制所造成的主观抵触心理以及路线偏差所造成的客观危险因素,在改造后,为保障老年人室外环境的安全、舒适、健康,在设置休憩座椅时间距不超过 25m,最小的座椅宽度为 500mm,见图 18.8。同时促进其与不同人群进行互动交流,营造健康活跃的室外步行环境。

图 18.8　改造后休憩座椅

3. 改造后室外环境照明设施品质提升

针对室外环境光线昏暗,缺乏照明设施,且一部分光源易引起眩光等问题,在改造中将原有照度不足的照明设施更换为适宜老年人活动的照明设施。此外,还在绿地中增加低矮的辅助照明,增加老年人夜间室外活动的积极性;根据老年人出行规律和室外环境现状,加强整体照明,并在台阶等特定位置安装灯具以加强局部照明。改造中,设置配有小夜灯和景观灯的活动空间,并根据老年人照明需求,为高度不同的照明设施设置不同照度,不仅增加了安全性,更能满足老年人夜晚的活动需求,见图 18.9。

4. 改造后增设室外环境康复景观设施

基于适老化康复景观设计关键技术,改造后增设园艺种植区域,为老年人活动提供更多的可能性,提高活动参与积极性。种植池和园艺操作台设置 3 种不同高度,分别为≥400mm、≥80mm、≤1400mm。轮椅老年人宜使用抬高式的种植槽,底面距

160

图18.9　改造后夜间照明

地高度650～700mm。结合植物及其他辅助设施为老年人提供健康的主动干预与感知训练、认知训练、体能训练等各种康复活动空间,见图18.10。

图18.10　改造后容膝种植池、园艺操作台

五、经济性分析

受国情及社会因素影响,我国老年人社会参与意愿较高。社区室外环境的使用情况中,社会交往活动占比较高。据中国老龄科学研究中心"城市老年人居住环境研究"调查数据显示,每日需在社区环境中活动的老年人有近七成。随着时代的发展,老年人的活动类型和诉求也日益多元,除了照顾孙辈的事务,如合唱、下棋、乐队、广场舞及太极等多元的活动需求也对室外环境营造提出了更高的要求。社区室外环境成为老年人依赖度最高的场所之一。而现状中社区道路交通不连续、设施不适老、社区绿地空间布局不合理、植物配置缺乏功能性设计等成为制约老年人室外活动的主要因素。

通过本项目的实施能够从室外公共环境、配套设施等多个方面提升社区老年人居住质量,为政府及其他社区适老化改造树立榜样,促进新建社区适老化设计及既有社区的室内适老化改造、既有社区公共区域适老化改造，为社区整体适老化改造提升提供基础。通过对既有社区室外环境适老化改造，一方面可以有效增加既有社区建筑的价值、获得室外环境面积增加所带来的增值，另一方面还可以提升市容市貌。本项目系统改造之后，使得居民的舒适度极大提升，用户满意度显著增高，在自然资源有限且不可再生的情况下，利用原有建筑废料进行进一步景观创造，无疑显示出更大的经济效益、社会效益和生态意义。

六、结束语

在我国"9073"养老模式下，90％的老年人通过居家养老来安享晚年。据全国老龄工作委员会统计数据，既有社区中老龄化程度大多在18.6％～21.3％之间，普遍高于全国平均老龄化程度15.5％。

为了积极应对人口老龄化，维护老年人的健康功能，提高老年人的健康水平，政府陆续出台了一系列政策，以强调加强老年人宜居环境建设。《"健康中国2030"规划纲要》强调坚持预防为主，倡导健康文明生活方式，预防控制重大疾病，其中特别强调了建设健康环境的重要性。《国务院办公厅关于全面推进城镇老旧小区改造工作的指导意见》（国办发〔2020〕23号）指出，改造建设环境及配套设施包括拆除违法建设、整治小区及周边绿化、照明等环境，改造或建设小区及周边适老设施、无障碍设施、停车库（场）、电动自行车及汽车充电设施、智能快件箱、智能信包箱、文化休闲设施、体育健身设施、物业用房等配套设施。

北京市车公庄大街19号院项目涉及的关键技术，解决了既有居住小区室外环境在通用性设计、物理环境提升，以及适老景观设计方面存在的主要问题。项目从整体到细节的设计充分考虑老年人的生理状况和精神需求，将人性化、适老化的理念贯穿于整个室外环境设计过程，全面提升老人的居住品质。同时，结合老年人的康复训练需求，在改造中融入了最新康复景观设计理念，是对一种面向主动健康的新型适老环境设计的积极探索，具有较高的示范价值。

参考文献

[1] 国家住宅与居住环境工程技术研究中心. 住宅健康性能评价体系（2013年版）[M]. 北京：中国建筑工业出版社，2013.

[2] 中国建筑科学研究院. 城市夜景照明设计规范 JGJ/T 163—2008 [S]. 北京：中国建筑工业出版社，2009.

[3] 李景色，李铁楠.《城市道路照明设计标准》CJJ 45—2006简介 [J]. 智能建筑与城市信息，2007（8）：96-99.

[4] 王士杰，陈媛. 既有住宅小区景观海绵化改造技术研究 [J]. 中外建筑，2018（6）：235-236.

[5] 刘国华. 创意文化产业园区景观设计改造研究 [D]. 西北师范大学，2018.

[6] 卢丹. 探析既有居住区景观适老化改造方法 [J]. 艺术科技，2016，29（6）：334

［7］　吕茵. 城市老旧小区景观改造的"微更新计划"［J］. 园林，2018（5）：60-62.

［8］　金寅. 上海市老旧小区景观改造实践［J］. 全文版：农业科学，2018，

［9］　李峰. 北京城市建设中老旧小区绿化改造浅析［J］. 城市建设理论研究，2016（22）：70-72.

［10］　张瑶，齐凯，刘庭风. 老旧小区内的老幼复合型户外活动场地模式研究［C］//中国风景园林学会. 中国风景园林学会 2018 年会论文集. 中国风景园林学会，2018：693.

［11］　刘蔚巍，邓启红，连之伟. 室外环境人体热舒适评价［J］. 制冷技术，2012，32（1）：9-11.

［12］　钱炜，唐鸣放. 城市户外环境热舒适度评价模型［J］. 西安建筑科技大学学报（自然科学版），2001（3）：229-232.

［13］　马晓阳. 绿化对居住区室外热环境影响的数值模拟研究［D］. 哈尔滨工业大学，2014.

［14］　李聪. 室外热环境模拟与影响因素分析［J］. 应用能源技术，2016（5）：24-27.

［15］　王晓朦，胡惠琴. 老龄化视角下的老旧小区居住环境改善方法的探讨：以北京地区老旧小区为例［J］. 建筑实践，2018，1（12）：80-84.

［16］　齐海娟，刘文. 北京地区老旧小区改造公共区域整治［J］. 城乡建设，2016（5）：14-15.

［17］　李晓丹，张皓然，杜雪，等. 浅谈老旧小区的改造与整治［J］. 文摘版：工程技术，2015，（20）：1-1.

［18］　李晓丹，张皓然，杜雪. 基于人文关怀下的老旧小区的改造与整治［J］. 建筑工程技术与设计，2016（7）：37-37.

［19］　张瑶，齐凯，刘庭风. 老旧小区内的老幼复合型户外活动场地模式研究［C］//中国风景园林学会. 中国风景园林学会 2018 年会论文集. 中国风景园林学会，2018：693.

［20］　柏春，吴国荣，莫弘之. 基于微气候的老旧住区室外活动场地适老更新设计［J］. 山西建筑，2018，44（33）：6-7.

［21］　李德海. 基于老年人行为活动需求的合肥市老年居住建筑室外环境设计研究［D］. 合肥工业大学，2015.

［22］　武柯. 老旧小区绿化改造与提升的研究［D］. 新疆农业大学，2016.

［23］　毛琛. 基于人机环境下北方室外健身器材的设计研究［D］. 沈阳建筑大学，2016.

19　北京市芳城园三区小区

项目名称：北京市芳城园三区小区

建设地点：北京市丰台区方庄芳城园三区

结构类型：剪力墙结构

改造面积：约 11 万 m²

改造设计时间：2018 年

改造竣工时间：2019～2020 年

重点改造内容：室外环境适老化改造、公共空间适老化改造

本文执笔：崔磊　王羽　余漾　王玥

执笔人单位：中国建筑设计研究院有限公司

一、工程概况

1. 基本情况

北京市芳城园三区小区地处丰台区方庄核心区域，该地块属于北京市第一个整体规划的住宅区域，始建于 20 世纪 90 年代。芳城园三区项目的周边道路包括方庄路、蒲芳路等主要道路，以及芳城路等次要道路，同时临近两处公交站与两处地铁站，交通便利，区域可达性较好，小区区位见图 19.1。此外，社区毗邻购物中心、商超等，

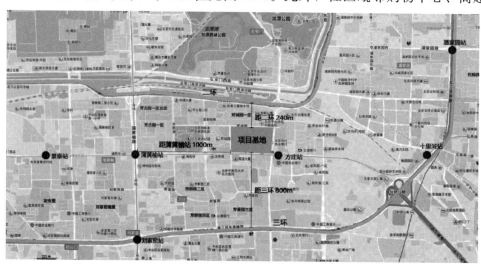

图 19.1　芳城园三区小区项目区位图

周边配套设施较为完善。

项目基地面积约 10.6 万 m²，小区规模约 20 万 m²。小区内包含了住宅、商业、学校、公共建筑、停车、绿化等多项功能区域，见图 19.2。其中，住宅楼共计 15 栋，包含 4 栋板楼和 9 栋塔楼。本项目中针对其中的 12 号板楼，以及 3 号、5 号、14 号、15 号、16 号、18 号等 6 栋塔楼进行重点改造。该类住宅集中于 1993～1996 年竣工，建筑楼层为 -2 层至 25 层，每栋楼的建筑面积约 1.5 万 m² 或 2.7 万 m²。目前，芳城园三区的住宅楼总住户数为 1770 户，本次改造项目涉及的建筑总户数为 1045 户，改造建筑面积约 11 万 m²。

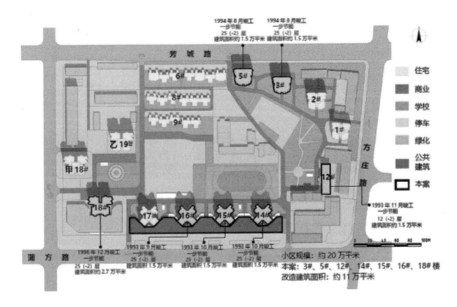

图 19.2　小区功能分区

2. 存在问题

本项目现存问题主要集中于既有居住建筑室外环境与室内公共空间方面。其中，室外环境方面主要存在道路交通组织不合理、室外照明系统不完善等问题，对老年人日常出行有一定的影响。同时，室内公共空间在地面高差、室内照明系统、墙地面铺装材料、保温隔热隔声性能等方面普遍存在适老性不足的现象。具体如下：

（1）室外环境适老化问题

① 道路交通组织形式影响通行

目前，该小区内因停车位数量少于实际需求，早晚高峰时期道路易拥堵；而两处构筑物阻隔，造成小区内无法形成环路。另一方面，一部分废弃自行车闲置堆砌，自行车乱停、乱放现象普遍，见图 19.3。以上问题造成道路系统中人车混行。此外，现状道路由于破损和管线改造等原因，造成地面铺装不平整，存在地面安全隐患，不利于老年人日常无障碍通行。

图 19.3　机动车、自行车存放影响步行现象

② 室外照明系统不完善

小区未被照明系统覆盖，小区内存在夜间光线昏暗区域。主要问题包括入口处照明强度不高，活动场地照明偏弱，部分道路或建筑物入口照明缺乏，道路辨别性偏弱，见图 19.4。

图 19.4　室外光环境存在缺乏照明、照明强度不高等问题

（2）室内公共空间适老化问题

① 地面高差形式尺度不适宜

在 5 号楼和 18 号楼的建筑物出入口平台，由于缺乏无障碍坡道，影响轮椅通行，造成老年人及残疾人士出行不便。而一部分住宅楼栋雨篷未完全覆盖出入口平台，也未覆盖台阶和坡道，对雨雪天气老年人的出行造成一定安全隐患。

② 室内光环境昏暗且不均匀

由于设施老化，现有楼栋公共空间内普遍存在光线昏暗且不均匀、声控设备不灵敏等问题，照明系统有待更新完善，见图 19.5。

图 19.5　楼栋公共空间照明灯具老化

③ 墙地面铺装材料陈旧

大部分住宅楼的门厅、候梯厅、公用走廊及楼梯间的墙面均有泛黄发旧或掉落墙皮的现象。地面材料基本为水泥地，由于年久失修，磨损现象较为严重。

④ 保温隔热隔声性能较差

目前，所有住宅均采用内保温材料，致使室内空间保温隔热效果较差，部分室内空间出现温差较大、墙体潮湿的情况。另外，该小区中毗邻两条交通主干道，区域内的住宅受日常噪声污染影响较大，但现有外窗隔声效果不佳室内声环境无法满足居住需求；部分窗户安装了护栏，影响居民日常活动，尤其是视觉退化的老年人的日常观景视线。

二、改造目标

结合老年人日常出行需求，针对芳城园三区开展室内外环境适老化改造。改造内容包括两方面，一方面通过针对道路交通、照明系统等方面进行改造，解决场地内老年人在小区室外环境日常出行的基本安全保障需求，同时改善室外物理环境。另一方面，针对地面高差、照明系统、热湿环境系统等方面进行改造，提升室内公共空间的适老性。

三、改造技术

1. 室外环境通用性改造

以道路交通系统为例，改造前主要存在单行路高峰期道路压力大、建筑物阻隔导致道路不成环，尤其是道路性质及其对应宽度不明确等问题。现状道路与路边停车结合后，产生人车混行现象，道路出现阻碍通行问题，这对老年人有一定的安全隐患，见图 19.6。通过新增或打通道路，形成小区交通循环，见图 19.7；通过拓宽道路，增加小型停车场地或规划双车道，修补破损道路等方式，解决无障碍交通系统不连续、宽度不足等问题。

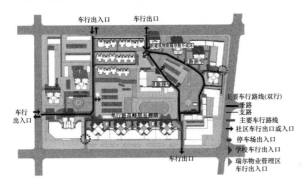

图 19.6　现状交通系统及相关问题

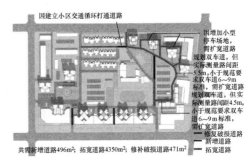

图 19.7　交通道路规划方案

其中，适老性的步行道通行净宽是基于课题组开展的老年人轮椅回转空间基础试验、老年人居住空间中边界条件对轮椅回转的影响试验、老年人使用不同助行器通行与转向空间基础试验等一系列研究而获取的老年人轮椅使用及回转空间的设计改造技术，以及在极限空间尺度下满足老年人使用不同类型的助行设备通行及转向空间的设计改造技术成果。最终为满足室外交通系统安全性，步行系统应在符合现行国家标准《无障碍设计规范》GB 50763 相关规定的基础上，保证老年人在不同情境下能够通行顺畅。考虑到老年人存在步态异常、行动不便及需要助行器辅助的情况，步行道通行净宽应不小于 1.2m。对于视力障碍老年人，考虑到存在护理人员结伴出行的情况，其通行净宽应不小于 1.2m。对于使用轮椅出行的老年人，考虑到存在护理人员结伴出行的情况，通行净宽应不小于 1.5m。如需要考虑两位轮椅出行老年人正面相对通行的情况，通行净宽应不小于 1.8m，见图 19.8。

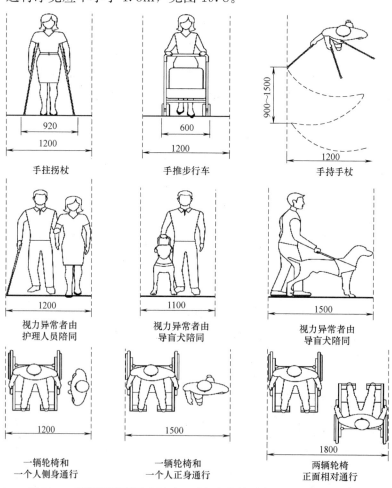

图 19.8　不同无障碍需求下对于通行宽度的需求（距离单位：mm）

2. 室外物理环境舒适度改善

以室外照明系统为例，针对建筑物出入口、支路照明或景观散步路等个别区域缺乏照明、照明强度不高、活动场地照明较弱等问题，见图 19.9，参照适老性健康环境人工照明安装高度及参考照度值，衡量各区域所需照度值，见表 19.1，最终提出方案，建议增设和移除路灯十余处；同时设置路灯、草坪灯及地面照明灯等不同用途的照明灯具，见图 19.10。

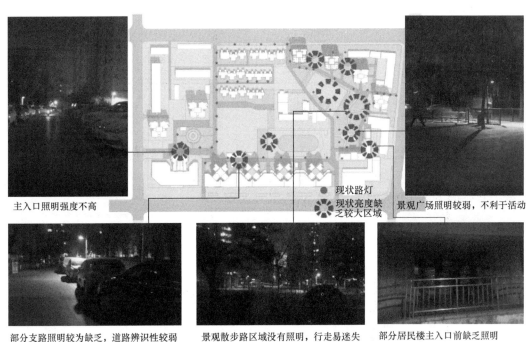

主入口照明强度不高

● 现状路灯
✿ 现状亮度缺乏较大区域

景观广场照明较弱，不利于活动

部分支路照明较为缺乏，道路辨识性较弱

景观散步路区域没有照明，行走易迷失

部分居民楼主入口前缺乏照明

图 19.9　现状照明问题

道路照明——路灯

● 现状路灯　✕ 移除路灯(原因:修改场地性质)　● 增设路灯

庭院照明——草坪灯

社区夜景形象

庭院照明——地面照明灯

图 19.10　公共照明设计方案

室外适老性健康环境人工照明安装高度及参考照度值　　　　表 19.1

适用场所	参考照度/lx	灯具安装高度/m
人行道	10～20	2.5～4.0(高位);0.3～0.6(低位)
小径、园路	50	2.5～4.0(高位);0.3～1.2(低位)
运动场	200	4.0～6.0
休闲广场	100	2.5～4.0
建筑与广场出入口	100	—
标识位置	300	—

3. 既有居住建筑室内公共空间改造

（1）无障碍坡道设施

一部分小区由于建造年代久远，缺乏无障碍设施，随着老年居民比例的增加，安全隐患逐步凸显，其中最常见的如建筑物出入口的平台宽度过窄、缺乏坡道等，造成老年人及残疾人出门不便，见图 19.11。

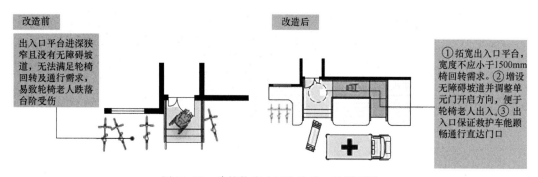

图 19.11　建筑物出入口改造前、后平面图

作为改造策略，根据入口平台及周围环境特点及与道路关系加设坡道，避免互相影响。同时，考虑各类助行设备的使用空间，合理设置平台及缓冲平台宽度。坡道可根据建筑出入口与道路及周围环境关系分为 L 型坡道、折返型坡道、直线型坡道，当空间不足时可考虑设置无障碍升降平台，见图 19.12。当地面高差无法避免时，清晰可见的标识会起到十分重要的警示作用。因此，在地面高差变化处通过颜色的变化、增加照明，配合设置扶手等减少发生危险的几率。

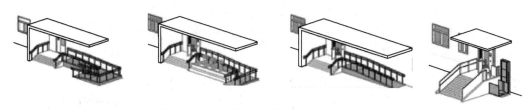

图 19.12　坡道与建筑物出入口的关系示意

（2）地面铺装材料

　　针对室内公共空间建造时材质选择不当且缺乏防滑措施，一定程度上容易造成老年人使用过程中滑倒、绊倒等问题，尽量选用被水打湿后不变滑，表面不会出现凹凸不平，同时视觉上易于辨别视认的地面铺装材料，以减少使用过程中的安全隐患。在此基础上，优先选择便于清洁的产品，见表19.2。

部分地面铺装材料种类使用上的注意事项　　　　　　表19.2

	地面铺装材料	使用上的注意事项
室外环境部分	面砖、砖等	注意材质被水打湿后是否会变滑；需要注意材料之间接缝的宽度和深度，避免绊倒和挂住拐杖的顶部
	砂浆	确定流水坡度，避免积水
	水洗砂浆	混入砂浆中的骨料因材质不同，应注意其在防滑、清洁便利度方面的不同；需要对经过清洗而凸显的骨料加以注意，避免绊倒或挂住拐杖的顶部
	石材、人造石材	石材类表面应为粗糙面，以便防滑；表面应避免处理成光面；应注意避免出现凹凸不平
室内环境部分	防滑塑胶地板	选用被水打湿也不变滑的产品
	塑料膜地板材料	选用被水打湿也不变滑的产品
	拼块地毯	应注意防火、防污性

注：［日］财团法人 高龄者住者财团. 老年住宅设计手册［M］. 北京：中国建筑工业出版社，2011.

（3）室内照明系统

　　室内照明系统涉及建筑物出入口、门厅、候梯厅、公共走廊及楼梯间等，在楼栋公共空间所有部位中的重要性均较为突出。以门厅照明为例，针对既有居住建筑门厅缺乏照明设施或照度不足影响老年人日常出行的问题，主要改造策略包括：①针对日间光线昏暗的问题，增设补足照明的设施；②出入口处设置感应式照明装置，提供夜间照明；③台阶起始处等易发生跌倒的危险位置，设置局部提示照明，见图19.13。

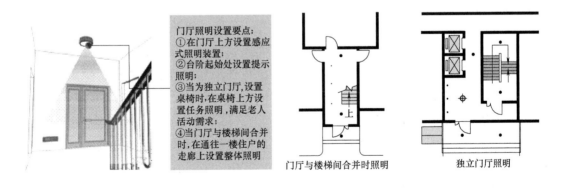

门厅照明设置要点：
①在门厅上方设置感应式照明装置；
②台阶起始处设置提示照明；
③当为独立门厅，设置桌椅时，在桌椅上方设置任务照明，满足老人活动需求；
④当门厅与楼梯间合并时，在通往一楼住户的走廊上设置整体照明

门厅与楼梯间合并时照明　　　独立门厅照明

图19.13　室内照明设置示意（以门厅为例）

（4）热湿环境系统

　　北方严寒地区冬季室内外温差较大，老年人对室外温差变化较为敏感，剧烈变化

的温度易造成老年人身体不适；也会引起墙面产生凝结水，严重时会发生墙面生霉、起皮脱落等现象。改造策略主要包含三方面：①增加供暖设备；②完善外墙面保温；③提升窗户气密性等，整体提升楼栋公共空间的物理环境舒适度，提高老人的居住质量，见图19.14。

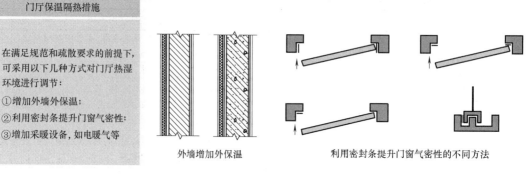

门厅保温隔热措施

在满足规范和疏散要求的前提下，可采用以下几种方式对门厅热湿环境进行调节：
①增加外墙外保温；
②利用密封条提升门窗气密性；
③增加采暖设备，如电暖气等

外墙增加外保温　　　　利用密封条提升门窗气密性的不同方法

图19.14　门厅保温隔热措施

四、改造效果分析

1. 室外物理环境

在小区室外环境方面，基于通用性改造技术和室外物理环境舒适度改善技术，针对道路交通、照明系统等多方面进行适老化改造。以道路交通为例，通过拓宽和修复破损道路，达到了循环交通、增设停车位等目的，一定程度上解决了原有交通系统中道路性质及秩序不明确、建筑物阻隔导致道路不成环、人车混行等问题。以室外照明系统为例，通过在特定区域增设和移除路灯，同时根据老年人的行为需求设置草坪灯、地面照明灯等不同灯具，扩大公共照明的覆盖范围，解决原有室外环境中照明缺乏、照明强度不足等问题。此外，通过更换地面铺装材料，增设活动休憩空间，设置公共服务设施等方式，进一步确保老年人在小区室外环境中步行、休憩、聚集等多种活动需求，见图19.15。

2. 室内公共空间

在室内公共空间方面，主要针对地面高差、室内照明系统、墙地面铺装材料、外墙面保温隔热隔声性能等方向开展适老化改造。其中，通过在建筑物出入口增设完全覆盖出入口平台和一部分坡道的雨篷，取得为在建筑与室外环境衔接处停留的老年人遮蔽风雨，防止地面湿滑的效果；结合在公用走廊、门厅、候梯厅等部位更换以塑胶地面为主的铺装材料，一定程度上降低了老年人滑倒、绊倒的风险，同时降低了清洁难度；通过更换照明灯具与应急灯、粉刷墙面，合理提高了楼栋公共空间的照度值，以协助提高老年人辨别视认事物；此外，通过铺设保温材料、更换窗户及防护栏，改

图 19.15　改造后的小区室外环境

善室内空间保温、隔热、隔声性能，提升观景效果。基于以上适老化改造事项，一定程度上保障了老年人在既有居住建筑室内公共空间中的步行安全性和物理环境舒适度，见图 19.16。

图 19.16　改造后的楼栋公共空间

五、经济性分析

近年来，我国政府已发布一系列老旧小区整治、适老化改造方面的政策，以应对社会老龄化及老旧小区硬件设施老化问题。例如，《国务院办公厅关于推进养老服务发展的意见》（国办发〔2019〕5 号）、《2020 年老旧小区综合整治工作方案》等政策的实施，体现了从宏观层面推进到具体措施，由技术研发逐步深入工程建设的落地过程。

本项目响应国家及地方相关政策，通过小区室外环境通用性改造技术及物理环境改善技术、既有居住建筑室内公共空间适老化改造技术等课题研究成果的应用，在最大限度地保留现有环境风貌的前提下，有针对性地开展适老化改造，以进一步提高空间利用率，提升既有居住小区室内外居住环境的适老化程度，达到节省成本的目的，产生显著的直接与间接经济效益。

六、结束语

本项目针对既有居住小区室内外环境存在安全隐患，诸多环境障碍限制老年人自由出行等问题，有针对性地开展适老化改造。以居家养老的老年人在日常外出过程中所经由的既有居住建筑室内公共空间与室外环境作为主要对象，基于老年人的环境使用需求，通过将小区室外环境通用性改造技术及物理环境改善技术、既有居住建筑室内公共空间适老化改造技术等课题研究成果应用于实际工程中，提出了针对既有居住建筑不同部位的适老化宜居改造技术的综合解决方案。

参考文献

［1］ 北京市规划和自然资源委员会. 既有住宅适老化改造设计指南［S］. 2019.

［2］ 北京市住房和城乡建设委员会 北京市发展和改革委员会 北京市规划和自然资源委员会 北京市财政局 北京市城市管理委员会 北京市民政局 北京市人民政府国有资产监督管理委员会. 《2020 年老旧小区综合整治工作方案》［EB/OL］. http: //www. beijing. gov. cn/zhengce/zhengcefagui/202005/t20200515_1897855. html, 2020-05-14.

［3］ ［日］财团法人 高龄者住者财团. 老年住宅设计手册［M］. 北京：中国建筑工业出版社，2011.

［4］ 建设部住宅产业化促进中心. 居住区环境景观设计导则［M］. 北京：中国建筑工业出版社，2009.

［5］ Building and Construction Authoity. (2016). Universal Design Guide for Public Places. Singapore.

20 北京市诚和敬通州长者公寓

项目名称：北京市诚和敬通州长者公寓

建设地点：北京市通州区永顺社区

结构类型：东侧砖混结构、西侧框架结构

改造面积：4176.7m²

改造设计时间：2018 年

改造竣工时间：2020 年

重点改造内容：社区综合服务设施适老化改造

本文执笔：娄霓　王羽　刘浏　赫宸

执笔人单位：中国建筑设计研究院有限公司

一、工程概况

1. 基本情况

项目位于通州区永顺社区，改造前为招待所，改造后为老年公寓，项目区位与用地情况见图 20.1。本次改造目的是为老人提供集中居住的住所，同时向周边社区提供养老服务，改造后的建筑拥有社区服务中心的作用。此外，改造还将招待所室外环境部分打造成适老性康复景观，以提升和改善老年公寓周边的室外环境。

项目位置处于通州区北部的最西侧，位于京通快速路东侧尽端，距离北京城市副中心较近；其中，距离通州大运河仅 2km，距离 263 解放军综合医院（二级甲等）仅300m，距离首都医科大学附属北京胸科医院约 1.5km，这为后续开展机构内医疗服务和合作提供了基础。

项目处于居住区之中，周边 500m 范围内遍布相对老旧的小区，周边居民以老人为主，对于集中的居住养老以及社区服务具有很大的需求，见图 20.2。项目周边居住区密度适宜且分布均匀，与南侧相对活跃的闹市区以通惠河相隔，项目周边环境较为安静。

2. 存在问题

（1）空间与功能

在空间关系方面，由于原有使用功能的需要，院落被院墙切分成数个空间，相互

图 20.1 项目区位与用地情况

图 20.2 项目周边小区分布情况

之间的联系薄弱。绿化景观缺失，现场除了保留的几棵大树外，几乎再无绿化景观。在功能现状方面，私搭乱建严重，存在很多采用彩钢板搭建的临时建筑。因无明确的停车位，停车混乱。

（2）建筑现状

主楼为平屋面，外墙饰面为白色面砖，色彩单调、缺乏韵律感。单层建筑屋面采用平屋面或红色砖瓦坡屋面，外墙饰面采用红、黄、蓝等鲜艳色彩，部分为灰、白等冷色系颜色，形式与色彩杂乱，见图 20.3。

图 20.3 改造前建筑外现状

176

　　主楼分为东、西两部分，东侧为砖混结构，共5层；西侧为框架结构，共4层，层高较东侧更高。原有立面形式、材质、色彩均较为单一。主楼的建筑图纸缺失，通过对现场初步测绘与原建筑结构图纸的对比，发现原图纸与建筑现状出入较大。改造前建筑内现状见图20.4。

图20.4　改造前建筑内现状

　　改造前，居住单元共有标准间和套间两种类型，其中标准间69间，套间5间。主要问题如下：居室中入户空间狭小、卫生间空间小且门过窄等；无老人活动空间，但主楼各层均有适合老人活动的开敞型空间，面积与通风采光等条件均较为适宜，具备改造条件；因原地面做法不合理及原设计层高不一致，导致原建筑中存在较多高差，不便于老年人出行活动。

二、改造目标

　　根据对原有条件的分析，本次改造主要目标如下：

　　（1）居室空间：以提升就餐、就寝、起居、活动、如厕、照护等日常行为的舒适度与安全性为前提，提升生活空间的宜居性。

　　（2）公共空间及交通空间：改善现有建筑条件，以满足老年人使用、运营管理、服务输送等需求为目的进行改造。

三、改造技术

1. 功能规划

　　老年公寓类建筑不仅要拥有基本的居住功能，还需配置一些服务功能。本次改造利用建筑原有条件进行功能分区，将主楼东西两部分，改造为居住与公共两个区域，两区域间由原有走廊连通。

公共区域包括公共活动区和办公后勤区。办公后勤区包括了销售办公室、消防监控室、男女卫生间、布草间、洗衣房和清扫间；公共活动区包含了护士站、备餐台、健康评估室、公共活动空间和无障碍卫生间，见图 20.5、图 20.6。

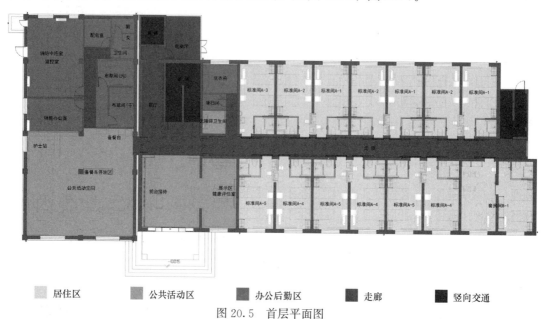

图 20.5 首层平面图

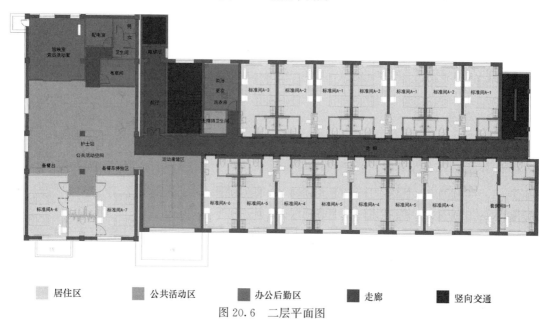

图 20.6 二层平面图

2. 居住单元

原建筑居住单元存在进深与开间不足、卫生间无无障碍设计等问题。针对现状条件运用了以下改造技术：

（1）进深与开间

改造前居室的开间约 3.40m，进深约为 6.70m，除去卫生间后约为 4.67m。在这样的空间中布置床、衣柜等家具部品时有很大限制。本次改造时，在进深方面，减小了卫生间占用的尺寸，使得床旁的照护空间能够满足使用需求。在开间方面，配合使用定制的家具部品，将衣柜布置于床头一侧，尽可能少地占用通行宽度，保证储存空间，见图 20.7。

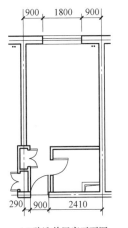

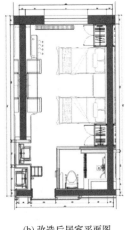

| (a) 改造前居室平面图 | (b) 改造后居室平面图 | (c) 改造后实景 |

图 20.7　改造前后的居室

（2）卫生间设计

改造前卫生间布置了洗手池、坐便器、淋浴器，空间十分局促。为了保证居室内生活区空间，减小了卫生间的面积，所以在原卫生间的位置只保留了淋浴和坐便器，洗手池布置在与原卫生间门相对的一侧。卫生间中采用了条状的地漏，能够更加高效地进行排水，并且形成有效的干湿分区。消除原卫生间与室内之间的高差，保证老年人使用方便，见图 20.8。为了实现居室内的轮椅回转，将卫生间两面墙改为可以敞开

| (a) 改造前 | (b) 改造后 |

图 20.8　改造前后的卫生间

179

的推拉门，形成回转空间。

（3）适老化家具与部品

为最大化利用室内空间，本次改造对衣柜、电视柜、换鞋凳等家具部品采取了定制设计的形式。在衣柜的下部留空，用于存放老人的鞋子等物品，并且设置了隐藏式夜灯，方便老人起夜使用。电视柜采用了不同台面宽度的设计，保证通行宽度的同时保留一定的台面空间。采用壁挂式折叠换鞋凳，保证过道的通行宽度。

对于现有门洞进行了扩大，达到净宽 0.90m。为了保证门扇不占用通行宽度，选用外挂的推拉门，这种门对于轮椅老人以及力量较弱的老人而言使用起来都相对便利。改造效果见图 20.9。

图 20.9　改造后实景

（4）室内设计

从老年人的心理需求入手，充分考虑不同老人的生活习惯、兴趣爱好等，通过控制整体色调、材质、灯光，合理划分功能空间，合理布置设施部品，打造一个安全温馨且舒适的居住环境，给老年人带来如"家"般的感觉。室内灯光采用柔和的暖黄色光源，家具及装饰均采用暖色系原木色，地板采用木纹，营造温馨舒适的室内环境。同时部分装饰采用黄色或蓝色做点缀，增加室内活泼的气氛。改造效果见图 20.10。

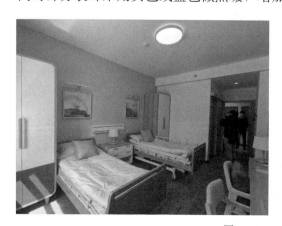

图 20.10　改造后实景

3. 公共空间

项目首先对建筑内部无障碍系统进行完善，通过坡道、扶手及空间尺寸材质处理弱化高差带来的消极影响，见图 20.11。然后，项目从功能空间的处理手法切入，在各层南向布置公共活动空间，以满足老年人休息活动时享受阳光的需求。将墙面打开，保证活动区与室外的通透性，实现从室外到室内良好的视觉可达性。

(a) 改造效果图　　　　　　　　　　　　　　　(b) 改造后实景

图 20.11　公共空间无障碍系统

此外，项目为公共餐厅区域配置了简易厨房，其目的是鼓励老年人保持以前的日常生活习惯，增强其生活的自理能力。公共空间区域沿走廊的墙面布置有信息公开展板、画框等装饰品，用来削弱空间的漫长感，增强趣味性。在适当的位置加设了公共卫生间，并进行了相应的无障碍设计。改造后的公共餐厅和休息室见图 20.12。

(a) 改造效果图　　　　　　　　　　　　　　　(b) 改造后实景

图 20.12　公共餐厅和休息室

根据公共空间部分的功能配置，进行了针对性的照明设计，包括点位设置、照度设计、灯具选型等。公共部分的灯具布置可以分为三种方式。首先，开敞的公共活动空间采用均匀布置的 LED 顶灯，照度可以根据需求进行调控；公共服务房间采用普通的吸顶灯，满足使用需求；交通空间部分采用顶置筒灯，居住区部分的走廊顶灯配合房间门的位置进行设置，补充关键位置的照明条件，见图 20.13。

图 20.13　公共空间照明设计

4. 加装电梯

原有建筑未安装电梯，无法满足现行规范要求。因此在建筑北侧，结合原有交通空间加设了一部满足标准要求的无障碍电梯，见图 20.14，辅助电梯来组织整体建筑的垂直交通，增强老年人居住和工作服务人员垂直交通的便利性和舒适性。原有建筑本身结构较为复杂，因此加装的电梯利用钢架进行结构稳定辅助，加装位置在北侧也能够尽量避免对于室内自然采光的不利影响。

图 20.14　加装电梯

四、改造效果分析

1. 建筑空间功能性改造提升

本项目在功能空间合理配置与交通流线合理优化上进行了重点研发。针对现有的空间条件，从空间的重组、功能合理布局的角度出发，对公共空间及居室空间的尺度、家具部品等进行了系统设计，解决了原有建筑所存在的问题。分析了现有的空间布局形式，结合养老设施流线组织，提出交通流线适老化改造要点及建议。同时加装电梯，可有效提高项目的老年人日常通行及紧急疏散的安全性。

2. 适老化及无障碍改造提升

本项目基于老年人的行为特征，进行了全面的适老化及无障碍品质提升。项目现状较为复杂、空间局限性大，针对建筑部品舒适性及安全性，提出了经济合理且空间改造量较小的适老化家具部品体系，对用房面积不足、室内高差等问题进行了针对性解决。

五、经济性分析

在经济效益方面，北京诚和敬通州长者公寓项目利用原结构质量尚好的旧住房作成套化改造，是一项投资少、见效快的改造项目，有效利用了现有资源，节省工程建设成本，具有较好的经济效益。

居家及社区养老一直是我国政策支持的重要养老方式。李克强总理在 2019 年《政府工作报告》中 16 处提及"养老"，并明确指出要大力发展养老特别是社区养老服务业，改革完善医养结合政策。营造有效的适老环境可以满足老年人生理需求和心理需求，尽可能保持老年人自主生活的能力，提高老年人健康水平，维持社会和谐稳定。

六、结束语

本项目针对社区养老问题中，养老服务设施不足、服务内容与社区需求对位存在偏差等现状，开展社区养老服务设施改造技术（包括室内居住单元和公共空间在内的适老化宜居改造技术）和既有居住建筑公共空间适老化宜居改造技术的综合技术示范，提出既有居住建筑不同部位的适老化宜居改造技术的解决方案。作为基于社区的服务设施，为老年人居家养老提供系统性的技术支撑。

21　北京市长青国际养老公寓

项目名称：北京市长青国际养老公寓

建设地点：北京市密云区西田各庄镇龚庄子村北区甲 1 号

改造面积：205m²

结构类型：砖混结构

改造设计时间：2020 年

改造竣工时间：2020 年

重点改造内容：适老化、智慧化改造

本文执笔：孙绍蕾　张达　尤红杉

执笔人单位：中国建筑科学研究院有限公司

一、工程概况

1. 基本情况

北京市长青国际养老公寓位于密云区西田各庄镇，京密引水渠渠首以西 100m，君山别墅以北，距京承高速密云站约 10km，交通便捷，环境优美。项目于 2010 年 9 月建成，占地 206 亩（13 万 m²），建筑面积为 6.7 万 m²，已建成养老公寓共计 425 套。建筑形式为多层电梯联排建筑，以居家式养老公寓为主。整个地块小区独立管理，专门接收健康老人居家养老人群，小区内有独立的会所，为老人提供物业服务及活动场所，户内现状见图 21.1。

2. 存在问题

项目建成有一定年限，基础设施基本完备，但户内缺少智能化配套、无居家适老智能化系统，缺少安全保障性的智能呼救系统等。老人在居家生活发生意外的情况下，无法第一时间反馈到物业。

在调研过程中，老年人对室内空气质量、遇到困难求助、跌倒紧急救治、实现日常功能操作的简便性等方面关注度较高，故在此项目中优先落实上述内容，选取智能环境系统、智能一键系统、智能服务系统、智能安防系统、智能控制系统五方面进行示范。

图 21.1　户内现状照片

二、改造目标

在现有居住条件基础上，针对老年人日常居住行为及生活特征，以两居和三居室为主，设置与老年人生活需求相关联的居家智能设备。增加安防、智能服务、环境监测、智能控制等功能，实现居家适老化智能改造目的。

卫生间是居家养老事故高发区域，也是本课题智能化创新研究的重点。课题在研究过程中基于卫生间跌倒概率较高的调研结果，提出了多种传感器组合、利用程序分析判断人员跌倒的方案，解决了跌倒老人不能主动报警、痛失施救机会的问题。将卫生间跌倒控制系统通过协议对接、与智能家居系统集成，解决当前不同品牌产品的兼容性问题。

依照"十三五"国家重点研发计划课题的研究目标，从老年人日常居住行为及生活特征入手，总结出老年人居家生活规律；同时对智能产品及相关技术手段进行梳理，归纳总结出与老年人生活需求相关联的居家智能设备。将这些智能设备分门别类地汇总至控制终端，通过多种控制方式进行统筹管理，打造老年智慧家庭一体化解决方案，技术路线见图21.2。

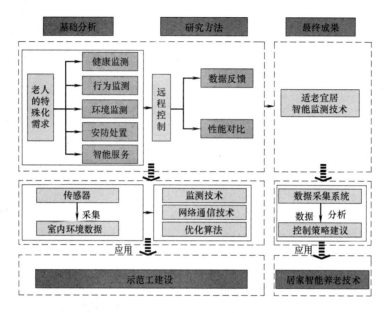

图 21.2 技术路线

三、改造技术

1. 居家适老化智能方案的集成

（1）单日生活模型

项目从老年人日常居住行为及生活特征入手，总结出老年人单日生活模型；通过分析老年人居家生活片段信息（行为发生地点、行为特征、硬件需求、风险预判），分析行为过程中可能发生危险状况的隐患，针对这些隐患的智能化设备进行梳理，找到其关联性，最终整理在一个终端上，完成设备集成。老年人居家日常生活可分为十个片段，具体包括睡眠、晨起、卫浴活动、早餐、离家、节点、归家节点、午餐、日常居家活动、晚餐等。

（2）居家智能设备分析

通过分析整理，将智能设备分为五个模块，分别是医学监测模块、日常行为监测模块、环境控制监测模块、情景处置模块、智能服务模块。每个模块含有若干系列的智能化设备，彼此独立运行或组网运行，通过中央处理模块进行分时分段工作；每个模块根据系统设定需要，负责监测或监控不同生活片段下的各种场景。智能化集成方案见图21.3。

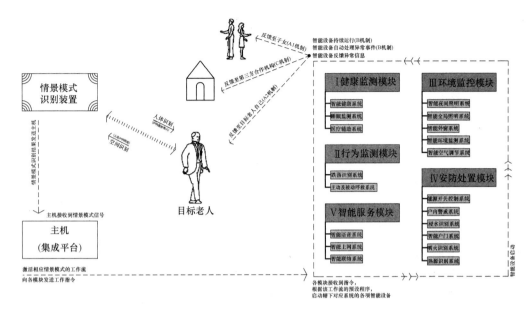

图 21.3　智能化集成方案

（3）居家智能设备集成

将居家智能化集成系统分成三大组成要件，包括基础硬件设备、扩展硬件设备、运行环境（即操作系统），见图 21.4；为了更好地描述居家智能化集成系统的每一种工作状态，以及描述其集成化的工作模式，引入工作流的概念，并根据老人位于户内不同空间或进出家门等的行为状态，绘制工作流总览图，详细描述每个细分工作流所属的智能化设备集群工作属性和协同特点。

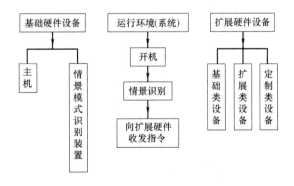

图 21.4　智能化基础组件示意图

2. 弱电系统

示范工程的弱电系统，包括家居基础设施系统及智能家居系统。其中智能家居系统为示范重点，包括以下几方面：

（1）通用系统

1）家居通信系统

现状每户内预留有嵌入式弱电箱，语音、数据采用六类线进入户弱电箱。弱电箱内设置光电转换模块。相关控制模块结合所选产品综合考虑，空间、技术允许时，优先设置于弱电箱内。

2）家居有线电视系统

信号来源主要包括有线电视同轴电缆、IPTV，电视点位不做调整。

3）信息发布系统

信息发布结合户内平板电脑设置，见图 21.5。物业可推送消息至户内设置的面板内。也可以推送消息给预设联系人，提醒、通知户内其他人。

图 21.5　信息发布页面

4）环境监测

为掌握户内环境情况，也考虑为智能家居系统控制家电提供依据，设置各类环境监测、探测器。其中，空气质量类：探测房间内温度、湿度；环境状态类：门磁探测感知房门的开闭状态；人员状态类：红外、微波双鉴探测器，感知人员存在。

5）家用电器监控

① 照明

根据本项目定位及实际使用者的需求，不考虑设置复杂的智能照明场景，仅从三方面考虑智能照明改造。起夜流线上的感应夜灯：起夜时，避免开灯刺眼，也为了不打扰其他人，在起夜流线上设置感应夜灯。离家模式关闭全部照明：针对离家后忘记关灯的情况，设计时结合离家按钮、人员探测，设置离家模式控制——即在房间内无人的情况下，关闭全部灯具。使用便宜性改造：结合后期现场勘查，针对开关灯不便的情况，如卧室未设双控开关、开关位置不合理的，增设无线控制面板以实现方便的操作。

② 智能空气调节

空调智能控制（分体空调）：本工程现状为分体空调（柜机），考虑通过智能化改造，实现空调远程、自动控制，也可以通过集成的平板电脑屏幕，减少遥控器的使用约束。

新风自动控制系统：为提高空气品质，项目设置了带除霾功能的户式新风系统，并将其纳入智能家居控制系统，可以通过平板电脑、手机远程或就地控制启闭。

③ 窗帘

拉绳窗帘不够安全，而传统布艺窗帘过于厚重，老人不便操作，因此设置智能（自动）窗帘：窗帘可以通过平板电脑或就地控制开闭，同时也可以设置与离家模式联动，实现离家时自动关闭窗帘。

6）入侵和紧急报警

① 起居室、卧室主动紧急呼叫

考虑本项目主要使用者为老年人，在户内所有功能区均设置紧急呼叫按钮。当老年人有紧急情况需要帮助时，按下按钮即可通知会所值班（医护）人员前来帮助。同时设置紧急联系人，将报警信息发送至指定的手机上。

② 燃气报警

除燃气灶外，项目有燃气壁挂炉，在厨房、壁挂炉两处设置燃气报警探测器，燃气浓度超标时，发出报警音。

③ 水浸报警

厨房水盆下设置水浸报警探测器，漏水时发出报警信号。

（2）养老直接相关的系统

1）人身安全监护、报警求助

① 卫生间紧急呼叫系统

主动紧急呼叫：与起居室、卧室主动紧急呼叫模式一致。

被动呼救系统：当老年人因各种原因无法主动报警时，通过专利算法，发出被动报警信号，呼叫会所值班人员。

② 智能单品

除了本项目示范的、可以接入智能家居中的监测产品外，还有多种智能单品，可以监测个人的健康信息。此类产品大多采用云端数据收集至云端，计算分析之后，通过专属软件进行展示，若非单品牌产品，集成难度较大，故未在本示范工程中展示。但是，用户可以单独购买相关产品使用。

a. 智能体重秤

市面上的体重秤多数已经可以通过蓝牙与手机连接，记录每次的测量数据，并通过预先在界面中输入用户信息，计算分析得出使用者体重之外的多种身体状况信息，结合后台数据，给出锻炼、饮食、生活习惯等方面的建议，见图 21.6。

b. 智能枕头、床垫、座椅、坐垫等生理信息监测设备

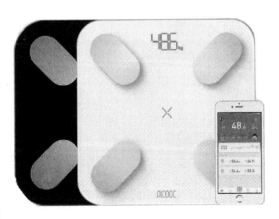

图 21.6　智能体重秤

此类设备基础的应用，是通过其内设的压力感应器，配合计时控制器的内部检测控制电路，感应床上或座位上人员离开和回来的时间，未在规定的时间内返回则发送求助信号，分为离床即时报警和延时报警，见图 21.7。

图 21.7　智能感应床垫

此外，市面上还有在这些居家部品中加入传感器，实现人体生理信息（如心跳、呼吸频率、体动情况等）监测的技术，并通过提取的数据，利用软件算法分析老人的睡眠质量。这些数据通过数据联网，可使子女了解父母的睡眠情况，供医生或健康顾问对老人提出健康建议等。

c. 腕表、手环等可穿戴设备

智能可穿戴设备可以实现常规的功能，如时间显示；还可以和智能手机连接，实现接打电话、收发信息、听音乐等功能。

设备上带有多种传感器，如位置传感器、运动传感器、生物体征传感器、环境传感器，见图 21.8。通过这些传感器，可以准确采集用户的位置信息，运动信息，部分体征信息如血压、心率等，还有的设备可以采集环境信息。目前一些智能家居方案采

(a) 便携式显示面板

(b) 夜间照明

(c) 智能窗帘

(d) 管理机报警界面

(e) 拉绳报警

图 21.8　智能监测系统

用这类穿戴设备采集数据作为用户舒适度分析的基础。

2）智能卡/手机 APP 应用

本工程展示的智能家居系统，均可以通过手机软件进行监视、控制，见图 21.9。

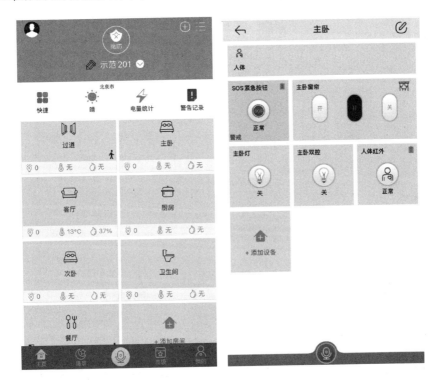

图 21.9　手机 APP 界面

3. 智能家居系统的集成

本项目采用分体式屏幕作为集成的中心环节，平时挂在墙上充电，操作时，可手持自由移动。项目展示了两种集成方式。

（1）通过云端对接集成

住宅每户根据装修标准设置中控平台，控制窗帘、灯光、空调的开闭，进行温度设置，实现多种场景模式体验，同时能监测环境质量（$PM_{2.5}$、CO_2 等浓度）、环境状态、设备状态等。这些智能家居功能的实现，通过设备的家居主机与分体屏幕，经过云端对接实现。

（2）通过硬件接口集成

住宅卫生间报警部分，是通过硬件接口与分体屏幕对接的。通过一个处理器实现，处理器的报警输出接口，直接接入分体屏幕的相应位置上。经与屏幕厂家协调，将对应的接口定义为"摔倒报警"与"拉绳报警"，以此实现集成，见图 21.10、图 21.11。

□ 全屋智能
□ 互联互通
□ 统一用户体验
□ 稳定可扩展
□ 隐私、安全、简约、环保、健康、时尚的家居生活环境

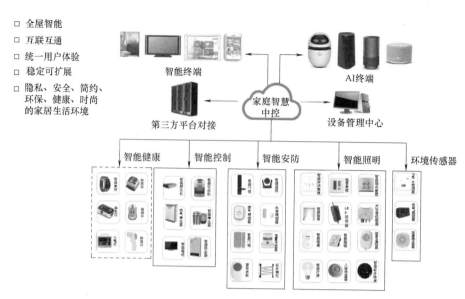

图 21.10　户内智能家居系统集成图

图 21.11　现场实施图片

四、改造效果分析

本项目从老年人日常居住行为及生活特征入手，总结出老年人居家生活规律；针对老年人生活需求，进行了智能化改造。在现有居住条件基础上，设置环境设备监控

系统（包括智能照明、智能环境监测、智能空调新风控制、智能窗帘），通过智能面板、人体探测等实现智能监控。设置安防系统，包括燃气报警、水浸报警；另外展示健康检测报警系统，包括卫生间内的主动、被动报警。

在智能服务模块中，实现语音通话、联网等功能。增加环境调节设备、智能化辅助设备等，并将智能化设备组网，通过云端对接集成和硬件接口集成等方式，打造老年智慧家庭一体化解决方案，提高家庭式养老亲子对老人监护能力及社会养老的服务能力，实现居家适老化智能改造。

在示范的两套户型中的卫生间内均设置了跌倒控制系统，通过多种传感器组合，利用程序分析判断人员跌倒的方案，能够实现主动或被动报警，报警信号可以直接输送到物业后台。通过多系统互相印证的综合判定方法，减少误报概率。

五、结束语

居家养老是我国主要的养老模式，针对现有家庭养老存在的问题，课题开展了居住建筑适老和宜居的智能检测及控制集成的应用系统研究，从老年人日常居住行为及生活特征入手，总结出老年人居家生活规律；同时对智能产品及相关技术手段进行梳理，进而归纳总结出与老年人生活需求相关联的居家智能设备。再将这些智能设备分门别类地汇总至控制终端，通过多种控制方式，进行统筹管理，打造老年智慧家庭一体化解决方案。

在研究过程中基于卫生间跌倒概率较高的调研结果，提出了多种传感器组合、利用程序分析判断人员跌倒的方案，解决了跌倒老人不能主动报警、痛失施救机会的问题。将卫生间跌倒控制系统通过协议对接、与智能家居系统集成，解决了当前不同品牌产品的兼容性问题。

22　天津市天津大学六村 25 号楼

项目名称：天津市天津大学六村 25 号楼

建设地点：天津市南开区

改造面积：62m²

结构类型：砌体结构

改造设计时间：2019 年

改造竣工时间：2019 年

重点改造内容：加装电梯

本文执笔：宋昆　时海峰　邹正　冯琳

执笔人单位：天津大学

一、工程概况

1. 基本情况

天津大学六村 25 号楼建成于 1994 年，6 层砖混结构，一梯两户。楼栋单元室外管线有暖气管线、燃气管线、上水和下水管线；暖气管线位于二层楼板标高处，布局与阳台平行，管线延伸至楼梯间上升 3.0m 后走势转向 90°进入楼梯间；燃气管线左右各一个，高度约 1.0m；中间井道为自来水管线，左侧两井道为雨水管线，右侧两井道为污水管线。部分楼层阳台窗户向外出挑 6.0m，见图 22.1。

图 22.1　天津大学六村 25 号楼 4 门

2. 存在问题

天津大学六村 25 号楼 4 门给水管线布置方式为环状式，经过楼梯间入户，易与电梯基坑发生冲突。下水管井紧邻地下基础承台设计位置，造成基础承台施工不便。工程场地南侧燃气管线与桩基位置发生冲突，北侧燃气管线影响基础承台支模浇筑，见图 22.2。

既有住宅加装电梯工程基础建设不同于新建建筑的基础建设，具有工程操作面窄、地下管网

图 22.2　改造前天津大学六村 25 号楼 4 门西立面状况

复杂、开挖面积小等特点。

二、改造目标

本项目是天津市第一个以平层入户方式为普通多层住宅加装电梯工程，楼型和户型都具有代表性，实现了无障碍通行，为今后类似条件下加装电梯项目提供了参考的范例和依据，具有开创性意义。

项目将原有垃圾井道拆除，采取阳台平层入户方式，加装电梯楼层为 2~6 层。井道净宽尺寸为 1800mm×1720mm，电梯厅进深为 2420mm。为了规避新增结构柱与地下管线的冲突，计划外拓尺寸 1960mm，实现平层入户加装电梯。首层平面图和剖面图见图 22.3。

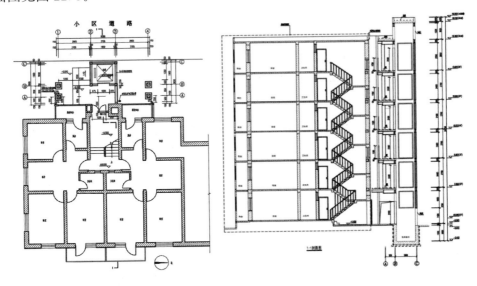

图 22.3　首层平面图和剖面图

房屋鉴定报告中提出，对新增电梯基础打桩时，应考虑与原建筑基础保持一定距离，应尽量避免对原建筑基础下部土产生扰动；新增电梯井架入户悬挑部位荷载不应传力在原阳台底板上。

三、改造技术

1. 管线改造技术

环状式管网中存在多个阀门，为检修管线提供便利。管线受损失，可通过关闭阀门将受损管线与正常管线分离开，不影响其余管线的正常使用。一般采取绕开基坑的方式处理，25 号楼 4 门加装电梯工程场地给水管网与电梯基坑冲突，改造方案中将给水管井迁移至场地北侧，见图 22.4。

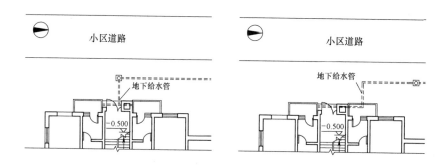

图 22.4 改造前（左）和改造后（右）的给水管线

老旧小区燃气管线分布情况往往较为复杂，需要依据加装电梯设计方案的实际情况制定管线改造方案。管线改造过程中，在确保安全的基础上进行改造，应做到尽量简练，避免改造后的线路迂回曲折。各级管线采取环路布置方式，需符合国家标准《城镇燃气设计规范》GB 50028 中的有关规定。

最终改造方案将南侧燃气管线切改后往南侧迁移，北侧燃气管线切改后往北侧迁移，见图 22.5；将雨污水管井整体往西侧迁移，地下管线同步迁改，见图 22.6。

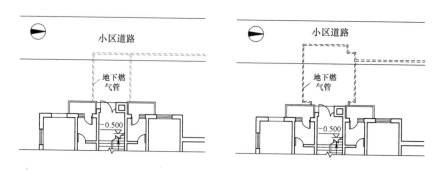

图 22.5 改造前（左）和改造后（右）的燃气管线分布图

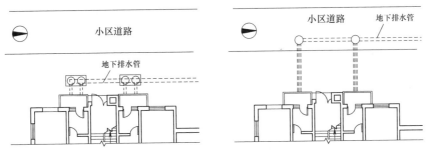

图 22.6 改造前（左）和改造后（右）的下水管线分布图

2. 基础建设技术

原有建筑自建成竣工至今已有二十多年，基础沉降已基本稳定，为了降低加建部分与原有建筑的基础沉降差，同时为了方便施工操作，25 号楼 4 门加装电梯工程基础形式为钢管桩加基础承台，基础布局平面见图 22.7。基坑开挖过程中，采取基坑监测措施。通过周边建筑物外观记录方式进行相关监测，即：首先确定基准标高点，基准标高点一般设置于基坑一角。然后选定周围建筑物，设置四个相同标高监测点，并采用红色标记进行编号。通过水准仪测量上述四个标高点与基准标高点之间的垂直沉降差，计算出周围建筑的沉降情况。电梯井道为一体化钢构井道，电梯底坑做法采取打桩加承台的做法，见图 22.8。

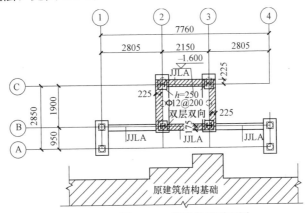

图 22.7 基础布局平面图

图 22.8 打桩流程

3. 井道连廊技术

25 号楼 4 门在加装电梯方案标准层的设计中，电梯厅与原有建筑通过交通连廊连接，原有阳台正面开门，即在阳台西侧开门，见图 22.9。原有楼梯间与连廊之间的天井作为原有楼梯间的自然通风口。

连廊建设主要施工流程有：①钢柱吊装；②钢梁栓接；③连廊围护结构建设。连廊部分水平支撑结构选用钢梁，钢梁与钢柱之间采用螺栓连接。在钢柱指定位置焊接带有螺孔的角钢，再将钢梁与角钢进行螺栓连接。钢梁与电梯井道钢柱连接方法与上述方法相同。连廊围护结构包括四周墙体及地面，墙体材料采用轻质砌块砖，地面采用"轻质瓦楞钢板＋混凝土"的结构形式。其中，地面施工流程主要为：铺设轻质瓦楞钢板、绑扎钢筋、浇筑混凝土、面层装饰。电梯井道安装过程和钢梁栓接分别见图 22.10、图 22.11。

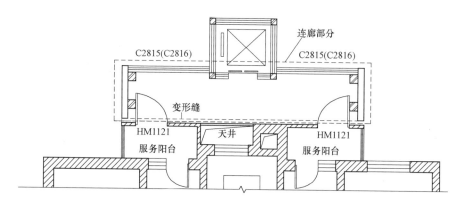

图 22.9 连廊区域

图 22.10 电梯井道安装过程

图 22.11　钢梁栓接

四、改造效果分析

本项目改造后实现了加装方案最优解的组合：加装方位为楼栋西侧，避免遮挡南向阳光的问题；入户采取了平层入户的方式，实现了完全的无障碍出行；电梯选用一体化钢构电梯（外形材料为透明玻璃，额定载重量 800kg，速度 1.00m/s，适合轮椅出行的型号），符合老年人的日常使用习惯，也符合老年人对安全性的要求。工程竣工实景见图 22.12。

图 22.12　工程竣工实景图

五、经济性分析

天津大学六村 25 号楼 4 门加装电梯工程，资金投入 97 万元，其中政府补贴 20 万元；加装电梯运行使用后，预收年运行费 7000 元。最终用户协商分摊方案为：一层业主免费，二层一业主 1.5 万元，三层 4 万元，四层 5 万元，五层 6 万元，六层 7 万元，总集资为 45.5 万元，额外筹集的 5.5 万元资金用于电梯管理及其他未知出资事项，详见表 22.1。

第三次资金分摊协商方案   表 22.1

楼层	参与户信息	每户实际出资额（万元）	楼层	参与户信息	每户实际出资额（万元）
2	202 业主	1.5	5	501/502 业主	6
3	301/302 业主	4	6	601/602 业主	7
4	401/402 业主	5			

六、结束语

既有居住建筑加装电梯可以实现原住宅的无障碍出行，改善了居住条件，有助于老年人居家养老。改造项目的顺利实施，平衡了个人利益和公共利益，也为既有居住建筑改造提供了新的解决思路和方法，有利于实现更加多样化的社区改造需求。除了在改造技术和项目管理上的进步，既有居住建筑加装电梯也为激活住宅存量市场、拓展固定资产投资提供了新的选择。

23 日本多摩平之森互助之家

项目名称：日本多摩平之森互助之家
建设地点：日本东京市
改造面积：3616.28m²
结构类型：钢筋混凝土
改造设计时间：2010 年
改造竣工时间：2011 年
重点改造内容：社区综合服务设施适老化改造
本文执笔：娄霓 王羽 王祎然
执笔人单位：中国建筑设计研究院有限公司

一、工程概况

1. 基本情况

多摩平居住团地位于东京，于 1958 年竣工，其中包括 250 栋住宅楼，约 2800 户居民，是一个规模较大的集合居住区。在经过近 60 年的使用之后，原居住区已不能满足其住户的需求，一些配套服务设施也产生了老旧损坏的问题。在此背景下，多摩平居住团地在 1997 年经过了一次对住区环境的改善，不仅保留了很多珍贵的树木，还增加了绿化品种。随着时间的流逝，部分居民已经步入老年阶段，在生活上存在多种不便。在 2011 年，由结缘日本株式会社对其进行新一轮的改造，将基地内五栋建筑物中的两栋改建为老年公寓，配套了日间照料设施，并负责运营，见图 23.1。

2. 存在问题

在经过近 60 年的使用之后，社区已经不能满足其住户的需求，随着一些居民的慢慢变老，生活上产生了诸多不便。具体的问题主要包括以下几个方

图 23.1 多摩平之森社区改造后效果

面：①原有的配套服务设施产生了老旧损坏的问题，不能提供相应的服务功能；②原有居住户型存在诸多不适老现象，如原有的户型针对两代居进行设计，已经不满足老人实际的需求；③缺少相应的适老服务设施，老人的生活缺少保障。

二、改造目标

该小区修建时规模较大，由于受到种种条件制约，不能大规模拆建。因此，在有限的经济条件下，保留原房屋结构，改善使用功能和配套设施，延长房屋使用寿命，提高居住水平和环境质量，以"创造直到人生最后时刻也能活出自我的社区"为主题对原有住区进行改造。在原有的两栋住宅楼适老化改造的基础上，分别加建了两个大约 400m² 的服务用房，一处作为小规模多功能介护设施使用，一处作为集会食堂来使用。

三、改造技术

本项目的改造技术主要分为两个方面。一方面，针对老人的不同需求，提供个性化的生活和护理服务。另一方面，通过营造积极开放的社区空间，引入丰富的社区活动，鼓励老人充分参与其中，在享受多样化服务的同时，保持与他人和社会的密切联系。

具体的改造主要分为以下几步：①拆除两栋原有建筑的楼梯；②修补和粉刷两栋建筑的外立面，更换气密性更佳的外围护材料，更新屋顶防水和外保温；③在原有建筑上加建电梯和外廊；④对两栋住宅楼进行改造，转换为老年公寓；⑤在南北向分别加建大约 400m² 的两个服务用房。

1. 建筑基础性能

在改造初期，对建筑的基础性能进行了提高。拆除原有老旧的楼梯，并进行了电梯和外廊的加建。由于项目与被测相邻用地距离过近，在北楼加建全楼层的电梯和外廊时，容易影响北侧未开发用地的日照。在计算和分析之后，取消了北楼顶楼的外廊顶棚，电梯也只上升至 3 层，基本消除了对北侧用地日照条件的不利影响。此外，对其他部分进行了屋顶防水、外墙涂装、窗框更换、管道设备更新等各项修缮。

2. 集会食堂

集会食堂主要功能为日间照料和日间托养，空间内部设置活动室、餐厅、会议室、图书室和休闲场所，同时设有一个通往室外的平台，供老年人使用，见图 23.2。同时，集会食堂除了提供对老年人的日间照料外，还为社区中的其他人员提供就餐区域和休息区域，既保持了盈利，也促进了社区生活的多样性。

图 23.2　多摩平之森社区老年之家

3. 小规模多功能介护设施

小规模多功能介护设施将原有的 1 号楼的 2～4 层进行拓展，将老年公寓的照护功能延伸到加建的建筑中，以照料半自理和不能自理的老年人。房间配置客厅、浴室和更衣室等空间，并提供 24h 服务。同时，介护设施与集会食堂共同经营，确保老年人在白天有充足的活动场地和夜间的居住空间，见图 23.3。

图 23.3　多摩平之森社区老年之家集会食堂等与居住区联系

4. 户型改造

项目对居室户型进行了适老化改造。原本的住宅户型是 50 年前按照供夫妇和儿童使用需求而设计的，早已不满足老年人现在的需求。在改造中去掉多余的隔断，把四个小隔间合并成一个宽敞的大开间后重新改造，并设计了 A、B、C 三种不同户型供不同需求的老人选择，见图 23.4。门扇均改为推拉门，厨卫空间与改造前相比更为宽敞，满足轮椅老人的使用需求。同时，在坐便器、浴室等处均设置了扶手，并装设了紧急报警设备，以形成 24h 覆盖的看护体系，为老人提供安全保障。

5. 创造开放祥和热闹的聚会场所

原始住区在长达 50 年的历史中孕育了绿意盎然，如同公园一般的室外空间。改造时利用这一条件，为各个住户提供了热闹又祥和的室外聚集场所。集会食堂均采用玻璃幕墙，使人们在建筑外也能看到内部的活动，使这里成为面向社区的开放场所，见图 23.5。整个住区对社会开放，集会食堂中的图书角和食堂都能为附近居民休息所用，环绕基地的小道也是周边幼儿园小朋友们的散步路线，居住者们因此能自然地与居民交流。

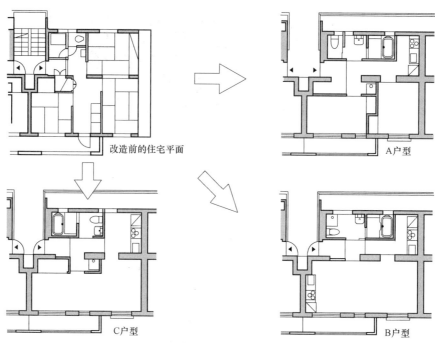

图 23.4　多摩平之森社区户型改造

图 23.5　多摩平之森社区户型改造

6. 无障碍设计

在建筑内部，拆除原来的楼梯后，通过增设电梯和公共走廊实现了竖向交通的无障碍化，让建筑北侧沉闷的空间改造成为居住者的交通空间和日常交流的场所，见

图 23.6。

图 23.6　多摩平之森社区老年之家无障碍设施

四、改造效果分析

改造后原居住户型针对老年人的使用功能得到了提升：原有的户型结构能满足老年住户无障碍使用的需求，改善了老年人的居住环境，各个功能区域的使用率得到了有效提升。

在住区原有的配套服务设施基础上，添加了老年护理设施和日间照料设施，有效满足了老年人的居住需求，同时增设了许多聚会场所，有效促进了老年人和其他人群的交流。

本项目利用原结构质量尚好的旧住房作成套化改造，是一项投资少、见效快的改建方案，具有较好的经济效益。

五、结束语

从"二战"结束到 20 世纪 90 年代，日本建造了大批的公营住宅。随着时间的推移，许多住区在硬件和软件条件上都不能满足居住需求，但是由于区位优越、环境适宜等原因有很大的保留价值。面对日本老龄化现状，多摩平之森提供了一个较好的改造解决方案。

通过对既有电梯厅的改造，户型大小和室内分割的调整，使其变为适老化住宅；同时利用底层空间增建了社区日间照料室以及小规模多功能设施，为周边的老人提供养老服务，实现了旧住区的复兴。

参考文献

［1］ 王锦辉，唐悦兴. 日本"社区老年服务设施"的情感化设计——以"多摩平之森社区老年之家"为例［J］. 城市建筑，2019，16（11）：37-40＋43.

［2］ 多摩平之森互助之家，日野，东京，日本［J］. 世界建筑，2015（11）：64-69.（注：图1～图6的来源）

第五篇 功能提升

24 住房和城乡建设部三里河路 9 号院

项目名称：住房和城乡建设部三里河路 9 号院

建设地点：北京市海淀区三里河路

改造范围：地下管廊更新改造长度 1154m，标准段为地下 1 层，节点井位置为地下 2 层

改造设计时间：2018 年

改造竣工时间：2021 年

重点改造内容：地下管线更新改造

本文执笔：李松　雷铭　李小利

执笔人单位：中国建筑一局（集团）有限公司

一、工程概况

1. 基本情况

住房和城乡建设部三里河路 9 号院地下管线更新改造项目，位于北京市海淀区三里河路 9 号院内。该居住区位于西二环与西三环之间，东侧为三里河路，西侧为首都体育馆南路，南侧为增光路，北侧为车公庄西路，交通发达。地下管线更新改造全长 1154m，综合管廊主要沿院内小区道路布置，为"马蹄形"钢筋混凝土的单洞管廊，跨度达 5.3m，高度达 5.7m，顶部覆土厚度为 4.5m，为典型的城市浅埋暗挖管廊。地下综合管廊主要沿小区既有道路布置，总体布置平面见图 24.1。

2. 存在问题

拟建管廊周边环境复杂，各种建（构）筑物及地下管线众多，新旧管线交替，道路狭窄、两侧停满车辆，车辆、行人密集，人车合流。具体问题如下：

（1）地下管线种类繁多、布置复杂，存在众多安全隐患

地下管线种类繁多，布置错综复杂，各种检查井众多。检查井的存在，易发生井周下沉、井盖破裂变形甚至行人车辆坠井等事故，给小区居民带来巨大安全隐患。道路中央车辆行驶时，碾压检查井盖会发出巨大噪声，严重影响小区居民的休息。同时，当管线存在问题需要检修，检查人员进入道路和人行道上检查井时，易给检查人员和小区居民带来安全隐患。

（2）地下管线设计信息缺失，运营和维护难度大

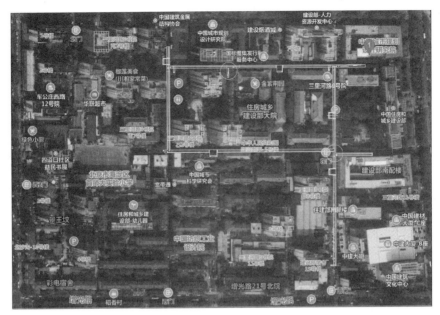

图 24.1　管廊总体布置平面图

由于居住小区内地下管线修建铺设工作从 20 世纪 50 年代开始陆续进行至今，修建时间较早，时间跨度大，部分图纸缺失设计信息，且已无据可查。这给后期维修带来了巨大困难，运营维护难度大。

（3）地下管线维修造成道路封堵，影响道路交通

当地下管线需要维修时，由于部分管线设计信息不确定，管线维修经常造成道路封堵等问题，提高了运营维护成本，严重影响小区道路交通。

二、改造目标

亟待解决的问题包括：①各种管线众多、检查井密布带来安全隐患的问题；②管线铺设修建完成后维护和运营不便的问题；③地下综合管廊施工影响建（构）筑物稳定的问题。

因此，在进行大量实地考察和可行性调研的基础上，在此小区内建地下综合管廊，将热力、电力、电信、TV、路灯照明等市政综合管线放入综合管廊中，彻底解决检查井密布现象以及"马路拉链""空中蜘蛛网"等难题。

三、改造技术

为了实现上述目标，本项目采用了智能监测技术、浅埋暗挖法施工技术和超前注浆加固技术，还需采用控制地表沉降和结构变形等相关措施。具体的改造技术如下：

1. 智能交通引流技术

考虑到施工现场处于老旧小区内，道路狭窄，人员及车流密集，研发了小区交通智能指挥系统，通过智能监控、大数据分析、路况预报及信号标牌管制，实现老旧小区施工过程中的智能交通引流。智能交通引流应用效果图，见图24.2。

图 24.2　智能交通引流应用效果图

2. 老旧小区地下管线及建（构）筑物保护技术

（1）地下管线智能保护及改移技术

针对本工程周边如燃气、热力、雨污水、电力、电信等管线分布错综复杂，新旧管线交替，管线保护难度极大等问题，研究了三维扫描逆向建模技术。通过三维探测、数据处理、深化设计、方案对比和模拟，实现管线的保护和改移。施工区域内地下管线 BIM 模型，见图24.3。

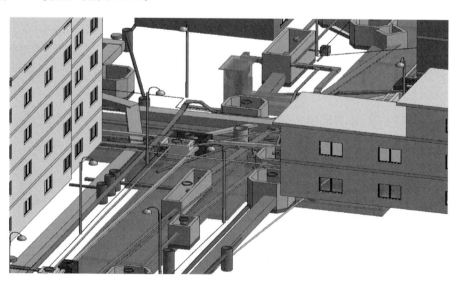

图 24.3　施工区域内地下管线 BIM 模型

（2）综合管廊浅埋暗挖施工影响的建（构）筑物沉降控制技术

根据地质勘查报告中的物理力学参数，采用室内物理模拟试验与数值模拟等分析方法，建立三维非线性大变形数值模拟，分析综合管廊施工对土体扰动的影响；对数值模拟分析结果进行总结，并根据结果进行预测，见图24.4。结合与现场施工过程中管廊周边临近建（构）筑物的沉降变形实测数据进行对比分析，确定实际地质条件的物理力学参数；总结得到经验公式，运用结论经验公式对土体扰动进行动态预测。

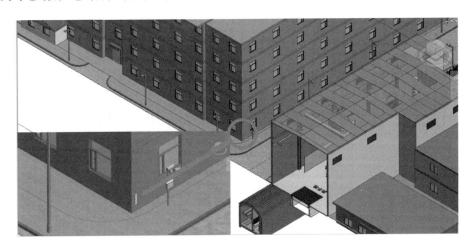

图 24.4 利用软件模拟建（构）筑物沉降

（3）综合管廊浅埋暗挖施工引起的地层变形监测和控制技术

综合管廊主要沿院内现状小区道路布置，周边建（构）筑物距管廊较近，周边房屋建筑新旧交替。最早建设于20世纪50年代，结构多为砖混结构，纵横墙承重，现浇混凝土楼盖，屋顶多为木屋架。后期虽然进行过增加构造柱的加固改造，但与管廊距离较近，最近处仅2m左右。管廊的施工易引发周边建（构）筑物的不均匀沉降、变形及开裂等，致使结构或既有线路出现开裂、不均匀沉降、倾斜甚至坍塌等。因此，有必要对受施工影响的周边建（构）筑物进行检测与风险评估，并对其进行施工期间的监测，严格控制其沉降、位移、应力、变形、开裂等各项指标。

运用综合管廊施工影响的建（构）筑物检测、监测技术，进行安全检测和监测。监测采用实时在线控制方式，对数据进行受控采集和实时分析，同时实现监测数据和报警信息的实时发布。自动监测平台界面见图24.5。

3. 地下综合管廊绿色施工技术

（1）竖井口搭建施工棚降噪技术

由于本工程施工环境较为特殊，周围行政办公、居民住宅、车辆行人非常密集，需要严格控制施工噪声。因此，采用竖井口搭建施工棚防噪设施，外墙及内中隔墙使用吸声棉等，有效降低施工过程噪声。全封闭式防护棚降噪应用效果图，见图24.6。

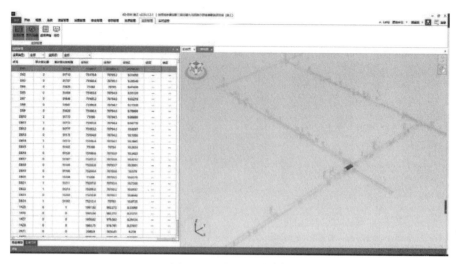

图 24.5　自动监测平台

图 24.6　全封闭式防护棚降噪应用效果图

（2）渣仓防尘技术

在竖井口搭建的施工棚内设置封闭式渣仓与自动喷淋装置，采用中隔墙与其他各室分隔开。在烟尘较大时，打开自动喷淋装置的储水设施进行喷淋，以达到降尘的目的。封闭式渣仓及自动喷淋装置示意图，见图 24.7。

图 24.7　封闭式渣仓及自动喷淋装置

四、改造效果分析

综合管廊的建设旨在为三里河路9号院小区居民打造一个干净整洁、秩序井然的小区，营造良好的生活环境。地下管线更新改造后，取得如下效果：

（1）暖通、给排水、电气管线均放入地下综合管廊，在改造过程中对管廊的各种附属构筑物位置进行优化调整，有效解决小区内检查井密布的问题。

（2）管廊的运营管理结合BIM技术、互联网、物联网、虚拟现实（VR）等多项先进技术，实现了综合管廊智慧化管理，极大降低人员成本投入，彻底解决管线运维不便的问题。

（3）通过运维平台实时掌握各类管线与设备的运行状况，发现问题及时解决，彻底避免管线维修施工过程中产生的"马路拉链"、道路封堵等严重影响道路交通的问题。同时，管廊内设置消防、安防系统，保证城市"生命线"的安全性与稳定性，给小区居民提供充足的安全保障。

五、经济性分析

本项目总投资约1.59亿元，推广应用技术效益约100万元，合理化建议、技术创新效益约110万元，BIM技术进步效益约190万元，总计效益约400万元，约占总投资的2.5%，经济效益显著，为地下管线更新改造工程提供一定参考。

六、结束语

随着国家经济建设不断发展，城市建设及人民生活水平不断提高，老旧小区的问题日益突出，针对老旧小区的改造也已经提上国家的日程。2019年6月19日，国务院总理李克强主持召开国务院常务会议，部署推进城镇老旧小区改造，顺应群众期盼改善居住条件。会议上指出，加快改造城镇老旧小区，群众愿望强烈，是重大民生工程和发展工程，并确定要抓紧明确改造标准和对象范围，为进一步全面推进积累经验。

老旧小区改造问题涉及方方面面，其中改造建设小区水电气路及光纤等是重中之重。本项目主要研究解决老旧小区内各种管线检查井密布，对居民生活产生不利影响，带来巨大安全隐患的问题；解决管线铺设完成后的运营维护不便以及管线维修给小区道路交通带来不便等问题，旨在打造一个可行性高、实施性强的示范工程，为国内今后大量的老旧小区地下管线更新改造项目提供了参考和借鉴。

25 北京市西城区前细瓦厂胡同 21 号院

项目名称：北京市西城区前细瓦厂胡同 21 号院

建设地点：北京市西城区

改造面积：78m²

结构类型：钢结构

改造设计时间：2020 年

改造竣工时间：2020 年

重点改造内容：装配式内装修改造

本文执笔：赵盛源[1]　张素敏[1]　陈光[1]　吕玮[1]　贺遥[1]　冯宝成[2]　陈火刚[2]

执笔人单位：1. 北京和能人居科技有限公司

　　　　　　2. 中建江南建设工程有限公司

一、工程概况

1. 基本情况

本项目位于北京市二环以内的前细瓦厂胡同。胡同地处西城区国家大剧院西侧，形成于元代，已经有几百年的历史，明朝时属明时坊，因总捕衙署设于此，故称总捕胡同或总铺胡同。西城区文化遗产网资料显示，前细瓦厂胡同位于西长安街地区南部。东西走向，西部曲折，东起兵部洼胡同，西至西交民巷，全长 216m，见图 25.1。明代称细瓦厂南门，因在细瓦厂门前而得名，清代改称前细瓦厂。1965 年与谈志胡同合并，定名前细瓦厂胡同。清朝属镶白旗，乾隆时称总部胡同，宣统时以南小街为

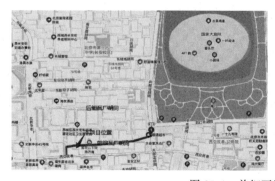

图 25.1　前细瓦厂胡同 21 号位置

界，分称东、西总布胡同。1948 年将原城隍庙街改称前细瓦厂胡同，并沿称至今。21
号院作为胡同的有机组成，承载着大量的历史与文化信息。前细瓦厂胡同实景见
图 25.2。

图 25.2　前细瓦厂胡同实景

　　项目分为四室一厅两厨两卫，户型图见图 25.3。建筑面积为 78m²，分为南北两
部分。本项目作为既有建筑宜居改造的局部工业化应用，首选绿色环保的改造方式。
由于传统装修模式下的既有建筑翻新改造伴随着巨大的能源消耗，经验数据表明，建
筑固体垃圾占到全社会总量的 40% 左右，并产生了大量的温室气体和颗粒物。为践行
绿色施工，降低对环境的影响，本项目局部采用基于工厂化制造的新型装修模式——
装配式装修，以探索一种高效高质的既有建筑宜居改造模式。

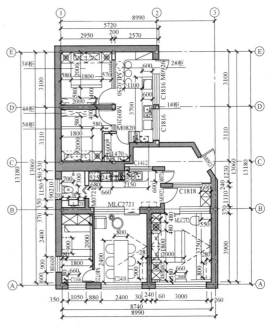

图 25.3　项目门口实景及内部户型图

2. 存在问题

前细瓦厂21号院的改造是典型的胡同改造案例，具有既有建筑改造代表性的问题，具体如下：

（1）建筑主体年代久远，墙体脆弱，主体结构保护难度大。承载历史与文化的结构墙体是改造中需首要保护的对象，因此在更新改造过程中，内装修需要在兼顾建筑结构稳定性的前提下，提升内部空间的宜居性。

图 25.4　项目 2.1m² 的卫生间施工空间局促

（2）地面容易返潮，因此内装修（尤其地面装修）需注意防潮问题。住户常常发现地上会呈现不同程度的返潮表象，特别是开春时节和雨季较为严重，直接影响到住户的居住体验，给生活和身体健康带来不利影响。

（3）改造空间小，施工场地局促。从户型图可以看出，每个卧室的面积不足 10m²，两个卫生间面积分别为 2.1m² 和 2.7m²，见图 25.4。因此，减少现场作业工人人数，提高施工效率是需解决的问题。

（4）建筑结构为砖混结构，早期主体结构施工精度差，导致室内空间测量难度大，不利于内装精准测量。空间小、精度低对工厂生产的内装部品形成挑战，尤其两个卫生间墙面、顶面、地面的标准化部品应用有限。若想实现现场绿色施工，少裁切、少噪声，必须依赖柔性化设备进行定制化的部品生产。

（5）改造过程中的物料配送与存放问题。前细瓦厂胡同均宽 3.0m，窄的位置甚至不足 2.0m，交通不便，材料运输、存放以及垃圾清理难度大，见图 25.5。

图 25.5　前细瓦厂胡同宽度

（6）项目位于城市核心区，周边居民多，改造过程中的施工噪声对周边影响大。

综上，经对项目整体综合评估，本项目在施工难度较高的两个卫生间采用基于工厂定制化生产的集成式卫生间。另外，为解决地面防潮问题，选择防潮材质的装配式地面系统，并且要求现场施工安装与工厂生产、运输进行无缝衔接。

二、改造目标

2016年2月，《中共中央 国务院关于进一步加强城市规划建设管理工作的若干意见》指出，贯彻"适用、经济、绿色、美观"的建筑方针，提出"发展新型建造方式，大力推广装配式建筑，减少建筑垃圾和扬尘污染，缩短建造工期，提升工程质量"。为提升既有建筑改造的宜居性，经整体评估之后，本项目确定局部采用装配式装修。项目内装修改造实现以下目标：

（1）提升居住获得感

在建筑产业链中，对居住体验产生直接影响的是内装修环节，在保持传统建筑风格的基础上，选用合适的装修方式，尽量延长建筑结构寿命，通过绿色、环保、节能、降耗的装修，提升用户居住体验。兼顾内装修改造适用性与美观性。

现场装修所用部品部件均为工厂生产并采用安全环保材料，保证装配式装修施工现场低污染、低甲醛、低噪声，且可以即装即住。

（2）实现快速经济的内装改造

本项目改造对施工过程与工厂生产、供应的要求较高，现场安装工人不超过3人，改造周期控制在一周以内，同时降低装修污染，减少资源浪费。

（3）解决运料、堆料难和施工场地受限等难题

通过协调组织装修部品生产、配送、安装等环节，提高施工效率，减少现场物料堆积。

（4）降低施工对周边环境影响

在促进旧城改造、优化居住环境的前提下，为避免对周边环境造成不良影响，建设和谐北京，充分发挥建立在工厂柔性制造基础上的装配式装修对异形空间适应能力较强的特点，力求实现减少建筑垃圾、绿色装修。

三、改造技术

为满足小空间改造需求，提高空间利用率，本项目采用了免架空的装配式装修部品，在卫生间以及全屋地面采用局部装配式装修集成技术。项目实施过程中从设计、生产、安装体现了装配式技术的高效协同。

1. 集成式卫生间

在同样基于工厂生产的装配式装修部品集成里面，集成式卫生间相对于整体卫生间而言，对空间的适应性更强，能够通过灵活调整墙面、地面适配卫生间既有尺寸，

达到提高空间利用率的目的。集成式卫生间所采用的主要部品包括快装墙面、集成吊顶、整体防水底盘等。

（1）快装墙面。为适配 2.1m² 和 2.7m² 卫生间这两个小空间内的墙面装修，本项目采用调平快装墙面，完成面为 30mm。由于原有结构墙体表面不平整，若采用传统装修预计厚度将达 40mm，采用快装墙面在一定程度上优化了卫生间的内装空间。并且墙面部品采用绿色环保的硅酸钙板作为墙板基材，墙面饰面层采用工厂化集成的涂装工艺丰富表达效果，可以做出多种选择，提升美观度。现场快速拼装，接缝处形成止水构造，提升卫生间防水功能，快装墙面施工与完成效果见图 25.6。

图 25.6　快装墙面施工与完成效果

（2）集成吊顶。绿色环保复合顶板材料，搭接安装，自动调平，承插加固，顶面平整，免吊挂，施工安全便捷，见图 25.7。

图 25.7　集成吊顶施工与完成效果

（3）整体防水底盘。工业化柔性整体防水底盘，在工厂一次性集成制作；专用地漏瞬间集中排水，墙板嵌入止水条，地面整体密封不外流，见图 25.8。

（4）卫生间集成装配技术。复合硅酸钙饰面板材、轻钢龙骨、连接五金等在工厂定制完成，现场按编码依次组装，具有快速调平、规方和连接紧密的特点。收口做法在早生产前已研发完成并得到大量项目实践验证，安全可靠、简洁美观。工厂定制加

图 25.8 整体防水底盘柔性生产与现场安装完成效果

集成装配的方式是工业化的产物。集成装配卫生间相比传统卫生间，成品精细度提升了档次。卫生间集成装配技术和集成防水节点大样见图 25.9、图 25.10。

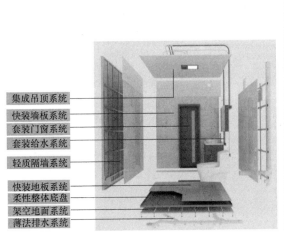

集成吊顶系统
快装墙板系统
套装门窗系统
套装给水系统
轻质隔墙系统
快装地板系统
柔性整体底盘
架空地面系统
薄法排水系统

图 25.9 卫生间集成装配技术

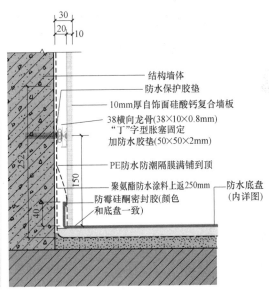

结构墙体
防水保护胶垫
10mm厚自饰面硅酸钙复合墙板
38横向龙骨(38×10×0.8mm)
"丁"字型胀塞固定
加防水胶垫(50×50×2mm)
PE防水防潮隔膜满铺到顶
聚氨酯防水涂料上返250mm
防霉硅酮密封胶(颜色和底盘一致)
防水底盘(内详图)

30
20
10

图 25.10 集成防水节点大样图

2. 快装地面

地面采用以硅酸钙板为基板的复合地板，可有效解决潮湿带来的系列问题。硅酸钙板相对木地板，防潮耐磨性更好。硅酸钙板基材的复合地板与金属基材的连接件结合，绿色环保、饰面多样化，产品经久耐磨、易清洗。现场施工时快速企口拼装，工效更高，见图 25.11。

3. 集成窗套与窗台板

项目现场两个卫生间的窗都使用了集成窗套，见图 25.12。本项目窗套采用镀锌钢板为基材，窗套在工厂集成制造，材质生态环保，窗套防晒、耐水、耐老化，有效解决传统石材窗套加工时切割噪声大、打磨粉尘多、无法大规模生产和统一标准定制生产等装修痛点，还具有轻薄、坚固、防潮、耐久等优点。窗套还可以提供各种包覆

图 25.11　快装地板

饰面纹理效果，供设计师协调室内其他装饰。通过良好的构造设计，实现了装配施工、快速施工、静音施工、绿色施工，为新时代的装配式装修工程树立了典型。

图 25.12　集成窗套完成效果与节点图

4. 定制生产与精准配送

精准化测量是定制化生产的前提与基础。本项目实施过程中通过多角度精准测量，将施工误差降低到部品允许的范围内，测量数据导入工厂端，在工厂利用自动化生产线，人工干预少，充分利用新型装配化装修部品生产设备的信息化能力，见图25.13、图 25.14。装配化装修部品生产环节的工业化与信息化技术融合，部品生产完

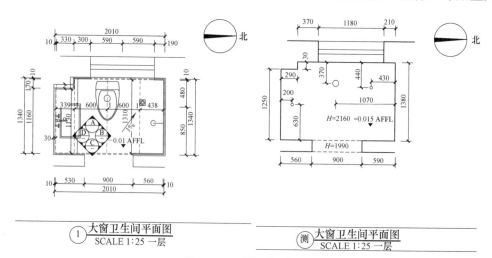

图 25.13　现场测量数据

图 25.14　工厂生产制造

成，通过与现场实时在线互动，完成部品精准配送，减少现场材料堆放，保持施工现场整洁高效。

四、改造效果分析

1. 耐久舒适

本项目在卫生间与全屋地面采用的装配式装修部品为水泥基材和金属基材，见图25.15。一般而言，住宅正常使用翻新周期为10年，本项目采用的装配式内装修部品正常使用条件下，部品支撑构造耐久年限不低于30年，饰面耐久年限不低于10年。

图 25.15　项目采用装配式地面装修完成效果

2. 环境友好

从现场安装过程来看，基于工厂化生产的装配式内装修部品施工过程对环境极为友好，全程低噪声、不扰邻、现场整洁、无建筑垃圾堆放，见图25.16～图25.18。现场装配人员经过专业化培训指导，所有装配项目、环节及装配动作均标准化、程序化，施工高效无污染，只在前期拆旧过程中产生垃圾，后期改造施工节能降耗，项目全程节能降耗率达到 70%。

定制部品与标准部品结合，工厂柔性生产，提高空间利用率。部品部件均工厂化生产，杜绝了传统装修及隐蔽工程带来的质量隐患。装配式装修原材料环保，在工厂定制化生产，节能环保特性更突出。

采用干法施工，装修部品后期维护翻新更方便，降低成本和减少工期的同时又保证了产品的质量，避免了二次污染。后期维护优势突出，与传统装修方式相比较，在日常的清洁保养中，由于墙面、地面都是涂装工艺的无机复合板，擦洗方便，易于打理。对于中小修，同批次的产品都有足够的备件，维修速度和质量各方面都有很大的优势，再次翻新改造时拆改方便。

图 25.16　卧室地面施工前与完成效果

图 25.17　小窗卫生间改造前与完成效果

图 25.18 大窗卫生间改造前与完成效果

五、经济性分析

（1）装配式装修大大缩短工期，传统十天完成的卫生间装修项目采用装配式装修可以节约工期 50% 以上。从本项目来看，两个卫生间因为有部分年代较久的墙体，倾斜过大，如果采用传统湿作业瓦工贴砖找平较为麻烦，地砖找坡需要瓦工师傅具有一定的技术，贴墙地砖至少需要两天时间。采用基于装配式装修的集成式卫生间可以省去贴墙和地砖的时间 2d，面砖达到强度的时间 1d，美缝施工和美缝剂固化的时间 2d，以及铝扣板吊顶的时间，总共节省至少 5d 的时间。

（2）减少人工费用。直接表现为用工量的减少。本项目全程用工量平均在 2 人，最高 3 人，并且工人施工采用标准施工动作，工效更高。

（3）减少材料浪费。传统现场浪费有一大部分是在现场裁切时的原材料浪费，装配式装修相比较传统装修实现了节材 20% 以上。

（4）全寿命周期内的经济性。综合全寿命期的维修成本来看，采用装配式装修，工厂部品部件备用件充足，方便更换，且易于拆改检修。产品质量稳定安全可靠，主原材稳定安全，干式工法避免通病，从经验数据来看维修率比传统装修低 70% 以上。

六、结束语

装配式装修应用于既有建筑改造，是装配式装修应用领域的创新，同时也是装配式装修以人为本的发展理念的体现。本项目实施，验证了工厂化生产部品在现场与传统装修的兼容性，主要优势体现在：

（1）产品优势。集成式卫生间在小面积空间改造中体现了高度的灵活性和适配性，为更多既有建筑卫生间改造提供了优质高效的解决方案。装配式地面的非架空构造在旧改项目中空间友好，并且提升现场施工效率，为后期运维提供了便利。

（2）实施优势。本项目的实施验证了装配式装修与主体结构改造的同步优势，前期通过技术策划环节为部品应用奠定基础，后期实施更为高效便捷。尤其施工过程环境友好度得到总包和相关单位高度认可，工人经简单培训即可实现快速安装，也为装配式装修部品应用推广赢得了口碑，为更多旧改项目选择性应用装配式装修部品建立了信心。基于装配式装修部品应用的既有建筑改造流程，见图 25.19。

图 25.19　基于装配式装修部品应用的既有建筑改造流程

（3）产业优势。从产业发展模式上来看，装配式装修基于工厂化生产与信息化应用，更适合于家庭、社区改造，解决家庭定制化装修的难题。旧改项目因施工场地有限，对施工噪声控制要求高。而装配式装修施工优势明显，可以用"洁、快、静"来概括。"洁"是指物料分户供应，无需集中场地；"快"是指装修时间短，施工快捷；"静"是指装配过程安静无噪声。

（4）未来展望。装配式装修实现了装修从手工业到工厂化生产的转型升级，将装修从"手艺活儿"升级为"工业品"，装修现场 80% 的工作转移到工厂车间，施工现场仅是简单的组装环节。装配式装修拉近了装修与现代化生产之间的距离，弥补了手工作业与工业化、信息化之间的断层，改变了传统装修向数字化、智能化转型升级中出现的一手"泥瓦匠"一手"新基建"的尴尬处境。大力发展装配式装修有利于促进建筑装修业实现建筑工业化与新一代信息技术的同频发展，以成熟的装配式装修技术为基础从工厂化升级到数字化、智能化是发展的必然趋势，同时也更利于既有建筑内装修改造进行全产业链全寿命期升级，最终实现信息化的运维管理。

26　昆山市琅环里智能机器人立体停车楼

项目名称：昆山市琅环里智能机器人立体停车楼

建设地点：昆山市西街北侧、琅环公园西侧

结构类型：钢结构

改造面积：4673m² （含加建面积）

改造设计时间：2017 年

改造竣工时间：2020 年

重点改造内容：停车设施升级改造

本文执笔：刘军民　吴斌　姚刚

执笔人单位：江苏中泰停车产业有限公司

一、工程概况

1. 基本情况

项目位于昆山市西街北侧、琅环公园西侧，周围的既有居住区包括文翠园、桃园新村、石幢弄小区、嘉鹿花园、西园新村，见图 26.1。

图 26.1　项目位置示意图

2. 存在问题

区域停车需求量大，停车位严重短缺。由于停车位不足，一方面小区内汽车乱停乱放现象严重，另一方面小区外部道路的两侧也随处停满了车辆，给小区居民的生活和出行造成了严重的影响。

二、改造目标

由于居住区内无法找到合理利用的空间，亟需进行停车设施的改造升级。但停车库设施的改造需要老旧小区提供一定的空间余量，而既有小区在建设时没有充分预测居民的停车需求量，规划设计中也没有考虑停车设备的纳入和改造，在既有小区内部加建停车设施的方案无法得到实施。

为了寻找合适的停车设备改造空间，对周边环境进行了调研与考察。西街北侧、琅环公园西侧有块闲置空地，面积约 $4673m^2$。由于紧靠老旧小区，项目所在的地下管网复杂，课题组提出在地上建立智能化、集约化立体停车楼，可在一定程度上缓解周边既有居住小区的停车压力。

三、改造技术

1. 采用高可靠性伸缩臂智能机器人停车库系统

整套设备主要由升降机、搬运台车、搬运器和电气设备四大部分组成。升降机在垂直平面内做上下垂直运动，负责将车辆搬运至其他层；搬运台车主要在水平平面内作横向往返运动；搬运器在搬运台车上作纵向往返的相对运动，负责将车辆搬入（离）停车架；升降机、搬运台车、搬运器三个工作机构都备有单独的电机，进行各自的驱动，实现三维立体停车。

（1）搬运器

1）搬运器主要由前中后轮装配总成、前后上架、底架装配总成等组成。前、中、后各两轮共六个行走轮，六轮搬运器可有效降低停车平台对搬运器行走过程影响，即使停车平台有落差，其他五个行走轮依然能保证搬运器的水平状态，从而大大提高搬运器运行平稳性及速度；若为四个行走轮，当任意一个区域有落差时，此处必然出现倾斜，从而导致设备晃动，既影响运行速度又减少设备寿命。

2）前后轮装配中各有行走电机驱动，在搬运台车内做相对纵向往返运动。

3）前后上架各自配备驱动电机，实现对前后轮距不同车辆的分体伸缩对中。

4）底架装配总成设置提升电机，通过链条连接前中后轮装配中的转盘，实现对前后上架的提升。

5）行走轮两侧设机械导向装置，机械限制搬运器运行轨迹，防止跑偏。

6）搬运器自带对中装置。对中装置以搬运器为中心，保证设备、车辆重心无偏离，确保设备运行稳定；前后轮分开对中，保证所有类型车辆的对中，即使前后轴距不同的车辆也能实现标准对中，从而真正做到精准对中。

（2）横移台车

横移台车与智能伸缩式交换搬运器相匹配。

1）搬运台车有四个车轮，其中两个是主动车轮，两个是被动车轮。主动车轮的驱动装置安装在框架上，采用轮胎式联轴器连接；这样，即使制造和安装时存在误差，或者由于载荷所引起的框架变形而产生部件之间的相对偏移，也可以由该联轴器予以补偿，不致影响机构工作。

2）搬运台车常与搬运器组合使用，采用卷线器连接，可同时实现横向、纵向的搬运功能。

3）横移台车设驱动装置、导向装置、位置检测装置等，保证在高速运行、频繁使用的状态下运行安全、平稳、准确定位及牢固，见图 26.2。

两侧各设驱动电机，驱动两侧行走轮，在提高传动效率的同时保证横移台车的同步性；具有侧向定位装置，防止侧向发生偏移。

图 26.2　横移台车

（3）升降机

方案选用端部升降机，将搬运台车（带搬运器）及车辆升降至指定层。

1）升降机主要由立柱框架、升降台、链条、平衡重、驱动装置、同步装置、安全装置等组成，通过链条连接升降台和平衡重来平衡全部或部分升降质量，从而达到节能的目的。

2）驱动装置采用齿轮式联轴器或齿轮齿条传递，有效补偿在制造和安装时所产生的误差，或者由于载荷所引起的部件之间的彼此相对偏移。

3）同步装置采用齿轮同步，定位精度高，运行平稳，安全保障系数高。

4）本项目升降机用于巷道内实现将搬运台车（带搬运器）及车辆升降至指定层。同时，设有机械式平层定位装置，保证搬运器存取车时升降平台的稳定性。

（4）控制系统

具有各种传感器、探测器、车库门关闭、PLC程序保护等四重保护措施，以保证设备运行前后动作互锁有四重保护措施。

1）中央控制原理

设备的各个机构的运转，均在操作间的中央控制室内进行控制。中央控制电路由配电保护电路、出入口区域安全保护电路、升降机、搬运台车（带搬运器）、辅助设备主电路和控制电路等组成。

2）具有远程诊断功能

设定远程IP地址就可以监控程序，诊断故障等功能，见图26.3。

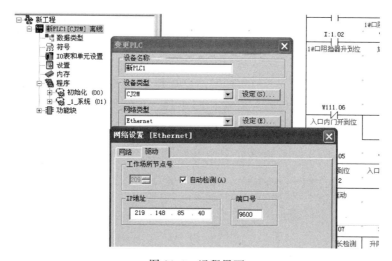

图26.3　远程界面

3）采用激光测距定位系统

选用目前先进的Ethernet/IP通信功能的激光测距仪，网络通信抗干扰能力强，方便实现台车的高速定位。进出口内有多种检测装置，当进出口内有移动物体、超过停车尺寸时，设备自锁不得启动，PLC采用具有先进Ethernet/IP通信功能的国际知名品牌，见图26.4。

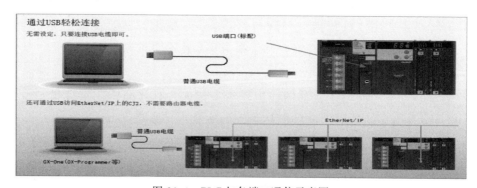

图26.4　PLC与各端口通信示意图

（5）安全保护装置

1）红外检测保护装置

如检测到车库进出口内有人，则车库门不动作并发出声光报警，直至进出口处无人时才开始进行存取车动作，在停电及发生故障的情况下系统能自锁保护。

2）系统故障提示

当系统出现故障时，在中央控制室的计算机上，能够实现中文故障显示。在操作手册中，每一种故障都对应故障发生原因及解决办法，技术人员可根据手册中的提示迅速排除故障。

3）安全设计

通过 PHA（基础危险分析）等安全设计，彻底消除危险因素，提高系统的可靠性。设计各类传感器及电子控制回路构筑安全运行基础。不符合运行条件时设备自动锁定（安全联锁装置），同时可大幅度增加检查维护的方便性。

4）摄像监视系统

系统在进出口处和智能搬运器上设置多个摄像头，在中央控制室里，有两个监视器可以监视系统的运行状态。发现异常情况，管理人员可以采取应急措施，这也是地下全封闭式停车库必备的安全设施。

5）远程诊断系统

通过 IDD 电话线并连接至车库的中央控制系统中。该系统能够直接从车库计算机控制系统中提取相关资料及检查车库的技术参数，并传送到维修服务中心，同时还可以将新的控制软件传送回来。设备出现故障时，系统可得到设备生产商最快和最大限度的技术支持。并对系统控制软件进行在线升级。

6）停电应急预案

为确保停车设备的正常使用，建筑内应配有双回路电源或备用发电机，当一路电源中断时，供电系统能够自动切换到另一路电源或备用发电机上。

7）多种操作模式

设备运行可采用多种操作模式，每种模式对应一种操作状态。自动模式为正常状态下使用的模式，以在车库门口的控制盒内插入停车卡、输入密码等方式进行存取车操作；半自动模式与自动模式相似，只是车库门口的控制盒无效，操作通过中央控制室内计算机的触摸屏或键盘来实现；步进模式是使用键盘来控制设备单步运行，如升降机升或降、搬运器左右横移、调转车向等自动模式不能分解完成的动作；紧急模式在遇到紧急情况或检修维护时使用，操作人员可将手提控制盒直接插接到升降机或搬运器的连接口上，实现每个设备的单独动作；转换模式是在上述模式转换后，修改计算机程序中车位存车情况。

8）20 多项保护装置

保护装置主要包括进场引导灯（红、绿灯）、停车位置确认装置、紧急停止装置、过速度保护装置、自动门光电装置、车辆升降中车门异常开启检出装置、车长宽高检知装置、终点极限开关装置、车台板定位长距离检知装置、紧急逃生门连锁装置、车台板阻车装置（及防前后滑移装置）、运转警告装置、电机欠相—反相保护装置、电力过负荷保护装置、断电制动装置、升降越程保护装置、防坠装置、制动装置、缓冲器、故障报警及运行时序监控装置、警示标语及操作说明、交通组织中规定的各项安全设施等。

2. 基于互联网和物联网的"人车位"互联互通软件技术

更好的停车体验是老百姓的需求。课题组结合近 20 年的立体车库运营、管理经验，提出基于互联网和物联网的"人车位"互联互通的智慧停车技术，实现停车位资源利用率的最大化，缓解老旧小区停车难问题。

（1）APP 客户端

用户可以通过 APP 查询车位的信息，并可预约存取车。

（2）车库控制系统

车库控制系统通过车牌识别技术获得车辆信息（是否为新能源汽车、停车频率、停车时长等），进行科学规划停车路线，提高车库的使用效率。

（3）云端管理平台

1）实现停车引导

空闲停车位引导，按兴趣点的停车引导（商户广告），根据停车频率、停车时长的大数据分析进行系统引导。

2）自动充电

通过 APP 终端征询用户的需求，需要为汽车充电时，发出指令给车库控制系统，启动充电机器人为指定的车辆进行充电，见图 26.5。

图 26.5　充电装置

3）可视化运营管理

无线组网：减少停车引导系统中的大量光缆工程，云停车支持基于 4G 或者窄带物联网（LoRA）的无线视频引导。

停车云平台还支持二维码方式的引导系统，可以进一步降低停车场的引导系统建设成本。

4）系统对接

与停车收费运营与监管平台对接，实现与停车运营与监管平台的双向数据对接，主要内容包括基础信息对接、实时信息对接、车辆照片对接、特殊车辆信息处理、欠费信息处理、补缴信息处理以及与昆山市民卡对接、与智慧交通对接、与票据系统对接、与停车卡管理系统对接等。

四、改造效果分析

（1）缓解周边既有小区停车压力

原小区停车位占地面积 $4673m^2$，但停车位区域不规则，再加上车道等因素，实际停车仅为 100 辆左右，总体停放接近于无序状态；另外，前后停放车辆交叠挡道，严重影响车辆出行，没有充电设备。

采用立体车库仅用 $1420m^2$ 建筑面积，建筑总高度不超过 12m，总车位数达到 257 个，其中机械车位 236 个，同时为了满足新能源汽车充电需求，设充电接口 62 个（＞总车数的 20%），其余车位满足加装充电设施条件，预留无线自动充电机器人系统。车库内设备噪声≤75dB，车库外夜间设备运行噪声≤45dB，可以 24h 运行，大大缓解了周围小区居民停车压力。

（2）提升既有居住区居民的停车体验

"四高"车库产品实现了人车分流、一键式停车，见图 26.6。不仅解决停车数量上的问题，同时也在停车体验上有了进一步提升，为既有小区居民提供安全、可靠、舒适、方便、快捷的停车环境。

图 26.6 车库搬运车辆过程中

五、经济性分析

老旧小区是当前城市停车难问题的"重灾区"之一，大部分老旧小区在规划设计之初没有充分考虑私人小汽车的迅猛发展，导致小区内部规划泊位严重不足，提高空间利用率、发展立体停车设施是缓解老旧小区停车难问题的必然趋势。从现有使用立体停车库的情况来看，大部分立体停车库都存在着结构复杂、安全性差、存取时间过长、使用不方便、性能不稳定等缺点。本项目基于高可靠性理论和模块化创新思想，围绕"四高"（高可靠性、高舒适度、高密度、高效率）、"五化"（人性化、立体化、绿色化、智能化、多功能化）方向，与低端机械车库或平面自走式车位相比，采用新一代高可靠性立体停车设备，智能化程度高，可节约土地空间，减少通风、照明等设施电费50%。智能机器人应用于停车行业，可以整体提高我国立体车库技术水平，为缓解目前老旧小区停车难问题提供新的解决方案。

停车设施既是装备制造业，又是城市基础设施配套，大力发展停车设施，可带动装备制造业、房地产与市政基础设施、充电桩与新能源汽车、汽车后产业、"互联网＋"、金融服务业等六大产业。其次，停车设施建设有利于惠及民生。老旧小区停车设施是完善城市功能、便利群众生活的重要设施。如果居民的停车需求不能满足，无处可停，容易激发民间纠纷，激化社会矛盾。同时，有利于提高老旧城区商业中心的活力。国内外的实践表明，停车设施的完备与否关系到相关设施，尤其是老旧城区商业设施的竞争力。项目的建成将大大缓解项目区域的停车压力，并将成为昆山地区首个高端智能机器人车库。

六、结束语

老旧小区增建停车设施也遇到了社区居民意见不统一的"邻避效应"问题。因此，一方面要鼓励社区居民组成自治组织，在居委会、街道的指导和支持下，探索议事会、基层民主协商等新机制，推动老旧小区停车设施建设落地难的困境；另一方面，可利用城市中大量的公共绿地的地下空间，建立"高效率、高可靠性、高舒适度、高密度"的全自动立体车库，不仅为周边既有居住区的居民增加了停车位，还进一步提升了既有居住区居民的停车体验，缓解当前既有居住区的停车难问题。

27　加拿大 High Park 大道 260 号教堂公寓与住宅

项目名称：加拿大 High Park 大道 260 号教堂公寓与住宅

建设地点：加拿大多伦多市

改造面积：8549.2m²

结构类型：砖混结构

改造设计时间：2018 年

改造竣工时间：2020 年

重点改造内容：围护结构改造、停车设施改造、垃圾处理、绿色改造

本文执笔：周静敏　郭翔

执笔人单位：同济大学

一、工程概况

1. 基本情况

High Park 大道 260 号公寓位于加拿大多伦多市 Annette ST. 与 High Park AVE. 交接处，区位情况见图 27.1，为新旧加建项目。基地北角原为一座现状完好的教堂，改造后，将北角教堂保留，并在教堂南侧进行居住建筑的加建。改建后，拥有地下两层停车设施，教堂及新建建筑合计 77 套共有公寓，该项目符合多伦多绿色条例的改造建设。

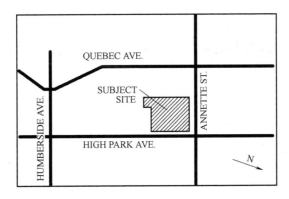

图 27.1　High Park 大道 260 号公寓区位情况（源于 Turner Fleischer，周静敏译）

2017 年起，Turner Fleischer 建筑设计公司开始进行完整的建筑改造设计，目前该项目正在建设中。改造后实景图见图 27.2。

233

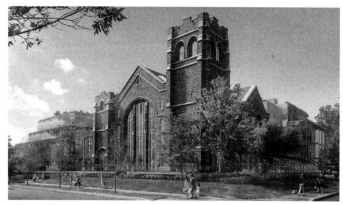

图 27.2　High Park 大道 260 号公寓改造后实景图（源于 99HOMES）

2. 存在问题

随着城市周边发展的需求，需将原来的教堂改造成为供周边居民居住的公共住区。教堂已投入使用多年，存在建筑设备老旧、室内舒适度差、建筑能耗高等问题。整个建筑的性质在改造过程中发生了转变，但现有建筑的情况并不适合变为居住建筑。另外，改造为共有公寓后，还需要解决公寓住户及周边访客的停车问题。

二、改造目标

在现有基地内，通过建筑设计手段完成预定数量的共有公寓改造，并配备充足的停车设施。同时完成旧建筑教堂的建筑更新与修复，新建建筑的体量与立面需与教堂保持风貌统一和谐，符合城市绿色建筑标准，维护市容市貌。

三、改造技术

本项目为新旧建筑更新项目，需要协调处理新旧建筑之间的关系，本项目主要通过建筑平面设计、外围护结构处理、垃圾处理设计、停车设施设计等改造手段与改造技术协作完成。

1. 外围护结构

新建部分的建筑立面与原有建筑立面进行一定区分，又在一定程度上保证和谐。在对立面进行设计的时候采用较为简洁、现代的处理方式，达到新旧"和而不同"。改造后大面积保留原教堂的立面外围护结构，对局部窗洞等细节进行了改善。

为了建筑外立面色调协调统一，新建建筑采用与原教堂建筑较为统一的材料，见图 27.3。教堂建筑主体采用红色砖材，窗户等玻璃材料采用彩色玻璃，新建建筑部分主体采用与教堂中拱肩材料相近的米黄色砖材，在窗户材料选择上采用了毛玻璃与透明玻璃的组合，见图 27.4。

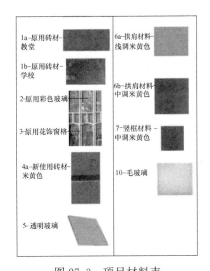

图 27.3　项目材料表

（源于 Turner Fleischer，周静敏译）

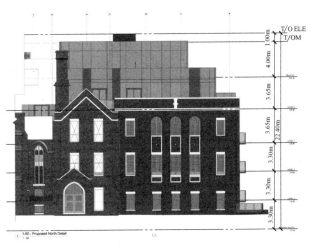

图 27.4　立面上的材质应用

（源于 Turner Fleischer，周静敏译）

　　根据多伦多城市"鸟类友好性指导守则"规定，项目整体外围护考虑了鸟类友好型设计，对立面材料、表面处理等进行了细节处理，见图 27.5。

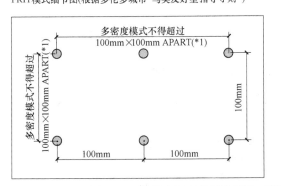

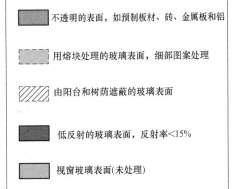

图 27.5　鸟类友好型外围护设计（源于 Turner Fleischer，周静敏译）

其中东立面的处理细节如下所示：

（1）不透明立面

建筑东立面共计 541.6m² 的垂直立面在飞鸟友好区域内，其中有 68.9%（373.0m²）的立面由不透明表面构成，如预制板材、砖、金属板等。

（2）玻璃立面

建筑立面位于飞鸟友好区内，168.6m² 是光滑的表面。其中表面积中，12.8%由阳台、树冠等遮蔽，14.1%用于拱肩，61.4%是彩釉玻璃立面，11.7%没有做任何处理，具体详见表27.1。

鸟类友好型外围护设计 （来源于 Turner Fleischer，周静敏译）			表 27.1
立面表面	面积/m²	在垂直立面中的占比/%	在处理立面中的占比/%
不透明立面	373	68.9	0
彩釉玻璃立面	103	19.1	61.4
光滑遮光立面	21.6	4.0	12.8
光滑立面-拱肩玻璃	23.9	4.4	14.1
光滑立面（未处理）	19.6	3.6	11.7
总计	541.6	100	100

2. 垃圾处理设计

根据多伦多绿色标准及市容市貌管理规定，本项目还对垃圾处理空间进行了设计，见图27.6。对建筑内货物与垃圾运输提供专用空间；同时制定《居民固体垃圾管理细则》与《垃圾管理计算方法》，居民需按规定进行日常垃圾处理，详见表27.2。

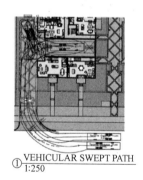
① VEHICULAR SWEPT PATH
1:250

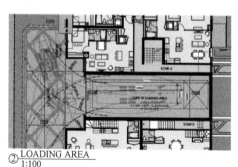
② LOADING AREA
1:100

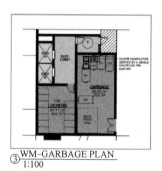
③ WM–GARBAGE PLAN
1:100

图 27.6　垃圾处理装卸空间平面图 （源于 Turner Fleischer，周静敏译）

多伦多《居民固体垃圾管理细则》与《垃圾管理计算方法》

（来源于 Turner Fleischer，周静敏译）　　　　表 27.2

居民固体垃圾管理细则

1. 所有供垃圾回收车辆进入的道路必须位于地面标高上（允许偏差为＋/－8%），其在场地内的宽度至少为 4.5m，在出入口处的宽度至少为 6m，同时道路上方的净空高度至少为 4.4m，以便车辆穿越大门。

2. G 型装载场地需用至少 200mm 厚的加强混凝土建造并且位于地面标高上（允许偏差为＋/－2%），其最小宽度为 4m，最小长度为 13m，上部净空至少为 6.1m。

3. 场地内应部署一名受过训练的工作人员来为回收车辆的司机搬运垃圾桶,同时该人员还应当在卡车倒车时为其提供指引。如果回收车辆到达场地时,工作人员没有按时出现,那么回收车辆会直接离开场地直到下个计划回收日才会返回。

4. 有关 G 型装载场地的共享——居民如果想在搬家时使用场地,应该避免和垃圾搬运的时间冲突。如果商业机构想要使用场地,其应当安排好时间,避免同居民使用的时间相冲突。

5. 在有偿垃圾回收服务开始前,需要提交给市政府一封由专业工程师认证的信件,以保证在任何情况下建筑和场地的结构能安全承载一辆满载的垃圾回收车(35000kg),同时还应遵守以下条例:

i. 设计守则——安塔瑞省(ONTARIO)建筑守则;

ii. 设计荷载——附加建筑守则中有关城市大型物件搬运车辆的要求;

iii. 冲击系数——车速小于 15km/h 时采用 5% 的冲击系数,如果车速更高的话则采取 30%。

6. 私人承商必须收集所有来自零售部门的固体垃圾。

7. 如有必要,垃圾桶可以在回收那天移动。工作人员应当在固体垃圾收集时搬运垃圾桶,同时所需的等候区域应该尽可能地靠近装载区域,以避免延误。

8. 紧邻 G 型装载区域前部的等候区,其面积不应小于 5m²,上方净空高度不应小于 6.1m,位于地面标高(允许偏差为 +/−2%),同时其建造材料应当为厚度不少于 200mm 的加强混凝土。

垃圾管理计算方法

所需垃圾储藏面积:	所需垃圾桶数量:
=起始 50 个单元的 25m²	所需废物垃圾桶:
+每增加 50 个单元就增加 13m²	=每 50 个单元设 1 个
+最小 10m² 大型物件储藏面积	=77/50
	=1.54(取整)
	=2 个
设计建筑共有 77 个单元:	
77−50=27	所需可回收垃圾桶:
19/50=0.54(取整)=1(13m²)	=每 50 个单元设 1 个
	=77/50
	=1.54(取整)
设计建筑所需的面积:	=2 个
=25m²+13m²+10m²(大型物件)	
=48m²	
所需面积为 48m²	所需有机垃圾桶:
	=每 100 单元设置 1 个
提供面积=65.52m²	=77/100
	=0.77(取整)
	=1 个
	设计建筑所需的所有垃圾桶数量
	=2 废物+2 可回收+1 有机
	=5 个
	所提供垃圾桶的总数=5 个

所需暂存区域面积：	所需的装载场地：
考虑到 G 型装载场地，暂存区域所需面积会依照单元数的变化而变化。因此，所以当单元数超过 50 个时，每超出 50 个就需要 5m² 的面积。	当居住单元数位于 31～399 这一区间时，需设置一个装载场地(13×4m)，同时需要保证至少 6.1m 的净空高度。(居民垃圾搬运和搬家公用)
暂存区域区域面积：	所提供的装载场地：
＝77 个单元－50	G 型
＝27/50	
＝0.54(取整)＝1	
＝1×5m²	
＝5m²	
所提供的暂存区域面积＝14m²	

3. 停车设施设计

按当地规范，共需汽车位 91 个，其中无障碍车位 4 个；建筑实际提供汽车位达到要求，其中地下一层 31 个，地下二层 60 个。共需自行车位 77 个，建筑实际提供自行车位 77 个，其中地下一层 69 个，首层 8 个，详见表 27.3～表 27.5。

汽车停车供需表　　　　表 27.3

（城市汽车停车比例参照 *CITY OF TORONTO ZONING BY-LAW* 569-2013）

	使用者	比例	单元数	车位数
车位需求		最小值		最小值
	访客	0.2/单元	77	161
	B & 1B+D 单元	0.9/单元	30	27
	2B & 2B+D 单元	1.0/单元	43	43
	3B & 3B+D 单元	1.2/单元	4	5
	所有居民需求			75
	所有居民和访客需求			91
车位供给	使用层级	使用者		车位数
		U/G 1	U/G 2	
	访客	16	0	16
	居民	15	60	75
	总供给	31	60	91

自行车停车供需表　　　　表 27.4

（城市自行车停车比例参照 *CITY OF TORONTO ZONING BY-LAW* 569-2013，*SECTION* 230.5.10.1 (5) (A)）

	使用者	长期		短期		数量
车位需求		比例	数量	比例	数量	
	居民	0.9/单元	69	0.1/单元	8	77
	总需求	69		8		77

续表

车位供给	使用层级	长期		短期		数量
	U/G 1	水平	60	水平	0	60
		垂直	9	垂直	0	9
	FLOOR 1	水平	0	水平	8	8
		垂直	0	垂直	0	0
	小计		69		8	77

无障碍停车供需表　　　　　　　表 27.5

（城市无障碍停车比例参照 *CITY OF TORONTO ZONING BY-LAW* 569-2013）

车位需求	使用者	所需停车位数量	比例	所需无障碍停车位数量
	居民和访客	91	每 25 个停车位设置一个	4
车位供给	使用层级	使用者		总计
		U/G 1	U/G 2	
	访客	2	0	2
	居民	0	2	2
	总供给	2	2	4

四、改造效果分析

1. 建筑功能

改造前的建筑功能为教堂与公共活动空间，改造后为新型居住空间。

在改造中建筑的平面形态，由原始的单一矩形改造为由新老建筑共同组成的"C"字形，不仅将建筑所在场地充分利用，同时也实现了新老建筑的新型围合关系，弱化了建筑改造项目中常见的新旧冲突矛盾。同时通过在原始建筑内部置入楼层，建筑对外空间改造等手段，满足功能面积要求的同时，创造了房间类型的差异化，解决了集合住宅居住单元形式单一化的矛盾。

2. 外部空间

改造后对原始建筑的风貌进行了保留与突出。

项目对原始建筑的外部形态处理方式，遵循"尊重历史、承接时代"的原则。教堂的立面风貌、造型、材质均得到了修缮与保存，烘托历史印记。而在新旧关系方面，新建筑则在立面材质与色彩上对老建筑进行了呼应，同时在体量上进行了高度、宽度上的控制，实现了沿街主立面的新旧和谐。除此之外，立面上采用了大体量、重复性强的简易几何元素，秉承当代建筑审美的同时，也对繁杂精致的原始建筑进行了衬托。

3. 绿色建筑

改造后的相关经济指标满足《多伦多绿色标准 2.0 版》的要求。具体的指标内容包括：室外停车场地、各类型停车与服务设施、垃圾回收储藏空间等配置，各个项目的指标配置均满足当地规范要求，尤其是在垃圾回收储存方面，面积超过建议值的30%以上，详见表27.6。

同时在城市热岛效应缩减方面，该项目设置了面积可观的硬景观与绿色屋顶；并通过布置超过标准面积要求的景观，来满足建筑的保水性。且项目在城市森林的遮阴面积、自然栖息地的景观植物种类、对鸟类友好的玻璃面等方面均满足了标准要求。这些做法实现了建筑与环境的友好与和谐关系。

High Park 大道 260 号公寓绿色标准统计表（来源于 Turner Fleischer，周静敏译）表 27.6

多伦多绿色标准统计表

基本信息	
所有可见楼层面积	8467.3m^2
不同功能组成的面积	
居住	7431.6m^2
零售	无
商业	无
工业	无
慈善/其他	无
居住单元总数(仅限居住功能)	77

第一部分：对独立分区规划和场地控制的意见

停车设施	需求数量	设计数量	设计数量占比(%)
停车位数量	91	91	
为未来电动车提供的停车位数量	无	无	
优先停车位数量：针对 LEV、拼车、共享汽车(慈善性/商业性)	无	无	
环境设施	需求数量	设计数量	设计数量占比(%)
长期自行车停车位数量(居民用)	69	69	
长期自行车停车位数量(其他使用者)	无	无	
长期自行车停车位数量(居民用和其他使用者)位于：			
a)建筑一层		0	
b)建筑二层		0	
c)地下一层(请表示自行车停车场所占净面积占楼层面积的百分比)		72	
d)地下二层(请表示自行车停车场所占净面积占楼层面积的百分比)		0	
e)其他地下楼层(请表示自行车停车场所占净面积占楼层面积的百分比)	0		
短期自行车停车位数量(居民用)	8	8	
短期自行车停车位数量(其他使用者)	无	无	
男用淋浴和更衣设施数量(非居民使用)	无	无	

续表

停车设施	需求数量	设计数量	设计数量占比(%)
女用淋浴和更衣设施数量(非居民使用)	无	无	
垃圾回收储藏空间	需求面积	设计面积	设计面积占比(%)
垃圾储藏室面积(居民使用)(m²)	48.0	65.5	

第二部分：对于场地控制的意见

城市热岛效应与缩减:地面	需求面积	设计面积	设计面积占比(%)
非屋顶硬质景观面积(m²)		839.2	
被作为城市热岛非屋顶硬质景观面积(最少50%)(m²和%)			
非屋顶硬质景观面积构成(请标明面积和占比):			
a)高反射率材料		839.2	
b)开放网架步行道			
c)树荫遮挡			
d)太阳能板结构遮挡			
有遮阳的汽车停车位占比(最小50%)			
城市热岛效应与缩减:屋顶	需求面积	设计面积	设计面积占比(%)
可用屋顶面积(m²)			
可作为绿色屋顶的面积(m²和%)		346.4	
可作为冷却屋顶的面积(m²和%)			
保水性	需求面积	设计面积	设计面积占比(%)
景观总面积(m²)		4872.9	
耐旱植物种植面积及占比(最少50%)(m²和%)	806	824.3	51
城市森林:增大遮阴面积	需求面积	设计面积	设计面积占比(%)
场地总面积(m²)		4872.9	
种植树木数量	30	98	
地面停车位数量			
地面停车场内的遮阴树木数量			
自然栖息地:场地	需求数量	设计数量	设计数量占比(%)
种植植被物种总数		23	
种植植被中本物种数量和占比(最少50%)	12	14	61
对鸟类友好的玻璃面	需求面积	设计面积	设计面积占比(%)
12m以下光滑立面的面积(包括栏杆扶手)			
处理过的光滑立面面积			
处理过的12m以下光滑立面占比			
a)低反射率透明材料			
b)视觉标志			
c)遮阳			
垃圾回收储藏空间	需求面积	设计面积	设计面积占比(%)
为大型和其他垃圾设置的垃圾储藏区域(m²)	10	10	

本项目在改造时非常注重生态友好性，采用了多种技术手段，包括高性能的围护结构、对鸟类友好的外立面材质、减少城市热岛效应的设计方法等。综合来看，本项目在经济性上的优势主要体现在可以降低整个城市在环境保护方面的开支。

五、结束语

随着城市进程的发展与变化，城市与社区中的历史建筑会经历不同的生命历程，需要在各方面进行与需求相匹配的更新迭代。如何将历史建筑合理、巧妙、友好地改造为城市生活中的人群所使用与利用，一直都是建筑改造重心。

High Park 大道 260 号公寓改造项目将教堂建筑改造成为周边居民日常使用的居住公寓与活动中心，在新旧建筑改造与更新设计方面具有一定示范性与指导性。在改造过程中，设计师充分利用场地与建筑的潜能，通过设计手段，不仅保证了公寓改造数量与充足的停车设施，还完成了对教堂建筑的更新与修复。同时，项目通过多项改造技术，严格参考并满足多伦多绿色标准条例，对环境设施、城市热岛效应、保水性、城市林荫面、自然栖息地、鸟类友好型、垃圾回收及储藏等方面进行了相关技术改造，为未来同类型建筑的改造提供了很好的参考。

28　新加坡裕华组屋

项目名称：新加坡裕华组屋

建设地点：新加坡裕廊东 21 街

改造面积：508100m²

结构类型：钢筋混凝土

改造设计时间：2012 年

改造竣工时间：2015 年

重点改造内容：绿色改造、功能提升

本文执笔：刘少瑜　宋易凡

执笔人单位：新加坡国立大学

一、工程概况

1. 基本情况

新加坡裕华组屋位于新加坡裕廊东 21 街，建于 1982 年到 1985 年之间，至今已有 30 多年。被改造的组屋共 38 栋，居户共计 3200 户。项目的总平面图及鸟瞰图等，见图 28.1～图 28.3。

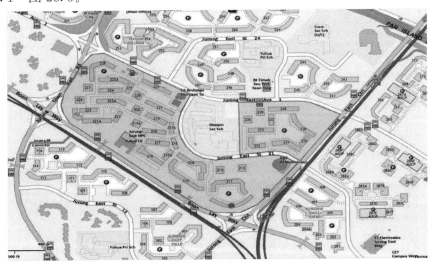

图 28.1　裕华组屋改造项目总平面图

图 28.2　裕华组屋改造项目鸟瞰图

图 28.3　裕华 209 号组屋

2. 存在问题

（1）建筑功能简单：老旧组屋舒适性差、能耗高，主要体现在裸露屋顶和东西立面等；Void deck（地面层）公共空间没有得到合理利用；未在重要位置安装监控设备；未设置自行车停车位；居民常把自行车停在公共走廊，易被盗窃且影响通行，危及安全。

（2）基础设施老化：废物运输系统不通畅，常有废物溢出造成恶臭弥漫，易滋生害虫；环境质量较差，建筑绿化较少或没有；未考虑自行车相关设施，无自行车道；组屋区的步道不便捷，居民需花费较长时间绕出组屋区；部分居民行走在车道旁边，危及安全。

（3）公共配套设施不完善：居民休闲场所多为简陋的座椅；公共照明效果不佳，给居民出入造成不便，且不节能。

以上多方面问题都与新加坡绿色建筑标准产生矛盾。在"绿化全国 80％建筑"目标的督促下，既有老旧组屋必须通过改造紧跟时代。

二、改造目标

裕华组屋绿色家园计划试点项目旨在满足绿色建筑标准指标，即能源效率、用水效率、可持续经营与管理、社区和幸福。换言之，就是将传统新加坡政府组屋区改造成绿色建筑、绿色邻里、绿色社区。

三、改造技术

1. 建筑

（1）绿色出行

28 栋组屋的 Void deck（地面层）设有双层自行车停车架，见图 28.4、图 28.5，共计 133 套双层自行车停车架，266 个自行车停车位。该设施供两辆自行车共同使用同一个空间，停车区统一安装了监控设施，不仅优化空间，还减少盗窃现象的发生，创造更整洁和安全的地面层走廊。

图 28.4　双层自行车停车架（2018 年 8 月拍摄）

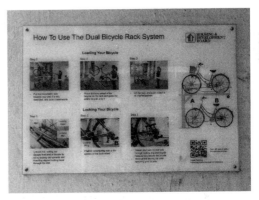

图 28.5　双层自行车停车架使用指南
（2018 年 8 月拍摄）

在实施过程中，建屋发展局向居民进行了咨询。在考虑地面层各种功能区的相互竞争关系后，建屋发展局、当地市镇委员会和裕华居民共同确定了双层自行车停车架的安装位置。除此之外，沿裕廊东 21 街新建设的自行车道和步道为居民提供更便捷的交通网络。两者都旨在鼓励当地居民绿色出行。

另外，值得一提的是新加坡组屋独具特色的 Void deck（地面层）。此层不建房、不住人，除了电梯、楼梯间、供电供水等设备房之外，其余部分是空闲的半开放空间，没有墙只有柱子，这也是为何建屋发展局称之为 Void（空虚、虚拟）deck（甲板、平台）。此建筑模式能很好地适应热带雨林气候，防止高温高湿条件下地面层的大水漫灌、潮湿霉变，同时给居民游憩或行人通过提供了遮阳避雨的庇护所。

（2）强化绿化

裕华组屋区中有 9 栋房屋屋面被改造成绿色屋顶，见图 28.6。223 号组屋的东西向外墙被改装成立体绿化，见图 28.7。

图 28.6　237 号组屋绿色屋顶
（2018 年 8 月拍摄）

图 28.7　223 号组屋立体绿化

2. 给水排水

雨水收集系统安装于 17 栋组屋的地面层。雨水被收集到组屋地面层的储蓄罐，以备公共走廊冲洗和景观灌溉，见图 28.8。

图 28.8　雨水收集系统储蓄罐（左）和取水口（右）（2018 年 8 月拍摄）

3. 电气

裕华组屋区共 38 栋组屋，其中有 9 栋屋顶改造为绿色屋顶，其余 29 栋组屋屋顶则安装太阳能光伏发电系统，将自然太阳光转换为太阳能后运用于电梯、走廊和楼梯的照明，见图 28.9。

3 个露天停车场和车道的既有户外路灯以节能 LED 路灯替代，不仅减少了至少 50％的能源消耗，还增加了停车区域和车道的明亮度，使居民出行更安全，见图 28.10。而 LED 导管照明系统均匀分布在公共走廊中，采用单一光源和有效的光管理技术，提高光传输效率，达到舒适的光均匀度。公共走廊的 LED 导管照明系统共降低 8％的能耗。

图 28.9   太阳能光伏发电系统（2018 年 8 月拍摄）

图 28.10   节能 LED 路灯（2018 年 8 月拍摄）

4. 电梯

16 栋组屋中共 38 部电梯安装电梯能源再生系统。当电梯轿厢重载下降或轻载上升时，会产生势能，再生驱动器能回收这种能量并将其转化为电能，在不影响正常操作的情况下可重复利用该能源，将其用于电梯照明灯等电梯内的其他服务。

5. 运营管理

裕华组屋区总计 38 栋组屋都安装气动废物输送系统，这是新加坡建屋发展局第一次在成熟的房地产上安装自动废物收集系统。其地下管道网络跨越约 4.6km。输送流程见图 28.11，详细内容如下：

（1）滑槽：废物被扔进家用滑槽；改造期间不需要修改滑槽。

（2）排放阀：废物最终将落在组屋底部的废物箱里，当废物箱装满时，传感器将指示阀门打开并将废物丢入地下管道。

（3）气动管道：废物随后通过空气抽吸被运输到该区域的集中式废物箱中心，传输速度为 50km/h 至 80km/h，整个过程耗时不到 1min。

（4）回收：居民可从室外公共投放口投掷可回收废物，该入口也与系统相连。

（5）进气口：改造项目一共有 18 个进气口，允许空气进入地下管网，从而实现沿管道的顺畅气流，见图 28.12。

（6）旋风分离器：废物到达集中式废物箱中心时被旋风器吸入，在那里与运输空气分离后掉入下面的压实机，与此同时运输空气流入另一个管道。

（7）抽风机：离心式风扇，可驱动管网中的气流。

（8）空气过滤器：空气通过过滤器除去灰尘颗粒和异味，然后被释放回环境中。

（9）废物储存：当压实机检测到废物含量已达到一定水平时，它将压缩废物并将其推入密封容器箱中，每箱可容纳 10t 废物。这些容器箱最后被卡车运往焚烧厂。普通废物和可回收废物分开存放。

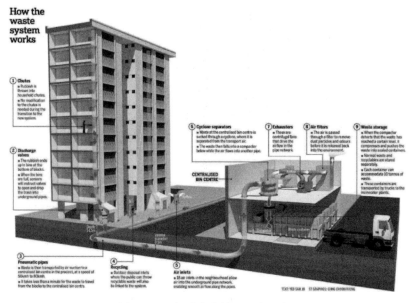

图 28.11　气动废物输送系统示意图

6. 社区参与

2013 年，新加坡建屋发展局首次启动 100 万新元绿色社区基金来支持和资助公众对绿色家园计划中解决方案的创新性开发。解决方案必须做到节水、节电、提高回收率以及创造舒适热环境。裕华组屋区获得绿色社区基金资助的项目细节如下。

（1）爱好农业区

社区农业系统的独特之处在于使用如聚苯乙烯泡沫塑料盒等可回收材料作为种植容器，使用大豆、咖啡等废料作为种植肥料。绿色社区基金获奖者 Ronnie Chew 先生

图 28.12　气动废物输送系统室外公共投放口（左）和进气口（右）

（2018 年 8 月拍摄）

举办了相关农业课程和讲座，给当地居民展示更多的可持续城市农业方法。例如，Chew 先生自己发明的堆叠发泡胶盒分上下两部分，植物被栽培在上方装满土的容器，植物根系通过该容器底部独特的圆孔往下生长，垂在下方的水床中。该技术被同样运用在另一个非常著名的新加坡医院建筑"邱德拔医院"的屋顶农业园上。社区农业系统激励居民拥有自己的邻里关系，从而增加社会凝聚力。裕华的爱好农业区位于临近 Shuqun 中学的 232 号组屋既有社区花园，临近裕华社区俱乐部的 217 号组屋既有社区花园，以及居民委员会中心的 223A 号组屋既有社区花园。裕华改造项目竣工时已有 41 名居民参与"爱好农业"的活动。

（2）社区迷你公园

在组屋地面层设有 parklets（迷你公园），作为人行道的延伸空间。即使在雷雨、高温等恶劣气候条件下，迷你公园也能给居民提供放松和交流的机会，通过提供此类的绿色互动空间，有助于促进社会凝聚力和社区结合。裕华改造项目竣工时已有 11 名居民志愿者维持 218 号和 229 号组屋的两个迷你公园，见图 28.13。

图 28.13　社区迷你公园

（3）社区参与计划

社区外展与参与计划包括专家对话、实地参观、生态学习之旅等活动，旨在教育居民推广裕华的生态特色，鼓励绿色生活方式。

四、改造效果分析

裕华组屋绿色家园计划试点项目旨在创造更清洁、更绿色、更美好的人居环境。

（1）自动和密闭的气动废物输送系统利用地下管网高速抽吸将废物传输至指定终端。整个废物收集过程是自动化的，能减少 70％垃圾收集人力需求，减少害虫滋扰和废物溢出等问题，为居民提供更清洁、更环保的生活环境。

（2）强化绿化策略如绿色屋顶使屋顶表面温度降低高达 15℃，立体绿化使墙体表面温度降低高达 5℃。由此可以看出强化绿化对建筑降温有着明显的效果，给居民提供了更加凉爽怡人的人居环境。此外，植物本身也可降低太阳的眩光，对周边高层居民起到视觉缓解的效果。

（3）优化后的人行道和自行车道具有更强的连通性，以及地面层的双层自行车停车架帮助居民更加方便地出行，促进绿色出行和更健康的生活方式。

（4）绿色社区组织各种活动来提高居民的环保意识和鼓励绿色生活，譬如社区农业系统、社区园艺、生态学习之旅等，不仅起到环保教育作用，也促进居民交流。凭借以上一系列的绿色策略，裕华组屋区从基本需求（废物管理）和舒适物理环境（强化绿化），到健康生活方式（人行道，自行车道和停车设施）和社会凝聚力（社会激励计划），实现了物质和精神两个层面的绿色发展。

五、经济性分析

裕华组屋绿色家园计划试点项目耗资 2300 万新元。同时，该项目节能节水的绿色效果也非常可观。38 部电梯能量再生系统比传统电梯，节省 20％的能源。将公共区域既有照明灯替换成节能 LED 路灯和走廊 LED 导管照明系统降低至少 58％的能耗。此外，电梯和公共区域照明现由太阳能光伏发电系统提供动，每年产生的太阳能约为 1.36GW 时，相当于 280 户四室家庭的供电量。除节能策略外，还有节水策略如雨水收集系统。该系统每年可节省多达 1700m³ 的水用于公共走廊清洗，相当于 94 户四室家庭的每月用水量。根据 2016 年绿色标志评奖公布，整个裕华改造项目预计节能量为 2310718kWh/a，预计节水量为 1700m³/年，体现了节能节水的绿色概念，使有限的资源能够在长期内被更可持续地利用。

六、结束语

裕华组屋区被改造为绿色社区，是绿色家园计划的第一个试点区。为了表彰绿色先行的有效性，裕华于 2016 年获得既有居住建筑绿色标志白金奖，这是建设局绿色标志计划下的最高荣誉。该项目在绿色家园计划和绿色标志计划中的显著地位证明了它的成功。正如新加坡建屋发展局首席执行官 Cheong Koon Hean 博士所说："随着绿色家园计划的完成，裕华给我们居民带来更多的绿色和可持续生活。他们如今享受更洁净、绿色环保、舒适愉悦的人居环境"，还有新加坡建设局技术发展总监 Ang Kian Seng 先生所述："我们还将把绿色家园计划扩展到德义组屋区，以便更多居民可以从这些举措中受益。建屋发展局将继续致力于通过改善居民生活的可持续举措，使每个城镇更宜居"。新加坡政府在积极推动绿色建筑以实现保护环境的层面上，尤其追求建立居住者的个人绿色精神，以及培养人与绿色之间的互动关系，达到绿色建筑在硬件和软件上的双重可持续发展，充分体现新加坡绿色建筑运动的蓬勃活力。

参考文献

[1]　United Nations Environment Program. Energy and cities: sustainable building and construction [EB/OL]. http://www. unep. or. jp/ietc/focus/EnergyCities1. asp, 2016.

[2]　Hwang B G, Zhao X, Tan L L G. Green building projects: schedule performance, influential factors and solutions [J]. Engineering, Construction and Architectural Management, 2015, 22 (3): 327-346.

[3]　Hwang B G, Shan M, Phua H, etc. An exploratory analysis of risks in green residential building construction projects: The case of Singapore [J]. Sustainability, 2017, 9 (7): 1116.

[4]　Building and Construction Authority. 3rd green building masterplan [EB/OL]. Singapore: BCA, 2014.

[5]　Building and Construction Authority. $100 million green mark incentive scheme for existing buildings (GMIS-EB) [EB/OL]. https://www. bca. gov. sg/GreenMark/gmiseb. html, 2018.

[6]　Building and Construction Authority. Enhanced $20 million green mark incentive scheme for new buildings (GMIS-NB) [EB/OL]. https://www. bca. gov. sg/greenmark/gmis. html, 2017.

[7]　Agarwal S, Satyanarain R, Sing T F, etc. Effects of construction activities on residential electricity consumption: evidence from Singapore's public housing estates [J]. Energy Economics, 2016, 55: 101-111.

[8]　Building and Construction Authority. BCA awards 2011 [EB/OL]. Singapore: BCA, 2011.

[9]　BCA green mark for existing residential buildings v1. 0. BCA green mark for existing residential buildings [S]. Singapore: BCA, 2011.

[10]　Housing & Development Board. HDB greenprint [EB/OL]. https://www. hdb. gov. sg/cs/infoweb/about-us/our-role/smart-and-sustainable-living/hdb-greenprint, 2018.

[11]　Housing & Development Board. Punggol eco-town [EB/OL]. https://www. hdb. gov. sg/cs/infoweb/about-us/our-role/smart-and-sustainable-living/punggol-eco-town, 2016.

[12]　BCA green mark for existing residential buildings v1. 1. BCA green mark for existing residential buildings [S]. Singapore: BCA, 2015.

[13]　Housing & Development Board. Greenery [EB/OL]. https://www. hdb. gov. sg/cs/infoweb/about-us/our-role/smart-and-sustainable-living/hdb-greenprint/greenery, 2018.

[14]　Hua Bao. Void deck-新加坡故事 [EB/OL]. https://leopardsg. wordpress. com/2010/10/04/void-deck-%E6%96%B0%E5%8A%A0%E5%9D%A1%E6%95%85%E4%BA%8B/, 2010.

[15]　Jo Y S. Less odour with Yuhua's automated waste collection system [EB/OL]. http://ifonlysingaporeans.

blogspot. com/2015/06/less-odour-with-yuhuas-automated-waste. html，2015.

[16] Housing & Development Board. ANNEX - greenprint @ yuhua initiatives [EB/OL]. Singapore：HDB，2015.

[17] Zachariah N A. Green spaces at the Khoo Teck Puat hospital and Singapore flyer bring on the smiles [EB/OL]. https://www. ktph. com. sg/mobile/news _ details/89，2013.

[18] Housing & Development Board. Yuhua residents first to benefit from sustainable features with completion of HDB greenprint [EB/OL]. https://www. hdb. gov. sg/cs/infoweb/press-release/yuhua-residents-first-to-bene-fit-from-sustainable-features，2015.

[19] Building and Construction Authority. BCA awards 2016 [EB/OL]. Singapore：BCA，2016.

[20] Bon-Gang Hwang，Ming Shan，Sijia Xie，Seokho Chi. Investigating residents' perceptions of green retrofit program in mature residential estates：the case of Singapore [J]. Habitat International，62：103-112，2017.

[21] AUSKO PTE LTD. HDB introduces new pneumatic waste conveyance system in yuhua [EB/OL]. http://aus-kogroup. com/hdb-introduces-new-pneumatic-waste-conveyance-system-in-yuhua/，2018.

[22] Jessica Cheam. Lee Kuan Yew：The man who guided Singapore from slum to eco-city [EB/OL]. http://www. eco-business. com/news/lee-kuan-yew-the-man-who-guided-singapore-from-slum-to-eco-city/，2015.

第六篇　综 合 改 造

29 哈尔滨市道里区共乐、安红（福乐湾）小区

项目名称：哈尔滨市道里区共乐、安红（福乐湾）小区

建设地点：哈尔滨市道里区

改造面积：312236.31m²

结构类型：砖混结构

改造设计时间：2019 年

改造竣工时间：2020 年

重点改造内容：安全改造、环境改造、节能改造、适老化改造、功能提升等综合改造

本文执笔：陈昭明

执笔人单位：哈尔滨圣明节能技术有限责任公司

一、工程概况

1. 基本情况

共乐、安红（福乐湾）小区具有建筑间距小、人口密度大、老年人口居住比例高等老旧小区的典型特征。该小区建于 20 世纪 90 年代末，位于哈尔滨市道里区新阳路、哈药路、民安街、安红街的围合区域，周围交通便利，地理位置优越。区域内共计 67 栋住宅，住宅为砖混结构，总建筑面积约 31.2 万 m²，庭院面积 5.5 万 m²，占地约 20.52 万 m²。

本次改造提升内容主要包括结构加固、增设安防设施等安全改造，住宅单元门及楼梯间粉刷、楼梯间栏杆扶手及踏步维修、室外台阶及散水维修、庭院环境绿化及路面改造、照明及外挂线整治等环境改造，屋面保温防水改造、外墙外保温改造、外窗和单元门更换等节能改造，无障碍设计、增设配套养老服务设施、加装电梯等适老化改造，以及增设自助快递收件柜、增建垃圾分类收集点等功能提升。改造周期为 2019 年 7 月至 2020 年 10 月。

2. 存在问题

该小区多数住宅外墙皮脱落，围护结构破损严重，存在安全隐患；生活垃圾乱堆乱放，环境质量差；绿化覆盖率低，多为硬质铺装，绿化系统不完善；车行道路面破

损严重，高低起伏，排水困难；小区内休闲设施陈旧、单一，凉亭、健身器材等设施利用率低；缺少停车场，车辆随处停放，管理混乱，道路拥挤。小区现状见图 29.1。

图 29.1　共乐、安红（福乐湾）小区现状

二、改造目标

（1）城市风貌统一

老旧小区改造要在保留其风貌的基础上进行。哈尔滨市的城市风貌改造要重点挖掘或找回哈尔滨特有的地域特色、建筑风格等"基因"，从而提升市民复兴城市文化的信心，特从以下三个角度对城市风貌进行改造。

① 城市色彩选择

城市色彩是城市面貌最直接的表现，城市建筑是城市色彩最直接的载体。城市色彩对于城市文化的继承与发扬具有重要作用。哈尔滨为温带大陆性季风气候，冬长夏短，冬季严寒、日照短，夏季凉爽。因此，楼房立面改造时色彩以暖色调为主，暖色调在冬天给人以温暖之感，在夏天则给人以清新之感。

② 建筑形式改造

哈尔滨四季分明、温差大，季风带来破坏性的风沙，加快了建筑物的陈旧速度。因此，住宅建筑外立面改造应坚持简洁、平整、对称的原则，尽量避免在建筑添加过多对于细节方面的雕琢。同时，结合哈尔滨城市特点，在沿街商铺改造时应用欧式建筑元素，如拱券、坡顶、虎窗、角楼尖塔等；结合座椅、遮阳棚等形成丰富的过渡空间，为使用者提供多角度的景观，使室内外空间的联系和渗透更加自然。楼房立面改造前后见图 29.2，沿街招牌设计效果见图 29.3。

图 29.2　楼房立面改造前后对比

图 29.3　沿街招牌

③ 景观节点改造

哈尔滨历史文化丰富，城市精神独特，在改造过程中紧扣城市冰雪文化、抗战文化、建筑文化，将图形、文字、色彩等信息融入景墙、路灯、垃圾桶等景观小品中，使其兼具实用性和艺术性。在满足居民基本生活需求的基础上，加深人们对传统文化的记忆，重点突出城市特色，增强公众对保护文化遗产的参与度，提升市民的文化自信，对外来游客也能够起到宣传城市的作用。

（2）居住环境改善

针对共乐、安红（福乐湾）小区楼房建造年限长、基础设施严重老化、下水管道经常堵塞、路面坑洼不平等问题进行综合改造，全面改善老旧小区居住环境。主要包含：依据城市风貌改造建筑本体、改善下水管线设施、美化小区环境、增加道路停车位、增设安防监控设备等。

（3）生活品质提升

针对有较大庭院空间或闲置建筑的老旧小区，对其进行更深层次的品质提升，如进行无障碍改造、增设便民服务建筑或设施、搭建社区智慧平台等，形成一个有归属感、舒适感和未来感的社区，旨在为老旧小区综合改造提供系统性和可操作的样板。

三、改造技术

1. 安全改造

（1）结构安全改造

共乐、安红（福乐湾）小区建筑由于先天因素（如设计问题、施工缺陷）、环境因素（如技术经济变化、抗震设防标准提高、材料老化失效）、人为因素（如使用功能变化）等诸多原因，既有建筑结构的安全性和可靠性降低。本项目主要对小区建筑安全性能不足的结构构件进行加固补强处理，具体如下：

拆除原有结构外墙层间处仅为填充作用的墙体，拆除后可减少部分墙体荷载且不会改变原有结构体系，传力路径仍然清晰完整，竖向荷载传递路径仍为板-承重墙体-基础。该部分改造不会对原结构产生不利影响。

改造中拆除原结构外墙层间处墙体，并增设两处钢梁及 80mm 厚混凝土板。经计算，外墙基础荷载较原有外墙基础荷载增加约 5%，基础新增荷载所占基础总荷载比例较小。考虑到建筑建造年代久远，地基在建筑物荷载作用下趋于稳定，地基承载力会有一定程度的提高，新增荷载不会对原结构产生不利影响。

新增外挂电梯会在与原结构连接处产生水平力。选取结构及构件自重标准值和各可变荷载代表值，作为建筑的重力荷载代表值。结构及构件自重标准值及楼面活荷载代表值总计约 668kN，雪荷载代表值为 0.25kN，新增水平力约为 13kN，相关范围的基础荷载见图 29.4。新增水平力在重力荷载代表值中所占比例极小，仅为 2%。而且建筑改造范围的横、纵承重墙体均可作为抗震墙使用，抗震性能较好，原结构抗震体系完整。本次改造新增水平力不会对原结构产生不利影响。

本次改造后结构体系无变化，传力路径清晰完整可靠，拆除外墙层间处墙体可减少部分墙体的荷载，洞口改造不会对原结构产生不利影响；基础新增荷载所占基础总荷载比例较小，新增荷载不会对原结构产生不利影响；新增水平力在重力荷载代表值中所占比例极小，且原结构抗震体系完整，新增水平力不会对原结构产生不利影响。

（2）安防安全改造

在物业中心设置主机、汇聚网络交换机。将各区域 POE 交换机引至汇聚网络交换机，交换机连接至管理主机。主机内置管理平台，将主要区域划分为 9 宫格，并进行实时监控。物业中心内置 2 组 2×5T 硬盘录像机，存储时间不小于 7d，监控系统见图 29.5。

监控前端立杆要求样式美观，外饰奶白色涂料，其厚度要求不小于 4mm；立杆高度在 3.5～4.0m 之间，立杆 1.5m 处喷监控点统一编号；安防摄像头金属外壳与路灯金属灯杆焊接，共同接地。若监控光纤可走墙体外侧敷设，则优选就近路由。

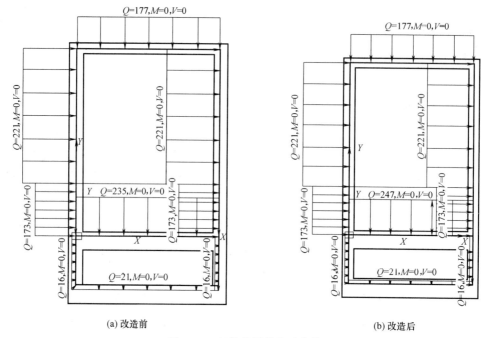

(a) 改造前   (b) 改造后

图 29.4 相关范围的基础荷载

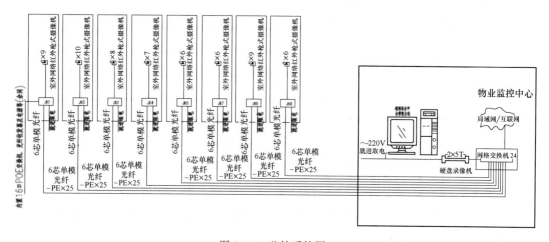

图 29.5 监控系统图

（3）打通消防通道

拆除连廊，打通消防通道。福乐湾小区北部沿车行道旁有一圈连廊，用于二层住户入户使用。但该连廊阻碍了消防通道的连通性，本次改造进行拆除，同时规划 3 条环形消防通道、5 处消防出入口、9 处消防登高面，并设立应急救援指示牌，见图 29.6。

2. 环境改造

（1）屋面改造

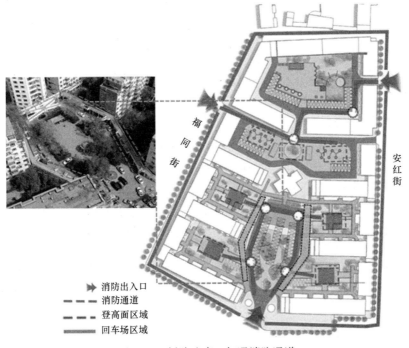

图 29.6　拆除连廊，打通消防通道

将原有屋面面层至隔气层的部分清除（含阳台顶），并清扫干净；修补隔汽层，隔汽层应沿周边墙面向上铺设，高出保温层上表面不小于 150mm。

维修检修出屋面管道、风道、人孔，严重锈蚀、破损的应更换或重新砌筑。出屋面风道、通风道外壁外侧均粘贴不小于 30mm 厚挤塑板保温，屋面保温层采用 100mm 厚挤塑板，分层铺贴。

将雨落管更换为管径 φ110 的硬聚氯乙烯管，墙面设置雨落管出水口并加做弯头。屋面排水口原位更换，维修检修雨水口和雨水斗，严重锈蚀、破损、渗漏的进行更换。雨水口及雨水管在施工中应采取保护的措施，如严禁杂物落入雨水管内。

屋面防水等级为Ⅱ级，防水卷材设防，平屋面柔性防水层采用 4mm Ⅱ型聚酯胎 SBS 改性沥青防水卷材（低温柔度 −25℃）。各屋面防水层应从排水集中部位最低标高处顺序向上进行，接缝应顺水流方向并考虑主导风向。屋顶坡度应严格按施工图的相关要求找泛水。屋面防水施工时，应保证基层干燥。

（2）建筑外立面改造

主墙体为原建筑 490mm 厚砖墙，外贴 100mm 厚燃烧性能 B1 级的阻燃聚苯板（包含阳台），立面造型及线脚在 100mm 厚保温层基础上均用 EPS 板制作，外抹 5～7mm（首层为 15mm 厚）厚聚合物抗裂砂浆，压入 1 层（首层 2 层）耐碱玻纤网格布。

（3）室外管线改造

共乐、安红（福乐湾）小区内采用雨污分流排水体制。雨水管道按满流设计，污水管道按非满流设计。本小区内雨水出路为福同街现状 $DN500$ 污水干线，污水出路为安红街现状 $DN800$ 污水干线。当检查井位于绿地上时，井盖标高需比绿地地面标高高出 200mm。雨水口采用平箅式雨水口单箅，连接雨水口的雨水管管径为 $DN300$，连接管坡度除注明外均为 0.01。

（4）园林景观改造

在改造过程中，修剪与楼房过近的树木，增加室内透光率；保留改造绿地中生长良好的灌木，移栽郁闭度过高区域的乔木；对于园土外露处，补植地被或铺设植草砖；在景观观赏点，增植观花植物。

在小区的绿化地坪上，种植一些小乔木，使得结构上紧密有致，对灌木隔离带进行合理的配置，也可在一个有限的空间上安排更多的绿化。考虑到居民的采光和对小区美观的需求，共乐、安红（福乐湾）小区选择 29 株小乔木作为行道树，选择 217 株花灌木。树木草坪空间隔离带主要用于草坪和道路之间，以达到隔离草坪和建筑物的效果。

（5）道路铺装地改造。

铺装广场面积大于 $100m^2$ 时应设置伸缩缝，缝深至基层、缝宽 10～20mm，内嵌沥青油膏，上撒粗砂；广场基层每 $6m×6m$ 应设置伸缩缝，缝宽 10～20mm；台阶或坡道平台与建筑外墙面之间须设变形缝，缝宽 30mm。灌建筑嵌缝油膏，深 50mm。除特殊指明外，地面、墙面石材铺装留缝均应≤2mm，地面铺地砖铺装留缝均应≤5mm，砖砌体用 MU7.5 砖、M5 砂浆砌筑。

3. 节能改造

（1）屋面隔水保温改造

因建筑迎水面、承水面等容易积水部位长期在雨水浸泡后出现发霉、变质，导致既有建筑外围护结构迅速老化、脱落。其中，建筑中的承水面主要有窗台、檐口、压顶、雨棚、突出的腰线。实地调查发现，墙面缺乏对承水面的排水组织处理，导致灰尘随雨水冲刷墙面，墙面出现污渍。

本次改造中，屋顶地面的保温采用倒置与正置结合的方式。为避免施工中遇雨给顶层住户带来不便，同时确保防水效果，原屋面的防水保留，直接在防水上面加铺保温板。本次改造保温层采用 100mm 厚挤塑板，分层铺贴，燃烧性能为 B1 级，导热系数 0.03W/（m·K），压缩强度不小于 150kPa。将保温板铺贴于屋面基层之上，然后在保温板上进行混凝土垫层施工，见图 29.7。

（2）外墙保温改造

外墙外保温系统上安装的设备或管道应固定于基层上，并应做好密封和防水。管线穿墙盖埋设套管并与装饰面平齐，套管应外高内低。

图 29.7 屋面保温

本项目采用 EPS 板作为保温层、用胶黏剂与基层墙体粘贴，辅助以锚栓固定塑料锚栓套管。其中，每平方米 8 个锚栓，待胶黏剂初凝后方能钻孔安装。锚栓头部不得超出 EPS 板面，EPS 板的防护层为嵌埋有耐碱玻纤网布增强的聚合物抗裂砂浆，属薄抹灰面层，防护层的厚度为 15mm，其他层为 5～7mm（必须保证成活面平整度），涂料饰面，见图 29.8。

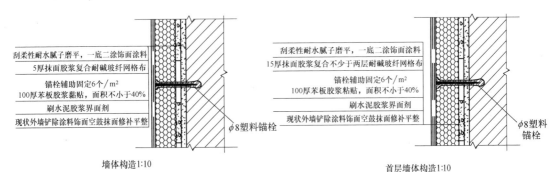

墙体构造1:10

注：原装修层是指在原基层墙体上的面砖饰面及其水泥砂浆。

首层墙体构造1:10

注：原装修层是指在原基层墙体上的面砖饰面及其水泥砂浆。

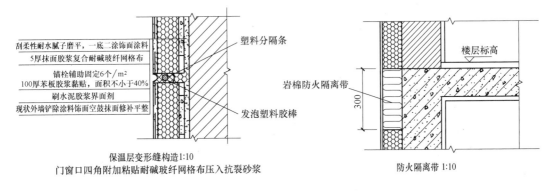

保温层变形缝构造1:10
门窗口四角附加粘贴耐碱玻纤网格布压入抗裂砂浆

防火隔离带 1:10

图 29.8 EPS 板外保温节点详图

（3）门窗改造

原有居室和阳台外窗多数为单玻钢窗、木窗，保温隔热、隔声性能差，其传热系数高于 4.6W/(m² · K)。通过收集居民意愿，采用居民出资一部分、政府补贴一部分的形式对建筑外窗进行统一更换，更换后可统一建筑外窗风格，加强窗的保温能力，提升室内热舒适。通过改造，居室外窗更换单框双玻塑钢窗，传热系数降低至 2.5W/(m² · K)，气密性不低于 4 级。同时将单元门更换为自闭保温防盗门，加强单元门保温性能。门窗工程改造过程中，主要遵循以下原则：

① 原有外门窗全部替换、门窗拆除时不应对原门窗进行破坏性拆除。不应破坏现有窗洞口周围墙体，以免对实际结构造成破坏。

② 既有建筑门窗洞口尺寸偏差较大，为保证安装精度、应认真测量每个洞口的尺寸。设计、加工窗框和窗鼻，并对号入座。

③ 外门窗气密性能为 6 级，水密性能不低于 3 级。传热系数为 2.5W/(m² · K)。选用 PVC 型材、65 系列四腔室三密封型材、中空玻璃采用三层透明玻璃，玻璃间隔条采用"实维高"隔条，密封胶条采用三元乙丙胶条，型材可视面厚度 2.5mm 以上，玻璃空气层不小于 12mm，见图 29.9、图 29.10。塑钢门窗框与洞口之间应用聚氨酯发泡剂填充做好保温构造处理，不得将外框直接嵌入墙体以防门窗周边结露。塑钢门

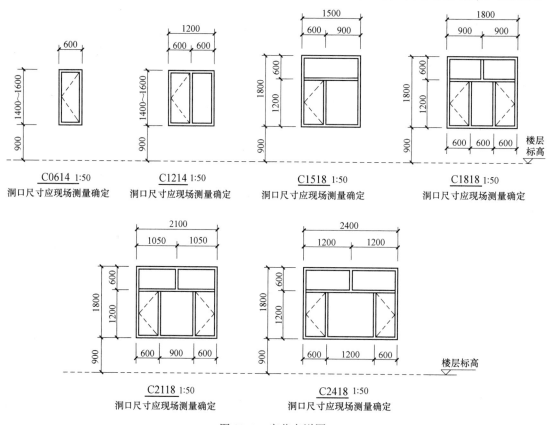

图 29.9 窗节点详图

窗框颜色为白色。住宅单元门更换为电子对讲保温门。

4. 适老化改造

适老化改造是共乐、安红（福乐湾）小区建筑宜居改造的重要组成部分。特别是在老龄化加剧的背景下，适老化改造显得尤为重要。本项目主要针对小区的环境、居所、设计、产品和服务

图 29.10　单元门更换

等进行适老化改造，以此增强老年人居家生活的安全性和便利性，为居家养老的老年人提供更安全、舒适、便捷的生活环境。

（1）入口无障碍改造

在小区入口处有台阶的地方，均设置无障碍坡道，无障碍坡道的坡度设置为1：12，无障碍坡道的扶手均设置为不锈钢管，见图 29.11～图 29.13。

图 29.11　增设无障碍坡道

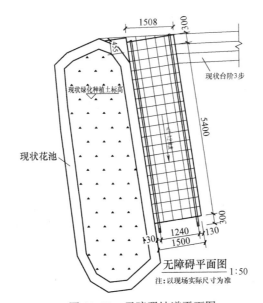

图 29.12　无障碍坡道平面图

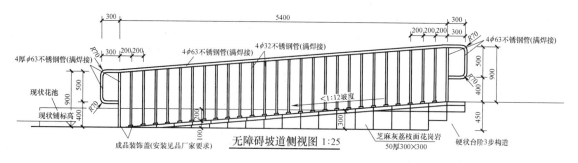

图 29.13　无障碍坡道侧视图

（2）配套养老服务设施

在小区北部一组团内建设集老年日间照料中心、老年人活动中心、无障碍专厕、社区卫生服务站、社区食堂于一体的综合性社区服务中心，以阳光被动房的形式解决冬季气候寒冷时老年人活动场地不足的问题，见图 29.14。

图 29.14　社区服务中心效果图

该社区服务中心总建筑面积为 1887.36m²，其中老年日间照料中心建筑面积为 133.49m²，可布置 50 个左右床位；社区餐厅建筑面积为 33.42m²，用餐高峰期可容纳 20 余人同时就餐；老年人活动中心面积为 137.04m²，社区卫生服务站及无障碍专厕面积为 156.82m²，见图 29.15。

（3）增设电梯

此次改造在小区 10 号楼 5 单元、21 号楼 4 单元室外新增外挂电梯，并将新增外挂电梯与原有结构主体进行连接；将三～八层半处洞口扩大为电梯出入口，见图 29.16、图 29.17。

改造时将建筑楼梯间外墙拆掉，原有楼梯间不做改动，直接在外墙接电梯间走道，电梯停靠在半层位置，住户需步行半层进出入户门。改造后居民出行方便，生活品质得到提升，同时打破了楼层房产价值界限，为房产增值提供有利的支撑。该方案施工难度小，成本低，能从一定程度上解决无障碍出行等问题，加装电梯效果见图 29.18。

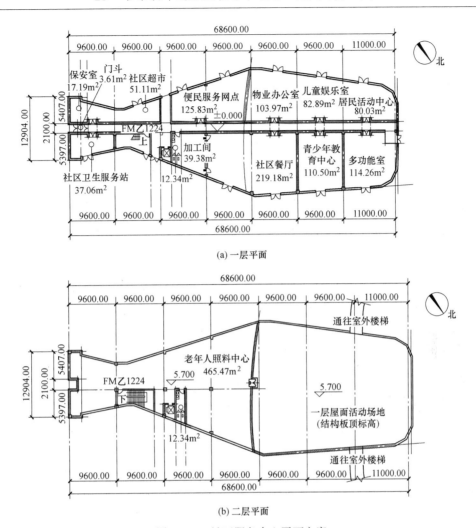

(a) 一层平面

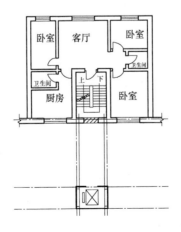

(b) 二层平面

图 29.15　社区服务中心平面方案

图 29.16　三～八层局部平面图

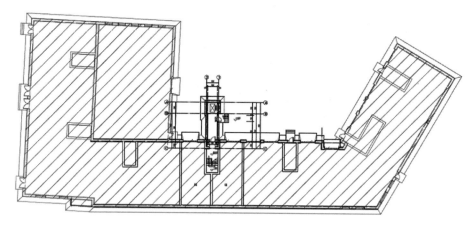

图 29.17 加装电梯平面方案

图 29.18 加装电梯效果图

5. 功能提升

（1）公共设施

1）公共照明改造

小区内原有的公共照明灯基本已经损坏，夜间灯光非常昏暗，居民出行安全存在一定隐患，将原有线路修复并更换为节能声光双控高效 LED 灯具，灯具满足国家标准《建筑照明设计标准》GB 50034 的相关要求，显色指数、照度值达到标准值以上。

在部分楼宇围合区域，将每单元各楼层已损坏和不能正常使用的感应声控灯进行修补，见图 29.19。

2）便民设施改造

① 小区自助快递柜

随着快递行业的发展，此次改造以小区北部一组团为试点，对该组团形成封闭式管理后，通过对组团内快递量进行估算，在主入口及中部广场人流密集处放置 2 个自助快递柜，为居民提供便利，见图 29.20。

② 增设展板

在社区服务中心及小区中心广场、休闲广场、人行步道一侧布置文化宣传栏，主

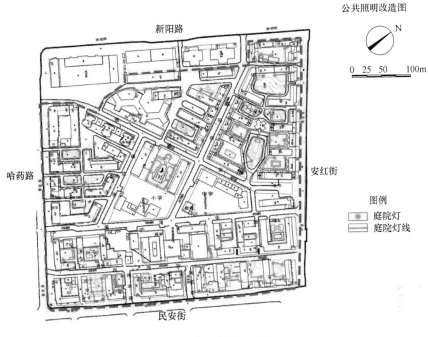

图 29.19　公共照明改造图

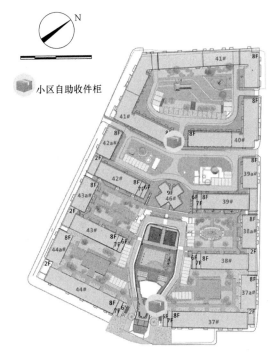

图 29.20　自助快件收件柜布置平面图

要是国家政策、科学常识、生活常识等进行宣传，宣传内容由专人负责并进行定期更换。

3）休憩健身设施改造

在主要广场旁边或人流密集的地方附近布置座椅，选择木质的座椅，靠背椅长度一般为 1.2m（2 人）、2.4m（4 人），见图 29.21。

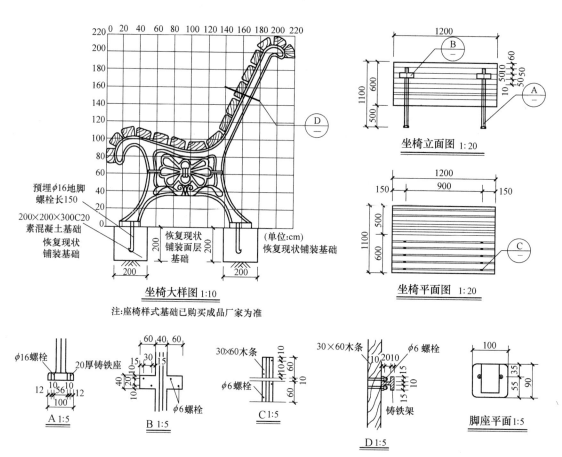

图 29.21　座椅选型示意基础详图

4）健身器材

健身设施多布置在硬质铺装或小型广场上，方便小区居民锻炼身体，健身设施多种多样，并满足小区居民的健身需求。

（2）增设停车设施

1）停车设施现状

现状停车混乱，同时也有一些区域可用来设置停车设施。通过对现状进行分析，对共乐、安红（福乐湾）小区进行停车设施改造，增设停车空间和停车设施，有效提升老旧小区居民生活质量，见图 29.22。

2）停车供需分析

通过对现状的分析，将小区划分为 10 个区域来分别统计现状停车位数和该区域停车位需求数量，并通过数据对比，对该小区停车设施进行优化改造，见图 29.23。

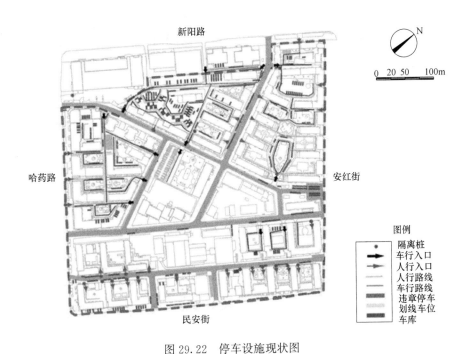

图 29.22 停车设施现状图

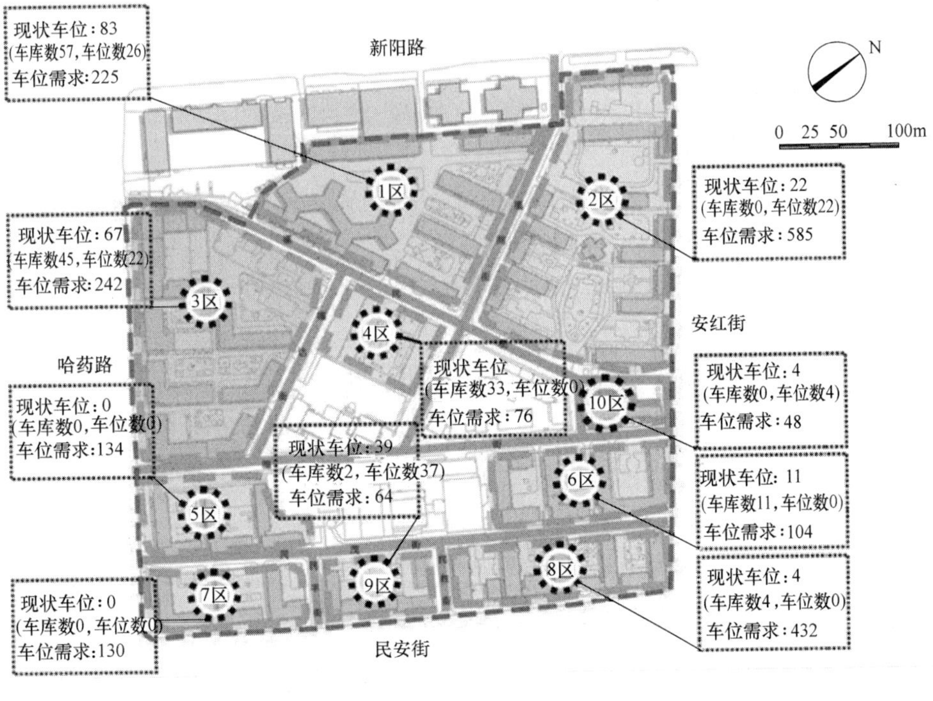

图 29.23 停车供需分析图

3) 停车泊位规划

通过对停车数据的统计和分析，以停车设施的相关规范为标准对该小区停车设施进行优化改造，在保留地面画线停车和生态停车的同时，新增了立体机械停车楼和地下停车，满足小区停车需求，见图 29.24。

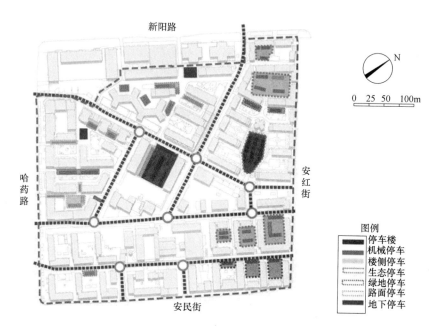

图 29.24 停车泊位规划图

设计时遵循以下选择：

① 由于老旧小区用地紧张，规划预见性不足等多种原因，规划停车位时应尽量不少于现状无序停车；布置停车位要成系统，不宜一个或两个停车位为一组；根据停车位尺寸（5.5m×2.5m），并结合实际的宅前绿化空间大小，采用平行式、垂直式停车或斜列式停车方法。

② 在人行道上布置停车位时，考虑人行道至少预留 1.5m 行走以及车辆入位时需要一定距离，人行道宽 7m 设置平行式停车位，人行道 11.5m 设置垂直式停车位；设置在消防通道两旁时，需保证消防通道宽至少 4m；非消防通道设置停车位时，当道宽达到 5m 时，可设置单侧平行式停车位，道宽达到 8m 时，可设置双侧平行式停车；道宽达到 10m 以上时，可设置垂直式停车或倾斜式停车；当人行道宽大于 1.5m 又不足 7m 时，可适当拓宽车行道，在拓宽道路上布置停车位，但需保证拓宽后人行道路宽至少 1.5m；生态停车位需要靠近主路旁布置，且不宜布置在有高大乔木的地方；布置生态停车位时，生态停车位与沥青路面之间不应有铺装；利用植草砖恢复原有绿化空间，停车位划分要简单明确，可以适当添加花池、增植灌木等，减少停车空间对

底层住户的影响；要考虑与绿化本身的协调性和美观性。

③停车楼选址：停车楼前应有 4m 宽道路；停车楼应从道路边线退让 3m 或与旁侧楼房平齐（停车楼前不宜布置硬质铺装，应是沥青路面）；停车楼高度为 7.2m，为不遮挡居民楼光线，应与北侧、西侧住宅间隔 15m 以上；停车楼停车数量：停车楼内多采用双层机械停车或多层机械停车，停车数量可增加 2~5 倍左右（图 29.25、图 29.26）。

图 29.25　停车库停车（一）

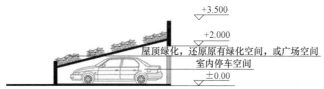

图 29.26　停车库停车（二）

停车管理对于既有小区停车设施改造工作也十分重要。通过进一步提高停车管理水平，加强日常停车服务管理，建立健全小区车辆停放管理制度，正确引导业主文明停车，保持消防通道畅通。

四、改造效果分析

（1）解决政府的困境

此次改造通过多方面融资，改变了单独依靠政府财政投入的改造资金筹措模式，减轻了政府财政压力，使老旧小区改造补贴不再是地方政府沉重的包袱。

（2）满足居民的需求

随着我国社会主要矛盾的变化，百姓对于美好生活向往的需求日益增加，此次改造新增设停车场地、电梯及其他软性服务内容，满足了居民的幸福感与获得感；建筑结构安全性能提升、加设安防设施等改造满足了居民居住安全需求；增设医疗配套设施与老年人社区养老、居家养老的建设等，满足了居民健康安全的需求；更换电器线路、维修给排水管道等举措满足居民的生活安全需求。

（3）保证改造全面、持久

从多方面入手，对共乐、安红（福乐湾）小区进行整体性改造，改造完成后，交由新建物业维系改造成果，将从根源上改变老旧小区改造"一年新、二年旧、三年回老路"的怪圈。

五、经济性分析

（1）经济效益分析

哈尔滨市道里区共乐、安红（福乐湾）小区综合改造工程总建筑面积约 31.2 万 m^2，此次改造依据现行地方标准《黑龙江省居住建筑节能 65％＋节能设计标准》DB 23/1270-2018 的有关规定，按照 65％ 节能标准进行节能改造，改造前能耗为 37.6kgce/m^2，改造后能耗为 6.51kgce/m^2，平均每平方米节约煤 31.09kg，每年可节约 9700.08 吨标准煤，大大降低了能源消耗和浪费，减少大量二氧化碳、氮氧化物等有害气体的排放。

（2）环境效益分析

通过对共乐、安红（福乐湾）小区的节能改造可减少 CO_2 年排放量 6805.47t，减少 SO_2 年排放量 45.87t，减少 NO_x 年排放量 43t，减少烟尘年排放量 26.7t。因此，解决当前哈尔滨市既有居住建筑改造中存在的问题和挑战，实施老旧小区宜居性改造，需要转变思路和理念，在巩固既有居住建筑节能改造经验的基础上，通过创新改造模式、加快改造速度、提升改造广度的思路，来提升哈尔滨既有居住建筑的改造效果。

六、结束语

共乐、安红（福乐湾）小区整治改造将"城市美容"与"功能再造"相结合，整旧如新。按现行的居住区设计规范标准和广大居民的建议，梳理老旧居住小区存在的问题，予以整改、完善。主要对安全防范设施、消防设施、易涝点整治、景观绿化提升、雨污分流改造、基础配套设施、公共服务配套等进行规划设计、整治改造。

　　住房和城乡建设部、教育部等 13 部门联合印发了《关于开展城市居住社区建设补短板行动的意见》，《意见》以建设安全健康、设施完善、管理有序的完整居住社区为目标，以完善居住社区配套设施为着力点，城镇老旧小区改造同步推进居住社区建设补短板行动。本项目的实施，提升了共乐、安红（福乐湾）小区的居住品质，增强了居民幸福感，为城市增添了更多的活力。

30　北京市翠微西里小区

项目名称：北京市翠微西里小区

建设地点：北京市海淀区万寿路翠微西里小区

改造面积：122780m²

结构类型：1～3号楼为砖混结构、8～14号楼为剪力墙结构

改造设计时间：2017年

改造竣工时间：2018年

重点改造内容：安全改造、环境改造、节能改造、适老化改造、功能提升等综合改造

本文执笔：陈斌　蔡倩

执笔人单位：北京住总集团有限责任公司

一、工程概况

1. 基本情况

项目位于北京市海淀区万寿路翠微西里小区，西邻万寿路，北邻翠微路，南邻玉渊潭南路，小区有北、南、西三个大门，西大门为小区出入主大门，见图30.1。本项目总建筑面积为122780m²，包括10栋住宅楼、1栋老干部活动站、2个车库和1个垃圾站（拆除重建），其中1～3号楼为低层，砖混结构，地上4层；8～14号楼为高层，剪力墙结构，8号楼地上18层，地下3层，9～14号楼地上20层，地下3层。

该小区建于20世纪80年代末，规划建设年代早，房屋外立面和设备设施均已出现老化严重等问题，本次改造内容主要为安全改造、环境改造、节能改造、适老化改造、功能提升等综合改造，涉及828户3000多居民。

图30.1　北京翠微小区平面布置图

2. 存在问题

（1）围护结构

现有主体工程除 8 号楼（1995 年建成）原设计有一层墙体内保温以外，其余主体工程（1984 年建成）均未进行墙体保温设计，部分墙体出现脱落和渗漏现象，见图 30.2。

图 30.2　北京翠微小区改造前外墙

本工程所有外窗情况杂乱，原有设计均为单层平开钢窗，部分用户自己更换了塑钢窗，小部分用户更换的是双层断桥铝合金窗，见图 30.3。

（2）供暖系统

室内散热器形式多样，包括建筑原有钢串片散热器以及住户自己安装的散热器，部分锈蚀严重，室内供暖不平衡。

（3）电气设备

地库照明是老式灯管，平时常开，不能起到节能作用；楼内公共区域照明灯具照度不够。楼内电话、

图 30.3　北京翠微小区改造前外窗

网络、电视分管敷设，各种接线箱随意布置，布局不合理，存在安全隐患。

（4）电梯

多层建筑及老年活动中心无电梯；高层建筑的电梯因使用年限过长，主要配套件严重磨损，舒适感较差，维修保养不方便，能耗大，故障频繁等，亟需更换。

（5）其他

楼道内管线老化破损、小区内道路开裂且机动车行驶路线设计不科学，无障碍坡道和扶手部分破损和生锈等，见图 30.4。

图 30.4　北京翠微小区改造前道路

小区门禁等安防系统落后，不能满足小区的管理需求。

二、改造目标

围护结构的节能改造参照地方标准《北京市居住建筑节能设计标准》DB 11/891—2012 进行设计，改造后的建筑能耗满足国家标准《民用建筑能耗标准》GB/T 51161—2016 中的引导值要求，即不大于 0.19GJ/(m² · a)。同时，改善室内环境、改造室内外供暖设施、增加电梯和更换电梯、改造公共区域的照明设施等。

三、改造技术

1. 安全改造

（1）公共区域内照明、插座等线路原为铝线，现进行拆除，改为 ZRBV 线。应急照明线路改为 NHBV 线，穿原管敷设，顶层配电箱拆旧换新。地下车库、各楼的楼梯间、电梯厅等公共区域的照明灯具更换为 LED 灯具，见图 30.5。楼梯间、电梯厅原灯具开关拆除，改为声光延时控制开关。

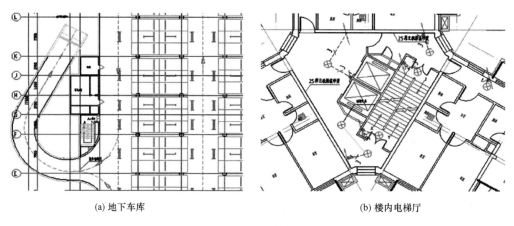

(a) 地下车库   (b) 楼内电梯厅

图 30.5　照明改造

（2）8 号楼因增加污水泵，故新增潜污泵控制箱，电源引自柜内新增三相回路。

（3）地下车库因电梯更换，原电梯配电箱-2GP9 重新设计。电源引自地下一层总配电箱 GL、GP，更换电缆穿 JDG 钢管重新敷设。多层住宅因增加电梯，在总电源箱增加电梯配电，高层住宅因电梯按原规格更换，电梯配电箱不做改造。

（4）地下车库及老干部活动站灯具均已换新，不需改造。地库消防卷帘门老旧，在原位置更新消防卷帘门控制箱。

（5）原消火栓系统不做修改，仅将消火栓按钮换新。

（6）每户厨房增加燃气泄漏报警器，选用独立式（天然气设置在顶部，如连接燃气灶具的软管和接头在橱柜内部时，探测器设置在橱柜内部）。

（7）原红外入侵探测型周界防范系统已老化，不能使用，改为电子围栏周界防范系统。

（8）拆除原有可视对讲系统，全部换新，单元门室外机电源引自就近灯具，穿明管敷设，可视对讲门禁控制系统小区联网，系统管理主机设在小区中控室，保证夜间来访者图像质量达到验收标准。对讲户内机带求助报警功能，双向可视对讲功能。

（9）现车库内摄像点位较少，且原系统为模拟视频监控系统，改为数字视频监控系统，相关管理主机、磁盘阵列矩阵切换器、监控电视墙等主设备配套更换，原设备拆除。各出入口、电梯前室及各层走道均设数字摄像机，管吊安装。电梯内设电梯专用摄像头，吸顶安装。

（10）屋顶避雷网有老旧破损，更换避雷带为 φ10 镀锌圆钢，避雷带支架保持原样，引下线与避雷带做好焊接。

2. 环境改造

（1）室内环境

① 老年活动室加装 VRV＋新风系统。

② 室内卫生间防水重新做，并且更换锈蚀管道。

③ 各楼各户内卫生间墙地砖、防水、卫生间洁具、吊顶更换（卫生间洁具更换到位）；厨房墙砖及吊顶修补（50%），橱柜修复（50%），地面不做改造，所有厨房烟道不更改。

④ 1～3 号楼各层公共区域走道地面、墙面、顶棚、踢脚改造。一层走道及楼梯采用面砖楼面，墙面采用面砖墙面，顶棚采用涂料顶棚；二层以上走道及楼梯采用面砖楼面，墙面采用 1200mm×500mm 规格面砖墙裙，顶棚采用涂料顶棚。

8 号、12～14 号楼各楼层公共区域走道和电梯厅地面、墙面、顶棚改造，一层电梯厅地面、墙面采用石材，二层以上地面采用仿石材地砖，墙面采用瓷砖面砖；9～11 号楼各楼层公共区域走道和电梯厅地面、墙面、顶棚改造，地面采用卷材聚氯乙烯楼面，墙面、顶棚采用涂料；9～14 号住宅楼一层原有台阶、无障碍坡道拆除，根据实际情况重新设计。

⑤ 原电话、网络、电视分管敷设，现改为集中到线槽内敷设，各弱电系统接线箱集中设置。

（2）室外环境

小区内原有路面过路管道开挖沟槽新做。地下车库出入口处原混凝土路面破除新做，8 号楼原混凝土路面铣刨 50mm，重新铺设沥青粗油层和细油层，13～14 号楼原沥青路面新做，其余路面铣刨原沥青细油层重新铺设细油层。部分人行道改为透水砖。

3. 节能改造

（1）围护结构

① 屋面

1～3号楼屋面采用80mm厚A级复合硬泡聚氨酯保温板和3.0mm＋3.0mm厚SBS改性沥青防水层，8号～14号楼和老干部活动站屋面采用100mm厚复合硬泡聚氨酯保温板和3.0mm＋3.0mm厚SBS改性沥青防水层；阳台顶板及底板采用与外墙同厚保温材料，原有屋面做法全部清除。9～14号楼屋面雨水改为外排水。

② 外墙

原有墙面清理，增设100mm厚复合硬泡聚氨酯保温板（除8号楼为90mm厚以外，其余主体均为100mm厚），保温构造见图30.6，室外地面至首层（8号楼为二层

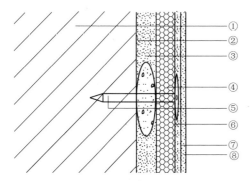

图30.6 外墙保温构造
① 基层墙体；② 界面剂；③ 粘接砂浆；
④ 保温板；⑤ 锚固钉；⑥ 抹面砂浆；
⑦ 玻纤网格布；⑧ 抹面砂浆

以下）为干挂石材墙面，以上为真石漆涂料饰面。根据卧室和起居室设置空调支架，设置空调冷凝水管，空调加氟。8号楼东西面采用活动外遮阳，9～14号楼全部采用活动外遮阳。老干部活动中心外墙个别破损石材修复。

③ 内墙

住宅楼供暖与非供暖房间之间的楼板采用60mm厚A级复合硬泡聚氨酯保温板，供暖与非供暖房间之间的隔墙、楼梯间前室为20mm厚复合硬泡聚氨酯保温板。

④ 门窗

外立面门窗统一拆除并更换（带纱窗），窗下口设1.5mm厚铝板披水板。外窗采用断桥铝合金60系列平开窗（6＋12A＋6，Low-E），外门窗传热系数≤2.2W/(m² · K)，气密性不低于外窗空气渗透性能7级，遮阳系数为0.58，标准窗的安装节点见图30.7。更换各楼首层单元门、各楼层公共区域防火门，8号、12号～14号楼各楼层的户门更换为防盗门。

（2）供暖系统改造

① 室内散热器统一更换为钢三柱散热器，管道换为热镀锌钢管并加跨越管，加装低阻力三通恒温控制阀，供业主自行调节散热器温度，见图30.8。

② 将本工程分为三个系统，B1层为一个单独的低压系统，1～9层为低压区，10～18（20）层为高压区，B1层供暖系统采用上供上回双管系统，其他高压区、低压区供暖系统均为上供下回单式双管系统，见图30.9。供暖工作压力：高区为1.1MPa，低区为0.85MPa。

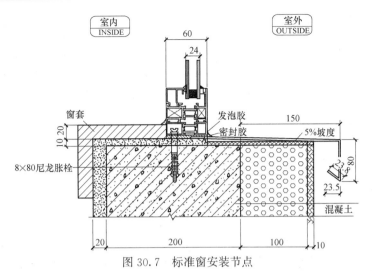

图 30.7 标准窗安装节点

(注：披水板采用密封胶粘接在外阳台窗台处，左右及

铝合金窗三边打胶，正下方也采取之字形打胶）

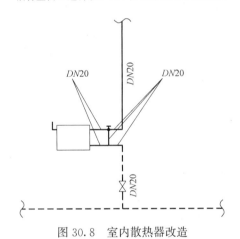

图 30.8 室内散热器改造

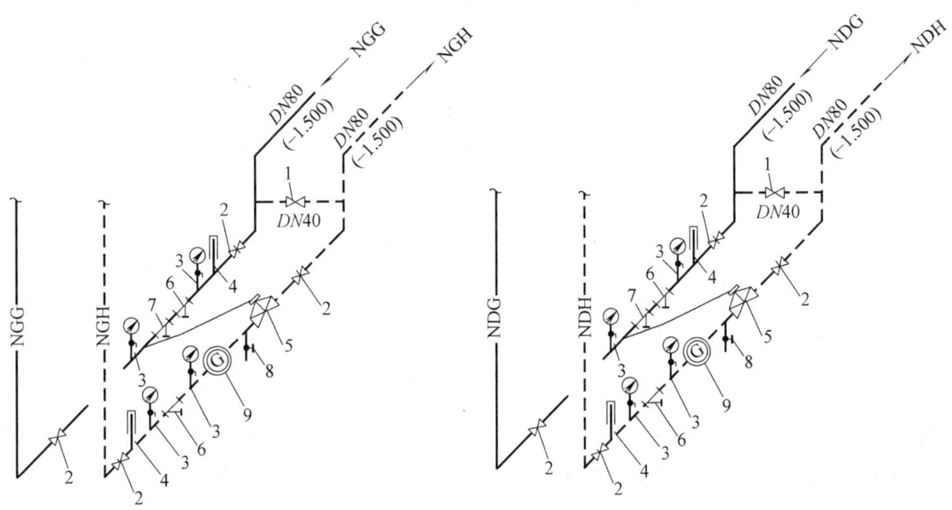

图 30.9 高、低区热力入口示意

③ 室外供暖系统的所有管网、阀门等设备部件都进行更换,并安装楼栋热计量表。

(3)生活热水改造

8号、12号、13号、14号楼生活热水管道全部更换(原管道拆除),包括从热力站到各户之间的供回水干管、各楼引入管、立管、各户水表、热水回水循环泵、相关管道阀门及其附件。

4. 适老化改造

小区原来已有部分无障碍坡道和扶手,但年久失修,部分已经损坏,在此次改造中集中对适老化设施统一进行维修及翻新,原有坡道统一铺瓷砖,破旧的扶手进行更换,并在楼梯铺设防滑条。

1~3号楼增设电梯及电梯井,所用电梯均为无障碍电梯。电梯门洞装修材料改为不锈钢,电梯井内粘贴隔声毡,由于增设电梯挡住原有各户主卫生间朝向天井的窗,原窗拆除洞口封堵,在朝向天井适宜位置新设相同大小的窗,结构专业做加固处理。

9~12号楼电梯更换,原有电梯拆除,各楼配备一台无障碍电梯。电梯门洞装修材料改为不锈钢。

老干部活动站入口门厅内加设一部客梯,停经地下一层、首层与二层,为无机房电梯,需楼板开洞,局部做加固设计。

地下汽车库原有电梯拆除,更换为无障碍电梯,电梯门洞装修材料改为不锈钢。

5. 功能提升

(1)公共设施改造

① 加装电动摩托车充电桩和电动汽车充电桩。

② 西大门原有石材幕墙、门窗拆除更换,采用花岗岩石材幕墙,同时进行内部空间地面、墙面、顶棚、卫生间改造。

③ 消防泵房地面防水重做、地下消防泵房地面防水重做。

④ 小区自行车棚全部拆除。

⑤ 小区原有垃圾站拆除,根据停车场重新布置,采用钢结构彩钢板。

⑥ 小区西侧围墙铁艺护栏刷漆翻新,东侧砖围墙抹灰刷涂料。

(2)停车设施改造

北车库及简易车库地上建筑物及构筑物全部拆除,改为地面停车场,停车场面积约为2500m²,地面改为沥青地面,停车场停车总数约为126辆,小区北侧增设机动车出入口,设置6m宽自动伸缩门。

地下停车场增加带有车牌识别系统的挡杆和声控灯,各层坡道改为防滑环氧地面,地下车库墙面及顶棚翻新处理;更换特级防火卷帘门9个,地下车库地下一层电气中央控制室楼面做法为防静电全钢活动地板。

本工程原有停车场管理系统已损坏,设备全部更新,拆除旧有设备。新设备采用影像全鉴别系统，对进出的内部车辆采用车辆影像对比方式，防止盗车；外部车辆采用临时出票方式。

四、改造效果分析

本项目为既有居住建筑宜居改造及功能提升示范工程，开展实施了一系列的改造内容，改造前后见图30.10。在安全改造方面涉及小区安防监控、车辆管理、消防安全、电气安全等；在环境改造方面涉及室内公共区域、室外道路及绿化等；在节能改造方面涉及外围护结构保温、节能外窗更换、节能电梯更换、公共区域节能灯具更换、供暖系统等；在适老化改造方面涉及无障碍坡道、扶手、增设电梯等；在功能提升方面涉及公共设施和停车设施等。通过本次综合改造，小区在安全、环境、节能、适老、功能方面都得到了大幅度改善和提升，取得了良好的改造效果。

(a) 改造前　　　　　　　　　　　　　　　(b) 改造后

图 30.10　翠微西里小区改造前后

（1）安全性

小区周界设置电子围栏。单元门口、西大门设有人脸识别楼宇对讲门口机门禁系统，出入人员识别进入，见图30.11。

图 30.11　设置电子围栏和门禁系统

（2）环境性

① 室内环境：原户内的卫生间进行了防水重做，对部分锈蚀严重的下水管道进行更换，改善了卫生间的潮湿环境。考虑到雾霾天气频发，特在老年活动室加装 VRV＋新风系统，提高室内空气质量，见图30.12、图30.13。

(a) 改造前　　　　　　　　　　　　　　　　(b) 改造后

图30.12　卫生间改造前后

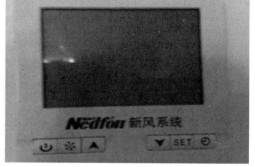

图30.13　老年活动室加装 VRV 空调和新风系统

公共照明更换为 LED 声控灯，降低了电耗，见图30.14。

图30.14　公共区照明改造后

对楼内走廊内的原有运营商的木质暗埋箱、电话分线盒加装金属套箱。改造后，楼内公共区域显得干净整洁，见图 30.15。

(a) 改造前　　　　　　　　　　　　　　(b) 改造后

图 30.15　楼道改造前后

②室外环境改造：室外园林小品得到更换和提升，小区道路重新铺设沥青路，人行道换成透水砖，见图 30.16、图 30.17。

(a) 改造前　　　　　　　　　　　　　　(b) 改造后

图 30.16　室外道路和园林小品改造前后

(a) 改造前　　　　　　　　　　　　　　(b) 改造后

图 30.17　小区道路改造前后

（3）节能性

① 围护结构

在屋面方面，本工程屋面防水等级为Ⅰ和Ⅱ级，采用80mm、100mm厚复合硬泡聚氨酯保温板，采用3.0mm＋3.0mm厚SBS改性沥青防水层，见图30.18。

(a) 改造前　　　　　　　　　　　　　　　　　(b) 改造后

图30.18　屋面节能和防水改造前后

在外墙方面，现场选取了2号和12号楼进行外墙主体部位传热系数检测，结果分别达到0.24W/（m² • K）和0.23W/（m² • K），满足设计值0.25W/（m² • K）和0.27W/（m² • K）的要求。整个小区的10栋建筑都统一重新做了外保温和外饰面，外门窗也都统一成新的节能门窗，并且楼内公共空间都对饰面重新进行粉刷，小区的建筑外观焕然一新，见图30.19。

(a) 改造前　　　　　　　　　　　　　　　　　(b) 改造后

图30.19　外墙改造前后

在内墙方面，原设计内墙为保温砂浆，考虑到保温砂浆的拌和、抹灰会对楼内公共区域造成较大污染，且会影响楼内住户，经多方协商后将保温砂浆更换为保温板，见图30.20。

在门窗方面，原来建筑外窗为单玻空腹钢窗，更换为节能窗后其保温性能和气密性有所提高，围护结构热损失及冷风渗透大大降低，见图30.21。

图 30.20 内墙保温由保温砂浆改为复合硬泡聚氨酯保温板

(a) 改造前

(b) 改造后

图 30.21 外窗改造前后

② 供暖系统

室内外管网和散热器以及换热站都进行改造，提高了供暖效率、降低了供暖热损耗，见图 30.22、图 30.23。原供暖系统为垂直单管顺流式系统，改为垂直单管跨越式，解决了供热分布不均的问题，室内舒适度得到明显提升。

(a) 改造前

(b) 改造后

图 30.22 室内散热器改造前后

(a) 改造前 (b) 改造后

图 30.23　管道改造前后

（4）适老化

小区原来已有部分无障碍坡道和扶手，但年久失修，部分已经损坏，在此次改造中集中对适老化设施统一进行维修及翻新，原有坡道统一铺瓷砖，破旧的扶手进行更换，并在楼梯铺设防滑条，见图 30.24。

图 30.24　小区残疾人坡道及楼梯改造后

多层建筑增设无障碍电梯给老年住户日常上下楼提供很大的便利，高层建筑原有电梯能耗较高且主要设备老旧，更换新电梯后其安全可靠性提高，承载能力和速度也得到了提升，见图 30.25、图 30.26。

图 30.25　多层建筑加装电梯　　　　图 30.26　高层建筑电梯更新改造

（5）功能性

① 公共设施改造

改造中特意规划设置了电动摩托车和电动汽车停车专区，并安装充电桩，以方便小区内电动车充电的需要，见图 30.27。在小区西大门安装电动伸缩门，并对外墙进行翻新改造。

图 30.27　小区加装充电桩和西大门改造后

② 停车设施改造

拆除室外原地上彩钢板和框架混凝土结构的停车棚，统一规划地面停车位，停车位也因此增加 74 个，小区行车出入流线也得以疏通改善，见图 30.28。

图 30.28　地面停车场改造后

五、经济性分析

本示范工程总投资约 2.2 亿元，总建筑面积约 12.3 万 m^2，改造成本约合 1800 元/m^2。原为非节能居住建筑，而后按照《北京市居住建筑节能设计标准》DB 11/891—2012（75％节能标准）进行节能改造以及其他宜居改造。对现场选取的 2 号和 12 号楼围护结构主体部位传热系数检测，结果均满足设计要求。对比非节能和 75％节能建筑，其能耗从 25.2kgce/m^2 降至 6.3kgce/m^2，每年可节约 2268 吨标准煤，大大降低能源消耗和浪费，大幅减少二氧化碳、氮氧化物等有害气体的排放。

在改造后，通过对 2 号和 14 号楼在 2018～2019 年供暖季的热量表数据进行分析，本小区建筑折算耗热量指标为 0.18 [GJ/(m² · a)]，低于国家标准《民用建筑能耗标准》GB 51161—2016 规定的引导值，节能效果显著。

本工程在室内外环境、室内外供暖设施、增加和更换电梯、公共区域的照明设施、停车设施等其他方面的改造目标也已完成。

六、结束语

我国城镇既有居住建筑存在着不同程度的外观陈旧、节能性差、舒适性和适老性差、功能不足等问题，过去以节能、抗震加固、环境整治单一改造为主的形式已很难满足居民对居住环境和生活品质不断提高的要求，需要结合实际情况开展综合改造。

本示范工程结合改造目标和既有居住建筑宜居改造和功能提升技术体系研究成果，分别确定了外墙和屋面保温、供暖设施、增加电梯和更换电梯、增设停车设施等方面的技术方案。通过改造技术的实施，小区在大幅降低建筑能耗的同时，有效提升了建筑在安全、环境、适老化、功能提升等方面的性能和水平，满足了居民改善居住品质的需要，起到了很好的示范作用。

31　北京市莲花池西里 6 号院

项目名称：北京市莲花池西里 6 号院

建设地点：北京市丰台区西三环中路

改造面积：34976.78m²

结构类型：砌体结构（多层）、混凝土剪力墙（高层）

改造设计时间：2017 年

改造竣工时间：2019 年

重点改造内容：安全改造、环境改造、节能改造、适老化改造、功能提升等综合改造

本文执笔：王建军[1]　吴保光[2]　李焕坤[1]　张少辉[2]　董利琴[2]　熊珍珍[1]

执笔人单位：1. 中国建筑技术集团有限公司
　　　　　　2. 北京筑福建筑科学研究院有限责任公司

一、工程概况

1. 基本情况

莲花池西里 6 号院位于北京市丰台区西三环中路，包括 4 栋多层（5 号～8 号）、2 栋高层（2 号和 3 号）以及配套用房，各楼栋面积见表 31.1，总建筑面积为 34976.78m²，共 348 户，超过 70% 的住户是 75 岁以上老人。

项目建筑面积一栏表　　　　　　　　　　　　　　　　　　表 31.1

楼号		层数	单元数	户数	建筑面积/m²	竣工时间
2 号楼		12	2	120	9332.13	1996
3 号楼		12	2	72	9009.59	1996
5 号楼		6	4	48	4609.38	1996
6 号楼		6	4	48	3949.36	1996
7 号楼		6	4	48	4609.38	1996
8 号楼	住宅单元	6	1	12	939.06	1996
	办公单元及配套	6			2527.88	1996
合计		17		348	34976.78	

小区和各楼栋位置见图 31.1。

2. 存在问题

（1）多层、高层住宅外围护结构无节能措施。

（2）小区内多层住宅楼均为 6 层，无电梯，小区老人比例高，出行不方便。

289

图 31.1　项目鸟瞰图

（3）小区内现有停车位 106 个，但部分车辆停放侵占人行道路、消防通道等，不满足设计规范，从长远考虑，车位量不足。

（4）小区整体形象、环境及配套设施有待提升。小区现状见图 31.2。

图 31.2　小区现状图

二、改造目标

（1）美化环境，提高舒适性和宜居性。

（2）节能性达到65%的节能目标。

（3）多层住宅增设电梯，解决上下楼出行难的问题。

（4）增设停车位，缓解停车难问题。

三、改造技术

1. 安全改造

建筑内部消防设备设施配置不足且缺乏维护和管理，电路管线老化，存在火灾隐患，改造后配备消火栓箱。小区安防设施有待完善，存在监控摄像盲区，改造后增加视频监控系统、出入口管理系统，保证小区内居民的生活安全，见图31.3。

(a) 消火栓箱　　　　　(b) 监控系统　　　　　(c) 小区出入口管理系统

图31.3　安全性改造

2. 环境改造

建筑外立面以简约、精致的外观造型体现，并作优化处理，体现时代感。空调室外机进行规整，重新做室外机护栏和冷凝水管，使外墙附属构件整齐、统一。结合增设电梯，更换外墙雨水管为UPVC管，管径为110mm，保证排水通畅。清理小区内环境卫生，拆除小区内的违章建筑。增加小区绿化，美化居住环境。室外环境改造见图31.4。

3. 节能改造

（1）外围护系统

屋面、外墙等外围护系统进行节能改造，采用复合A级硬泡聚氨酯保温板，传热系数满足行业标准《严寒和寒冷地区居住建筑节能设计标准》JGJ 26—2010的有关规定。外墙改造前后见图31.5。

291

(a) 小区绿化

(b) UPVC 雨水管

(c) 室外空调机规整

图 31.4　室外环境改造

(a) 改造前

(b) 改造后

图 31.5　外墙改造

图 31.6　节能窗

（2）外门窗

外窗原为钢窗，导热系数大，更换为双层中空玻璃塑钢节能窗，传热系数满足行业标准《严寒和寒冷地区居住建筑节能设计标准》JGJ 26—2010 的有关规定。入口单元门原为不保温的防盗门，更换为配备门禁系统的防火防盗节能门，见图 31.6。

4. 适老化改造

对坡道、出入口等进行无障碍改造，入口单元门增加无障碍坡道，满足行动不便、乘坐轮椅者日常出行。单元入口采用人脸识别和可视对讲系统，便于老人进出和来访可视沟通。在公共区域如楼梯间、走廊两侧设置扶手且保证连续性，并在安装的高度、截面尺寸形状及端部处理等方面为老年人进行细致考虑，见图 31.7。

(a) 可视对讲系统   (b) 无障碍坡道   (c) 扶手   (d) 健康步道

图 31.7　适老化改造

在多层住宅北侧增设电梯 14 部，其中住宅平层入户 13 部（停靠每层楼板标高处），办公单元半层入户 1 部（停靠楼梯间平台）。改造均选用可容纳担架的 1000kg 客梯，井道结构形式为钢结构，围护结构为内嵌式铝合金框钢化玻璃。新增电梯位置在单元入口外侧，拆除住户北侧原有阳台后新做连廊，新增候梯厅，利用候梯厅的外窗解决楼梯间的自然通风问题，见图 31.8。

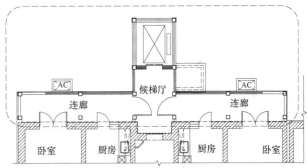

(a) 增设电梯   (b) 增设电梯设计图

图 31.8　增设电梯

5. 功能提升

（1）公共设施改造

小区主要出入口增加快递存放柜，为用户提供 24h 自助取件服务；加设自助直饮水机，方便住户的日常生活；设置垃圾分类和回收箱，改善生活环境，增强居民环保意识。中心广场增加展板，为居民提供信息提示服务的同时体现文化特色。增加休息座椅、健身器材等休憩健身设施，丰富户外健身娱乐空间。公共设施改造见图 31.9。

(a) 垃圾分类

(b) 增加展板

(c) 休憩座椅

(d) 快递柜

(e) 健身设施

(f) 净水柜

图 31.9　公共设施改造

（2）增设停车设施

重新规划组织交通系统，梳理消防通道与停车位，保证生命通道畅通，满足日常生活停车需求，见图 31.10。原有楼间道路宽约 5m，路边停车后宽度约 3m，不能保证消防车、救护车正常通行，存在安全隐患。改造后楼间道路宽约 6.5m，路边停车后宽度 4m，在保证消防车、救护车正常通行前提下，满足日常停车需求。

图 31.10　规划停车位

四、改造效果分析

通过对莲花池西里 6 号院的安全性、环境性、节能性、适老性、功能提升等方面进行综合改造，满足了居民对改善生活品质的诉求，效益显著。

改造后建筑节能性大幅提升，供暖空调年总能耗降低约 1002859.3kWh，单位面积能耗降低约 28.4kWh，降低幅度 43.44%，满足 65% 的节能标准。

改造后，多层住宅增设电梯且平层入户，使居民能够直接到达本楼层，解决老龄及出行不便人员的上下楼问题，真正实现无障碍出行，同时增设电梯也是对小区形象和功能的补充、升级、再造，见图 31.11。

图 31.11 增设电梯实际效果

在外立面改造上呼应周边建筑色彩，尊重其历史颜色，造型上吸纳立面构件元素并优化设计，精细化表达和精致处理，使其既融于周边环境，又体现设计个性，小区整体观感既庄重又富有亲和力、归属感，见图 31.12。

图 31.12 外立面改造实际效果

楼内外老化设施、管线进行改造更换，解决居民生活困扰，提升居住品质；小区绿化环境焕新、入口人脸识别、车辆进出自动识别，建设安全、美观、人文氛围浓厚的温馨家园，居民幸福指数大幅提高。

改造后新增 54 个停车位，停车难问题得到有效缓解；实施长效管理机制，促进管理、自管良性循环，维持保证综合整治的成果。

五、经济性分析

本项目由政府主导，增设电梯费用由居民自筹和政府补贴相结合，其他改造费用由相关部门全额补贴。本项目改造费用约 7200 万元，改造面积约 34976.78m²，约合 0.21 万元/m²，改造后达到现行国家标准《既有建筑绿色改造评价标准》GB/T 51141 的二星级水平。

本项目建成于 20 世纪 90 年代中期，经节能改造后，其节能性满足现行行业标准《严寒和寒冷地区居住建筑节能设计标准》JGJ 26—2010 的有关要求。改造前供暖空调单位面积能耗 65.38kWh；改造后单位面积能耗为 36.98kWh，年节约标准煤约 318.91t，按现行电费单价 0.5 元估算，每年节约电费 50.14 万元。

六、结束语

据统计，全国城镇老旧小区近 17 万个，居民超过 4200 万户，建筑面积约 40 亿 m²。2020 年 7 月，国务院发布了《关于全面推进城镇老旧小区改造工作的指导意见》，全面推进城镇老旧小区改造，2020 年新开工 3.9 万个，到"十四五"末，基本完成 2000 年底前建成的需改造的任务。作为"十三五"时期北京市老旧小区综合整治和既有多层住宅增设电梯双试点项目，莲花池西里 6 号院的成功案例为老旧小区综合整治工作积累了宝贵经验，对促进北京市乃至全国的老旧小区改造具有重要的意义。

32 上海市朗诗新西郊

项目名称：上海市朗诗新西郊

建设地点：上海市长宁区西郊清溪路 770 弄

改造面积：16993.86m²

结构类型：钢筋混凝土结构

改造设计时间：2016 年

改造竣工时间：2019 年

重点改造内容：安全改造、环境改造、节能改造、适老化改造、功能提升等综合改造

本文执笔：郭颖

执笔人单位：中国建筑科学研究院有限公司

一、工程概况

1. 基本情况

朗诗新西郊项目区位优势明显，自 20 世纪 30 年代起，大多上海地区的贵族将府邸建在西郊。中华人民共和国成立以来，凭借着独特的区位与环境优势，西郊地区已发展为国宾区。项目紧邻上海西郊国宾核心地块，至金虹桥商圈、中山公园仅 3.5km，鉴于西郊土地资源的稀缺性，目前可供开发的地块所剩无几，见图 32.1。另外，由于西郊宾馆周边限高及限飞规定，项目周边形成了独特的国宾文化氛围与静谧优雅的环境面貌。

朗诗新西郊项目位于上海市长宁区清溪路，占地面积为 13433m²，建筑面积为 16993.86m²，主要由 3 栋主体建筑及一所物业用房组成，朗诗新西郊在民国期间作为高级公寓使用，主要以日籍、韩籍在沪人员等外籍人士为租赁对象。建筑在当年建设质量较好且具有特殊性，不允许拆除重建，只能选择旧改方式。当前改造规划有 75 户，主推的户型面积为 180～232m² 的大平层。由于建造年代久远，原有社区没有实现人车分流，除少量儿童游乐设施外，没有健身和其他娱乐活动配套。

2. 存在问题

（1）安全问题

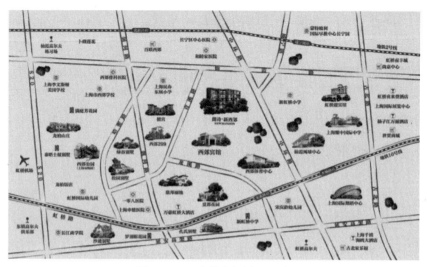

图 32.1　区位信息与周边环境

小区已建成多年，既有建筑改造需要对结构的安全性进行鉴定。

（2）环境问题

小区建筑年代久远，原有立面造型和外观颜色难以满足当前城市居民的审美要求、难以与周边城市区域的风貌相协调；小区整体环境相对滞后，景观体系还需重新打造。

（3）节能问题

目前小区内既有建筑的外墙保温效果不理想；小区内既有建筑门窗气密性不足，室内热环境和通风效果不好。

（4）适老化问题

小区内既有居住建筑均为5层的平层公寓，空间设施缺乏电梯，老人出行不便。

（5）功能问题

小区原有道路为人车混行，交通组织较为混乱，停车位数量严重不足；小区内公共设施配套水平较低、公共空间的品质打造、形象与卫生维护、智能化管理等方面的水平较为欠缺，见图 32.2。

图 32.2　改造前实景照片

二、改造目标

该项目从总平面布局层面、建筑层面、设施与文化层面三方面入手进行改造，针对居住安全、节能环保、舒适健康、宜居适老、智能高效等新型住宅的需求做出正面回应与积极探索，项目改造后需要达到的经济技术指标详见表32.1。

经济技术指标　　　　　　　　　　　　　　　　　　　表32.1

占地面积(m²)	13433	总户数	75
建筑面积(m²)	16993.86	面积段(m²)	180～232
容积率	1.1	车位比	1.12
绿化率	40%		

（1）总平面布局层面改造目标

① 路网结构调整。针对小区现状问题进行总平面布局的调整，通过优化小区路网结构重新梳理车行道、消防车道和广场、人行空间的尺度和流线关系。利用现状条件尽量减少车行与人流的交叉干扰，保障居民出行安全。

② 优化停车方式。改善原有随意停放的停车方式，在合适位置加建机械式车库，增加小区停车位数量。

③ 景观体系与公共设施改造。重新打造小区的景观意象，同时改善小区原有公共设施配套不足、活动空间较少的问题。

（2）建筑层面改造目标

① 建筑结构支撑加固。针对既有建筑的安全隐患进行排查，针对薄弱环节开展结构支撑加固。

② 建筑围护结构改造。重新进行立面设计，采用新型构造做法营造良好外观感受的同时，兼顾保温隔热效果和防水防潮，见图32.3。此外还将既有门窗替换成气密性更好的节能门窗，降低室内供暖与制冷能耗。

图 32.3　改造后实景照片

③ 建筑室内环境改造。建筑室内改造包括室内起居空间尺度调整、室内防水、管线设施的耐久性改造、室内空气质量和热湿环境改善。

④ 建筑公共空间改造。包括入户大厅、楼梯间、电梯厅的装修、安全监控与智能控制系统等。

⑤ 无障碍设计与适老化改造。

（3）设施与文化层面改造目标

开展小区公共空间休闲、健身和娱乐设施的设计改造，通过新建健身房、游泳池等打造健康社区文化，弥补原有小区的不足。

三、改造技术

为满足项目基本技术要求，营造高品质、绿色、健康的居住环境，在本次项目改造中，应用技术改造如下：

1. 安全改造

（1）结构安全

针对楼内公共空间重新装修设计，优化原有户型，使其更符合人们的生活习惯，对原有建筑结构进行支撑加固，并对建筑围护结构进行技术优化。

（2）消防安全

通过技术方案优化后的调整，对小区消防安全进行智能化管理，增加公共空间疏散指示与应急照明等设施，同时设置报警装置，并在各区域内配置消火栓箱，优化小区内消防通道，保障小区消防安全。

（3）安防安全

针对楼内消防安全，小区内设计了智能化安防系统，包括加装电子屏、安置智能安保、监控与管理系统等，见图32.4。

图 32.4　智能化安防系统

2. 环境改造

（1）辐射天棚。由于既有建筑空间净高不足，难以采用常规形式的地暖。该项目采用新型的毛细管技术来制冷和供暖,沿顶板铺设后几乎不占用室内净高,而且热量分布非常均匀,体感舒适性远大于其他方式。

(2)加装电力管线和新风管道。由于既有建筑层高只有2.8m,电力管线和新增设的新风管道布置问题均在楼地面内解决,尺寸设计经过精确控制,对室内空间净高造成的损失较小。其中超洁净新风技术详见表32.2。

超洁净新风技术   表32.2

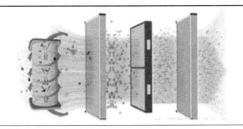	三效新风过滤系统 采用 VTS 全热转轮热回收新风系统(新风量 8000m³/h,热回收效率 70%),精准控制室内温度与湿度(系统设计除湿模块,年度湿度控制在 30%~70%),整套过滤系统包含:G4 粗效过滤器+板式静电过滤器+H11 亚高效过滤器,过滤效率达到 95%以上
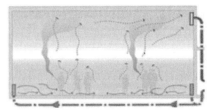	踢脚线送风系统 采用下送上回的空调系统,沿踢脚线出风,出口风速≤0.3m/s(换气次数为 1.5 次/h),弱化吹风感,增加室内吹风舒适度,并且在不影响建筑层高的条件下将空调吹风口与室内建筑完美契合

(3)空气质量改善。每户均装有智能化监控系统和传感器,可以对空气品质、居住安全和门禁系统进行可视化集成管理,见图32.5。其中空气品质的监测内容包括甲醛含量等级、室内二氧化碳浓度、室内与室外温湿度、室内 $PM_{2.5}$ 污染物实时检测等。数据来源于各户装设的 2~3 台传感器。

图 32.5　智能化监控系统和传感器

(4)室内外耐久性/管线改造

开展了外围护结构、室内用水空间的防水措施改造,在原有建筑布局基础上新分隔出新风管井。

（5）踢脚线送风创新改造

踢脚线送风创新技术能有效解决新西郊项目层高问题，节省层高约100mm，相较地面送风不容易积灰、更美观、风口位置设置更灵活，并且还能与家具相结合，同时风口颜色及样式可结合踢脚线多变。在改造前先确定风管材料，吊顶内部主风管选型采用PVC风管，隔墙内风管选用波纹风管，风管接头部位防漏风密封处理，风管

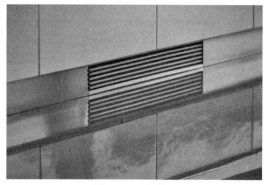

图 32.6　出风口

保温采用10mm厚橡塑保温棉。最后形成风口与踢脚线一体化的出风口，见图 32.6。

3. 节能改造

（1）外围护结构

项目改造前其外围护结构缺乏保温层，本次改造中利用100mm岩棉板、防水镀锌板与外挂陶土板增加外墙保温系统，不仅提高其外墙保温隔热性能，也提高了建筑外立面的美观程度，见图 32.7、图 32.8。

图 32.7　改造前建筑外观

图 32.8　改造后建筑外观

（2）增加室内采光

改造中充分利用原有建筑本身优势，通过增加室内采光、扩大开窗等方法，设计温馨、浪漫的法式阳台，在建筑节能优化的前提下，体现新西郊住宅的优美、环境的舒适。

（3）超密封门窗

项目所处夏热冬冷地区的建筑门窗气密性对于室内保温、舒适与节能至关重要。原有建筑门窗为单层玻璃，改造采用铝包木窗、断桥铝合金门，三玻两腔双Low-E中空玻璃等提升建筑气密性，并在施工后进行严格检测，保证密封门窗的节能与稳定性。

（4）外遮阳百叶系统

项目所在区域夏季较炎热，原有建筑无外部遮阳，改造中在建筑南立面设置了外

遮阳百叶系统，提升室内舒适度，见图 32.9。

图 32.9 三玻两腔真空密封窗并结合外遮阳卷帘

4. 适老化改造

（1）公共空间适老化

针对小区户外公共空间，充分考虑到老年群体照顾儿童的生活常态，设置老人与儿童共用的复合型空间，在儿童娱乐设施附近设置老年人休息区域，增加休息座椅，增加亲子互动场地，见图 32.10。同时优化高低不平的路面，防止老年人摔伤，散步道采用色彩柔和的软质铺装材料，为老年人营造温馨舒适的户外空间环境。

图 32.10 户外公共空间

（2）空间设施适老化

完善小区内适老化设施、无障碍设施的改造。优化原有建筑室内外设施，注重适老体验和无障碍设计，体现人本关怀。同时，采取一梯一户的形式加装电梯，提高老年人出行的便捷性和舒适度，见图 32.11。

图 32.11　室内外设施优化

5. 功能提升

（1）功能布局

为提升居民健康生活质量，小区设计了下沉式亲水休闲空间（图 32.12）、儿童活动场地、专业健身场地等，以丰富的植物景观营造了多层次的立体空间，为用户营造健康、舒适的户外环境。

（2）道路与停车优化

根据小区日照分析，合理优化场地平面布局，将机动车道及增设停车区域布置在建筑阴影区域，活动场地则布置在日照较充足的区域，通过景观铺装将道路分隔，将人行路线与车行动线明显区分，并合理地调整消防登高面，使其与停车场地结合，见图 32.13。

图 32.12　户外休闲空间　　　　　　　　　图 32.13　园区道路优化

四、改造效果分析

（1）功能改造

原为上海俱乐部公寓，租赁用，目前为一般出售式住宅。

（2）户型改造

改造原则：为维持原分户墙，对室内空间做优化：中西厨配置、卧室＋卫生间的套房配置、洗衣空间、储藏空间等。

（3）围护结构改造

围护结构改造前后详见表 32.3、表 32.4。

改造前建筑围护结构配置　　　　　　　　表 32.3

项目	配置指标	技术方案
屋面	$K \leqslant 3.64\text{W/(m}^2 \cdot \text{K)}$	20mm 水泥砂浆＋120mm 混凝土＋20mm 水泥砂浆
外墙	$K = 1.70\text{W/(m}^2 \cdot \text{K)}$	8mm 外墙砖面＋5mm 水泥砂浆＋200mm 混凝土＋15mm 水泥砂浆
外窗	K 玻璃 $=1.96\text{W/(m}^2 \cdot \text{K)}$、$g=0.69$，$K$ 型材 $=3.63\text{W/(m}^2 \cdot \text{K)}$	12mm 单层钢化玻璃
首层地面	$K = 3.10\text{W/(m}^2 \cdot \text{K)}$	100mm 混凝土＋20mm 水泥砂浆＋40mm 花岗石

改造后建筑围护结构配置　　　　　　　　表 32.4

项目	配置指标	技术方案
屋面	$K \leqslant 0.40\text{W/(m}^2 \cdot \text{K)}$	100 厚挤塑聚苯乙烯泡沫
外墙	$K \leqslant 0.30\text{W/(m}^2 \cdot \text{K)}$	保温系统为外保温，材料为 100mm 岩棉板，岩棉板间设置防水镀锌板，外挂陶土板
外窗	K 玻璃 $\leqslant 1.8\text{W/(m}^2 \cdot \text{K)}$、$g \geqslant 0.54$，$K$ 型材 $\leqslant 0.9\text{W/(m}^2 \cdot \text{K)}$	铝包木窗断桥铝合金提升推拉门，玻璃采用三玻两腔双 Low-E 的配置
遮阳	无特定要求	南立面设置外遮阳百叶系统

（4）电梯改造

将天井改造为电梯，一栋楼合计 5 部，见图 32.14、图 32.15。

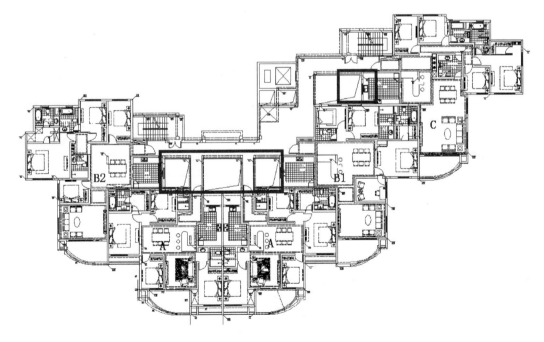

图 32.14　改造前天井位置示意图

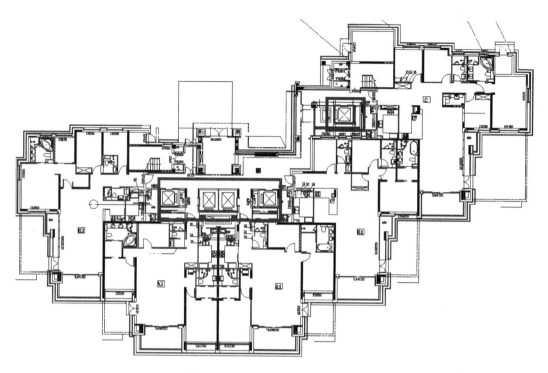

图 32.15　改造后电梯位置示意图

（5）设备改造

设备改造包括供暖设备、空调设备、新风净化设备、热水、净水、软水节能灯、智控设备、机械停车等改造，改造前后对比见表 32.5。其中照明设备改造是将所有采用节能型荧光灯、节能灯等气体放电灯作为光源的灯具，均采用电子镇流器，详见表 32.6。

设备改造对比　　　　　　　　　　　　　　　　　　　　　　　表 32.5

项目	改造前	改造后
供暖设备	无集中或分户供暖	风冷热泵＋毛细管辐射系统
空调设备	分户中央空调	风冷热泵＋毛细管辐射系统
新风净化设备	无	新风除霾设备(除霾效率为 95%，热回收效率实际能达到 75%)
热水	燃气热水锅炉	分户燃气热水器(13L)＋电伴热发热电缆
净水	无	增加户式直饮水净化设备
软水	无	增加户式软水机
节能灯	无	LED 节能灯
智控设备	无	智能灯控(室内灯光多场景一键切换)、智能窗帘、室内环境监测屏、智能安防等
机械停车	无	135m² 停车面积，三层合计机械车位 85 个，每个机械车位可停 2.35t 大型车

照明设计节能指标及措施表 　　表 32.6

住宅建筑照明设计节能指标及措施表

主要房间或场所	照度值(lx)		照明功率密度值(W/m²)		统一眩光值UGR	照度均匀度U0	一般显色指数 Ra	光源类型	色温	灯具型式	灯具效率%	整流器型式	功率因数	照明控制方式
	标准值	设计值	目标值	设计值										
卧室	75	75	5.0	≤5.0	×××	×××	80	三基色荧光灯	4000K	×××	70	电子式	0.95	就地控制
起居室	100	100	5.0	≤5.0	×××	×××	80	三基色荧光灯	4000K	×××	70	电子式	0.95	就地控制
厨房	100	100	5.0	≤5.0	×××	×××	80	三基色荧光灯	4000K	×××	70	电子式	0.95	就地控制
餐厅	150	150	5.0	≤5.0	×××	×××	80	三基色荧光灯	4000K	×××	70	电子式	0.95	就地控制
卫生间	100	100	5.0	≤5.0	×××	×××	80	三基色荧光灯	4000K	×××	70	电子式	0.95	就地控制
电梯前厅	75	75	3.0	2.5	×××	×××	60	LED	4000K	×××	70	电子式	0.95	就地控制
走道楼梯间	50	50	2.0	1.8	×××	×××	60	LED	4000K	×××	70	电子式	0.95	红外感应

（6）园区景观

① 小区绿化改善：保留小区内现有绿化景观条件，增加改善空气环境的植物品种，丰富植物景观层次，对原有高大乔木、灌木、地被植物进行修剪，增加观花、观叶、观果实植物，丰富园区景观色彩，营造舒适、温馨的居住环境，将原有小区内遮挡室内采光的植物进行更换或修剪，将园区内宅旁高大乔木更换为落叶乔木或低矮灌木。

② 车库外墙增加垂直绿化，美观且降低噪声。

③ 增加室内/外健身场地（200m²/150m²）、口袋公园和儿童游乐区（800m²）。

④ 车行道效率最大化，留出更多景观空间。

（7）室内居住体验改善

① 下送上回新风置换方式，采用踢脚线送风（新风口与踢脚线一体化），不影响层高且美观，1.5h 可全屋置换一次，出风风速≤0.3m/s，无强烈吹风感。

② 保障水质安全：增加园区净水设计，保障居民用水健康与安全。

③ 加强隔声降噪设计：利用园区植物景观降噪效果，建筑隔声等设计，严格控制室内噪声，保障居民休息环境品质。

④ 增加智能化设计：针对建筑室内环境实时监测、园区安保、消防安全、家居使用等方面进行智能化设计，为居民营造便捷、安全的生活环境。

⑤ 人性化收纳设计：包括厨房、卫生间、门厅、更衣室收纳等。

（8）健康要点提炼

① 健康呼吸：完善的甲醛控制体系可保证室内甲醛、VOC、苯等污染物浓度控制可达到芬兰 S1 级标准；超洁净新风系统可控制 $PM_{2.5}$ 浓度、CO_2 浓度等均达到室内健康标准。

② 健康用水：全屋净水软水系统，可保证直饮水龙头出水可直接饮用，软水保证洗浴舒适。

③ 环境舒适：被动式设计结合毛细管辐射＋下送上回置换式新风系统，可保证全年温度范围在（夏季）24～28℃/（冬季）18～24℃，湿度控制在 30％～70％，送风风速≤0.3m/s，避免传统空调的温度分布不均和强烈吹风感导致的人体不适。

④ 健康休息：隔声降噪设计可保证室内居住者不被外界噪声打扰。

⑤ 健康生活：设置专业健身场地、中央景观庭院、口袋公园、儿童活动区，方便住户养成健康的生活习惯，提供住户、儿童休闲交流的空间。

五、结束语

项目从安全性、环境性、节能性、适老性、功能性等方面对建筑进行全面升级改造，通过采用差异化的产品技术将原有老旧建筑改造，具体包括 4 项技术：被动式建筑技术、智能化家具技术、甲醛控制技术、超洁净新风技术，15 种系统：外围护保温系统、超密封门窗系统、外遮阳百叶系统、空气源热泵系统、毛细管辐射系统、三效新风过滤系统、踢脚线送风系统、隔声降噪系统、甲醛控制系统、智能化显示与控制系统、净水软水系统等。本项目已成为具有全新生命力的低碳健康住宅，实现了综合品质的极大提升。

33 上海市天钥新村（五期）

项目名称：上海市天钥新村（五期）

建设地点：上海市徐汇区

改造面积：约 12800m²

结构类型：砖混结构

改造设计时间：2013 年

改造竣工时间：2014 年

重点改造内容：安全改造、环境改造、节能改造、功能提升等综合改造

本文执笔：李向民　高润东

执笔人单位：上海市建筑科学研究院有限公司

一、工程概况

1. 基本情况

本项目位于上海市徐汇区，紧邻上海体育场，位于零陵路以南、天钥桥路以东、中山南二路以北。始建于 20 世纪 50～70 年代，总用地面积约 23866m²，共有 37 幢房屋。总体布置以行列式为主，小区以住宅为主，南面紧邻菜市场，小区内还有一所东安三村小学。因该小区是在 20 世纪 50～70 年代分期开发建设而成，受不同年代经济、技术标准及政策的制约，房屋质量差异较大，为厨卫合用或独立厨房、卫生间合用的非成套住宅小区。改造前的小区总平面图见图 33.1。

以 89～95 号为例作简单说明，该楼 89 号是一梯 6 户，91、93、95 号是一梯四户，均为独立厨房、两户合用一个卫生间。房屋呈条状，南北向布置。89～95 号、101～107 号建筑原状原平面图见图 33.2、图 33.3。

2. 存在问题

该小区投入使用已有 40 年以上，长期缺乏维护更新，非成套住宅使用功能低下。设计时未作抗震设防，房屋无构造柱、中间层无圈梁，楼面板为多孔板。墙面严重风化剥落，室内走道、楼梯损坏严重，上下水管锈蚀严重，房屋渗漏及水管堵塞问题普遍，水电煤气和电视通信设施陈旧老化。小区内建筑密度较大，公共空间少，卫生环境差，乱搭乱建现象丛生，缺乏停车、居委会等必要的社区公共服务设施。随着社会

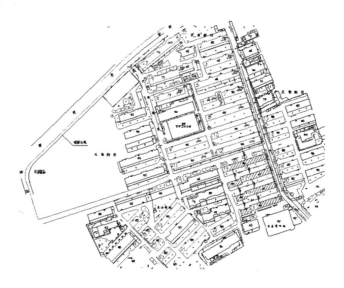

图 33.1 改造前的小区总平面图

经济的发展以及居住水平的不断提高，居民要求改善居住条件的呼声越来越强烈。

二、改造目标

该小区位于市中心繁华地段，由于受到种种条件制约，不能大规模拆建。因此，改造目标为在有限的经济条件下，保留原房屋结构，改善使用功能和配套设施，延长房屋使用寿命，提高居住水平和环境质量，实现综合改造。此次，上海天钥新村（五期）改造项目主要对小区内 89～95 号、101～107 号、113～119 号、125～131 号 4 幢房屋进行综合改造，改造总建筑面积约 1.28 万 m²。具体改造内容如下：

（1）改造从实际出发，采取适当的技术手段，改善隔热、通风、防火、防潮等物理功能，提高建筑质量。改造的房屋进行质量检测，收集原始技术资料、查明房屋建筑结构现状，进行技术鉴定，并结合房屋布局调整加固结构，提高房屋整体安全可靠性。

（2）对不成套的、具有改造条件的、质量尚好的房屋保存其原有建筑，通过建筑物外拓、建筑平面调整、结构加固等技术措施，作成套化改造，每套住房应有卧室、厨房和卫生间，有条件的可增设客厅和阳台。成套改造后的户均建筑面积标准不低于原有水平，户型结构根据原建筑的平面尺寸，合理分隔确定。

（3）卧室应有良好的自然采光通风条件，每套至少有一间卧室直接采光、通风。卫生间使用面积不少于 2.0m²，其净宽度不少于 1.2m。设置地漏、抽水马桶，预留浴缸位置，并敷设上下水管。

（4）住宅走道、楼梯间等公共部位的墙面及平顶应刷涂料，改造后对房屋做"平

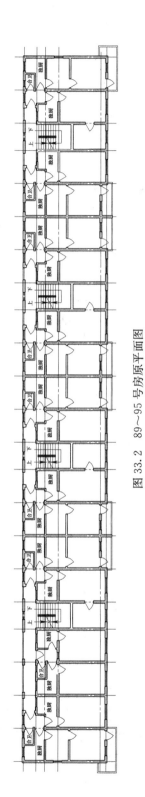

图 33.2 89~95 号房原平面图

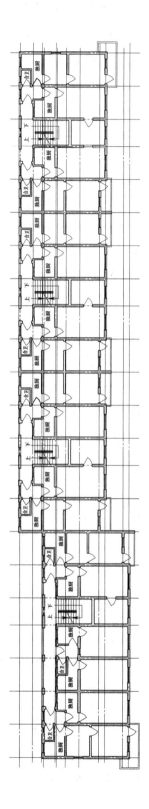

图 33.3 101~107 号房原平面图

改坡"以及外墙整修，外墙刷反射隔热涂料，与周边环境协调一致。

（5）上下水、煤气管道的设置参照现行国家标准《住宅建筑设计标准》GB 50368的相关要求设计。生活用电采用分户计量。

（6）创造条件提供公共活动空间，改善绿化、服务设施，增强综合服务功能。

三、改造技术

1. 安全改造

（1）整体抗震性能提升

砖混结构由于选材方便、施工简单、工期短、造价低等特点，一直是我国使用最广泛的一种建筑形式，在民用住宅建筑中约占90％。本次天钥新村（五期）改造的4幢房屋均为多层砖混砌体房屋，无圈梁、无构造柱，结构延性差、变形能力小、抗震性能较差。在改造设计中考虑如下几种抗震构造加强措施，以提高房屋的整体抗震性能：

① 在加建部分增设构造柱与原外墙作有效连接形成整体。

② 在加建部分每层沿外墙统设圈梁，圈梁与原外墙采用植筋法连接形成整体。

以上措施既对居民使用及外立面影响最小，同时又可增加房屋的侧向约束，增加房屋结构延性，提高房屋整体刚度，改善砌体结构在地震作用下可能产生的脆性破坏。特别是在屋面增加一道圈梁后，可有效防止在地震作用下因墙体变形而产生屋面板坍落的现象。

（2）楼面构造加强

新扩建部分每一层楼面沿外墙统设钢筋混凝土圈梁，圈梁与原有楼面结构采用植筋法连接形成整体，使房屋抗震构造措施得以提高。

多次震害调查表明，设圈梁是多层砖房的一种经济有效的措施，可提高房屋的抗震能力，减轻震害。在多层砖混房屋中设置沿楼板标高的水平圈梁，可加强内外墙的连接，增强房屋的整体性。由于圈梁的约束作用使楼盖与纵、横墙构成整体的箱形结构，能有效地约束预制板的散落，使砖墙出平面倒塌的可能性大大降低，以充分发挥各片墙体的抗震能力。圈梁作为边缘构件，对预制板楼、屋盖在水平面内进行约束，可提高楼屋盖的水平刚度；圈梁与构造柱一起对墙体在竖向平面内进行约束，可限制墙体裂缝的开展，且不延伸超出两道圈梁之间的墙体，并减小裂缝与水平面的夹角，保证墙体的整体性和变形能力，提高墙体的抗剪能力；设置圈梁还可以减轻地震时地基不均匀沉陷与地表裂缝对房屋的影响，特别是屋盖和基础顶面处的圈梁具有提高房屋的竖向刚度和抵御不均匀沉陷的能力。

（3）电气系统改造

被改造房屋建于 20 世纪 50～70 年代，建造标准低，使用年代久，线路偏小且杂乱无章。随着社会经济的发展，用电设备和用电负荷增加，常常发生用电跳闸现象，不仅带来使用上的不便，而且有安全隐患。为满足居民用电需求，考虑适用、节能的同时增加电气系统的安全可靠性，在改造中采取了以下技术措施：

① 所有插座均选用防护型安全插座，卫生间插座选防溅式，公用部位照明采用声光控节能自熄灯。为确保卫生间的用电安全，实施局部等电位联结，等电位箱 LEB 与建筑物原有接地干线可靠连接。

② 线路采用 BV-450/750 型塑料铜芯线配无增塑刚性阻燃塑料管沿墙、楼板暗敷，照明灯具外壳的可导电部分均通过 PE 线可靠接地，即照明和插座回路均为三根线，导线截面均不小于 2.5mm^2。

③ 通过新增结构基础桩作为整幢建筑的总等电位接地，同时增加屋面防雷措施，以增强建筑的防雷接地可靠性。

2. 环境改造

原有小区道路路面坑洼不平、围墙斑驳、栏杆锈蚀、小区大门破旧。结合环境宜居改造，对道路重新按现有规范要求铺设混凝土路面，对整个小区绿化进行补种翻新，对小区大门、门卫室重新装修设计，围墙重新粉刷、栏杆重新油漆。小区对房屋前后零星绿化及空地进行重新规划布置，且补种草坪，改造后提高了夏季的通风效果，绿地则缓解了城市热岛效应。

对外墙进行全面普查，部分起壳渗水处，铲除面层至基层，重新批嵌，整修后，对整栋房屋刷涂料，外墙墙面做法见表 33.1。对所有厨房、卫生间地坪铲除面层至基层，重新做防水及面层。

外墙面做法 表 33.1

做法	厚度	备注
双组分聚氨酯(非焦油型)罩面涂料一遍，苯丙烯酸弹性中级中层主涂料一遍	4～6mm	外墙涂料使用寿命应 ≥5 年
封底涂料一遍		
20mm 厚 RP15 砂浆找平	20mm	
原有砖墙或新砌砖墙	/	
原外墙:采用钢丝板刷对外墙面进行排刷清底、批嵌、修补外墙裂缝		

3. 节能改造

原建筑建造年代久、建造标准低，仅在平屋面上设预制隔热板作为隔热层，保温隔热效果差。夏季在日光直射下，顶层住户室内温度一般要高于天气预报中的最高温度，夏季空调用电量很大。冬季因无保温，室内温度很低，居住舒适度差。此次改造采用了屋面增设通风斜屋面（即平改坡，图 33.4、图 33.5），这有效地降低了顶层住户夏季室内的温度，也提高了冬季的保温性能。顶层住户夏季室内温度降低了 4℃，如按夏季采用分体式空调计算，假定室内温度控制在 27℃，室内环境温度每下降 1℃，可减少空调耗能 5%～8%。以 89～95 号房为例，该楼房共 36 户，平均每户为二间室，使用面积为 24m²，以安装 2 台 1 匹空调计算，1 匹空调每小时制冷耗电约 0.8kW，按夏天空调使用天数 100 天，每天 10h 计，该楼未改造前空调夏季耗电为 36×2×100×10×0.8＝57600kWh，改造后按室内温度每下降 1℃ 即减少用电（5%～8%）取 5% 计算，则 4×5%＝20%，则该楼夏季可节电 11520kWh，平均每户节电 320kWh，减少了居民开支，降低了能耗，减少了碳排放。

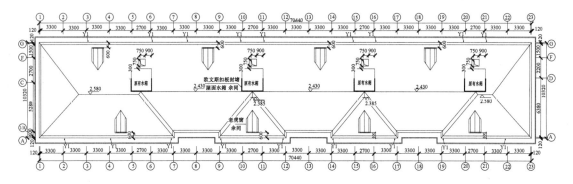

图 33.4　改造后屋顶平面图

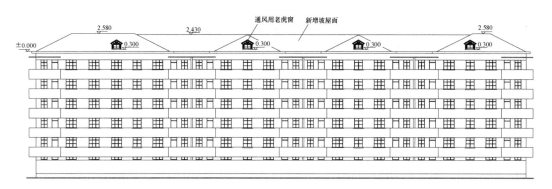

图 33.5　改造后屋顶立面图

图 33.6　改造后外墙立面

外墙涂料采用反射隔热涂料，新扩建部分采用塑钢中空玻璃，公共走道处门窗全部更换成塑钢窗，有效提高了房屋的保温隔热效果，可以节省用电量。改造后外墙立面见图 33.6。

扩建后新增加的卫生间大都为直接采光，部分为间接采光，解决了原有大多数卫生间无采光的问题，节省了照明用电量。

4. 功能提升

由于房屋建造年代久远，居民住宅内自来水管大部分使用镀锌钢管，同时因水池、水箱及水泵、水表等设施没有内衬，材质的腐蚀性能和密封性能较差，产生的二次污染对自来水水质影响较大，为了保证居民住宅小区的供水水质和供水安全，在旧住宅改造的同时，统一进行了二次供水设施改造。

本次天钥新村（五期）改造项目的四栋五（六）层住宅，将原有住户合用厨房卫生间全部扩建改建成每户独立的厨房卫生间，尽可能满足和完善建筑物的使用功能。并结合本次改造同时进行二次供水设施改造。二次供水设施改造包括：

① 水池、水箱、水泵、水表的改造，同时将水表统一安置在公共部位。

② 给水管道材料改为有内衬或耐腐蚀的管道。其中，管道直径 DN≤100mm 时，选用钢塑复合管（涂塑、衬塑）、聚乙烯类管（PE、PE-X）、聚丙烯类管（PP-R、PP-B）等；管道直径为 100mm<DN<300mm 时，选用钢塑复合管。

按照住房和城乡建设部颁布的有关城市生活供水、水质、管道及水构筑物的规范要求，同时参照沪水务（2006）1231 号文件《关于在旧住房综合改造中执行二次供水设施改造标准要求的通知》的相关要求，在改造设计中以节水节能、降低给水系统的日常运行能耗为原则，应用新材料、新设备和新技术。

首先在给水系统设计中，充分利用小区周边市政给水管网的压力（市政管网最小压力为 0.16～0.20MPa）供水；并在总体设计时考虑设集中水泵房，当市政水压降低时作为屋顶水箱备用供水。5 层住宅的一～三层全部由市政管网直接供水，四～五层由原有屋顶水箱供水，屋顶水箱则利用夜间市政管网水压高的特点进行补水。其次，为了节约用水，每户独立设干式水表计量，坐便器采用不大于 6L 的冲洗水箱，使每个用户养成节约水资源的好习惯。

在新材料应用方面，将原来的镀锌钢管全部换成符合饮用水要求的塑料给水管，减少水的阻力，提高水的流量，减少水的污染。对原有屋顶钢筋混凝土水箱采用内贴食品级瓷砖进行水质保护。为了防止水污染，阀门材质为塑钢、铜或不锈钢。

改造后，每户入户门均改装为防盗门；所有单元均在底层进口处安装电子防盗门、信报箱；底层大门上方均按现行住宅标准新建雨篷，见图 33.7。

四、改造效果分析

（1）提升了居住建筑的安全性

原建筑受到建造年代、设计标准、建筑技术、建筑材料以及当时国家经济情况的限制，存在建造标准低、结构安全度低、无抗震设防、电气系统用电负荷标准低、避雷设施不完善等安全方面的缺陷，在改造中通过抗震构造措施加强、电气系统替换、

图 33.7　改造前后雨篷情况对比

避雷装置整修或替换，提高了房屋的结构性能、抗震性能，解决了用电和雷击可能性等安全隐患。

（2）提升了居住建筑的耐久性

原建筑因维修资金的缺乏及随着居住人口增加的过度使用，在长达近 40 年的使用中，缺乏必要的正常维修，较普遍存在外墙及屋面漏水、外墙开裂，钢筋混凝土楼梯、厨房、卫生间楼板、阳台走道、栏杆等开裂、露筋，排水管道渗漏等现象，不仅影响正常使用，而且降低了房屋的正常使用寿命。结合综合改造，进行了房屋修缮，不仅消除了影响居民正常使用的现象，而且提高了房屋的耐久性。

（3）提升了居住建筑的节能效果

改造中采用了外墙刷反射隔热涂料、屋面增设通风的斜屋面（即平改坡）、扩建处窗采用塑钢中空玻璃等措施，有效地降低了夏季室内的温度，也提高了冬季围护结构的保温性能。夏季室内温度降低了 4℃，有效降低了夏季空调的用电量。新增加的卫生间大都为直接采光，部分为间接采光，解决了原有大多数卫生间无采光的问题，节省了照明用电量。统一设置水表、电表，公共部位安装自熄式节能灯，都大大地节约了用水量和用电量。

（4）提升了居住建筑的使用功能

改造前的住房为卫生间不独用，不能适应现代基本使用要求，改造后为基本满足现代居住功能的成套住房。原有的水、电管线陈旧，给排水管积垢，更换户内的水、电管线后，饮用水水质得以改善，特别是电线管更换后，满足了现代居民使用必要的电器设备的问题。

五、经济性分析

利用原结构质量尚好的旧住房做成套化改造是一项投资少、见效快的改建方案，具有较好的经济效益。本次天钥新村（五期）综合改造项目工程费用单价约为 818 元/m²，原拆原建的单价约为 1800 元/m^2，经济效益较明显。此外，由于平改坡以及围护结构隔热措施的采用，使夏季室内温度降低了 4℃，经估算平均每户夏季用电量可节省 320kWh，减少了居民开支，降低了能耗，减少了碳排放。

同时小区综合改造后，消除了建筑"第五立面"的视觉污染，门窗、墙面焕然一新，小区的总体布局得到了优化，绿化率有了提升，小区的公建配套设施得到了完善，成为为百姓造福、为城市添彩的"民心工程、形象工程"。改造工程有着良好的环境效益和社会效益。

六、结束语

截至 2018 年底，上海市存量房屋面积已超过 13.7 亿 m^2。其中，居住建筑 6.87 亿 m^2；老旧住宅约 2 亿 m^2，近 2000 万 m^2 建于 20 世纪 50～70 年代，这些房屋由于各种原因，其结构、设施均存在不同程度的缺陷，有的设施老化甚至影响到了居住安全。建议政府有关部门可制订专门针对 20 世纪 50～70 年代建造的不成套住宅，在规划间距、容积率、抗震标准、住宅设计标准、安装电梯等公共设施配套方面制订专门的政策。在改造设计中，充分利用原有房屋的潜能，在不影响日照的条件下，结合屋顶平改坡作适当加层，有条件的可增加电梯，真正做到花小钱办大事，全面提升安全性，完善功能，优化环境，改善居民居住条件，从而实现综合改造。

参考文献

[1] 上海市房屋土地资源管理局，上海市城市规划管理局. 沪府发［2005］（037）号：上海市旧住房综合改造管理暂行办法［Z］. 2005-12-8.

[2] 董军，陈洋. 浅谈砖混结构建筑设计与施工中需要注意的问题［J］. 中国科技博览，2012（21）：115.

[3] 上海市水务局. 沪水务（2006）1231 号：关于在旧住房综合改造中执行二次供水设施改造标准要求的通知［Z］. 2006-11-20.

[4] 上海统计年鉴委员会. 2018 年上海统计年鉴［M］. 北京：中国统计出版社，2018.

34 上海市春阳里风貌街坊

项目名称：上海市春阳里风貌街坊

建设地点：上海市虹口区东余杭路 211 弄 2-24 号（双号）

改造面积：1330m²

结构类型：钢框架

改造设计时间：2017 年

改造竣工时间：2017 年

重点改造内容：安全改造、环境改造、节能改造、功能提升等综合改造

本文执笔：赵为民[1] 张铭[2] 古小英[1] 谷志旺[2] 杨霞[1] 王惠中[2]

执笔人单位：1. 上海市房地产科学研究院

　　　　　　2. 上海建工四建集团有限公司

一、工程概况

1. 基本情况

春阳里小区位于虹口区东余杭路 211 弄，始建于 1921～1936 年，2016 年被正式列为上海市风貌保护街坊。春阳里 2-24 号（双号）为典型的石库门住宅，主体为二层砖木立帖结构，局部三层阁楼，内墙为砖墙，楼面为木格栅地板，内部空间布置紧凑，户户相连；外立面为清水砖墙、水刷石勒脚及细部装饰，石库门门楣有简单的三角线条装饰；屋面为四坡顶，上铺黏土机平瓦。小区共有 23 栋单体，总建筑面积 22273m²，春阳里小区行号路图和改造前总平面图见图 34.1。

2. 存在问题

小区约有三千多居民生活于此，人员超负荷，房屋建造使用时间长，历史原因造成的擅自加层、拆改等情况严重。春阳里历史风貌遭到严重破坏，屋面渗漏较为普遍；房屋主体结构老化损坏，大量承重结构变形严重；且房屋内部设施配置不全、陈旧，普遍存在厨房、卫生间合用的情况。小区改造前风貌和建筑平面图见图 34.2、图 34.3。

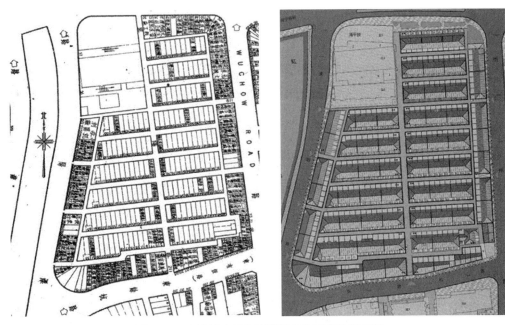

图 34.1　春阳里小区行号路图和改造前总平面图

图 34.2　春阳里小区改造前风貌情况

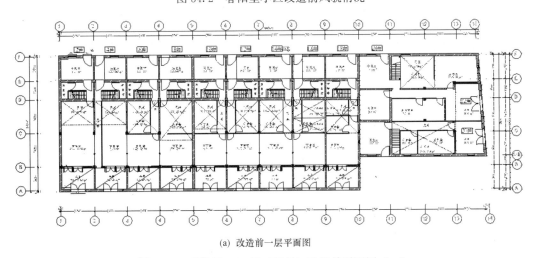

(a) 改造前一层平面图

图 34.3　春阳里 2-24 号（双号）改造前平面图（一）

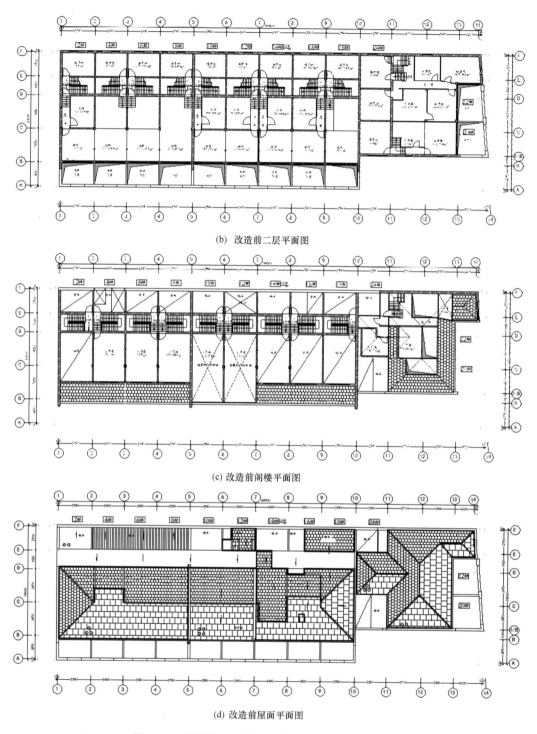

(b) 改造前二层平面图

(c) 改造前阁楼平面图

(d) 改造前屋面平面图

图 34.3　春阳里 2-24 号（双号）改造前平面图（二）

　　由于建筑建成年代较久，历经风雨侵蚀，居住过程中擅自加层、拆改等人为损坏，建筑的历史风貌破坏较为严重，房屋已老化，主体结构不稳定，存在一定的安全隐患。

建筑外墙部分清水砖墙已剥落、起壳、风化，局部墙面开裂，墙面杂乱无章；屋面木质构件如大梁、椽子、望板已腐蚀、开裂、弯曲变形，造成屋面整体下挠，影响散水排水；红色平瓦有一定程度的破损，虽经多次局部更换、修理、捉漏，但仍然存在雨天漏水的情况，见图34.4。

(a) 墙体布线杂乱无章　　　　　(b) 砖墙起壳、风化、渗水　　　　　(c) 屋面下挠、瓦片破损

图 34.4　建筑外部各部位老化情况

建筑内部5寸厚分户砖隔墙，部分墙体变形严重，木质构造柱受潮严重、下部腐蚀，已失去构造柱原有功能；室内楼面木格栅、木地板、木楼梯、木门窗等木制构件存在不同程度翘曲、开裂、变形、损坏，对建筑的正常使用有一定的影响，见图34.5。

(a) 内墙及构造柱变形、腐蚀　　　　(b) 木楼梯翘曲　　　　(c) 木门窗等翘曲变形

图 34.5　建筑内部各部分老化状况

原有空间布局单一，布置紧凑，户与户紧紧相连，隔声、隔热等性能较差见图34.6；单元内灶间共用，无法保证居住舒适度和安全感；卫生设施堪忧，至今居住的老百姓还过着拎马桶的生活，见图34.7。此外，在使用过程中为了达到居住面积最大化，一些居民私自搭建、增层等违规现象较为严重，存在一定的公共安全隐患，见图34.8。

图 34.6 原先内部空间格局

图 34.7 拎马桶上厕所

图 34.8 里弄违规
搭建现状

户型空间现状：①一层：由南至北，天井、统客堂（前、后）楼梯间、（公用）灶间 1～3 户；②二层：由南至北，统楼（前后）楼梯间、亭子间 1～3 户；③二层：由南至北，三层阁、公用晒台（搭建）0～2 户；④单元总户数：1～8 户；灶间公用，绝大部分户型没有卫生设施，见图 34.9。

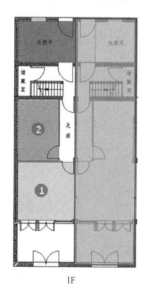

1F

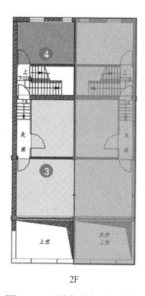

2F

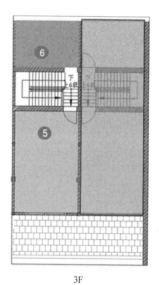

3F

图 34.9 原先内部平面布局

二、改造目标

为提升居民居住质量，延续里弄风貌，选取一栋单体进行非抽户式试点改造，该自然幢单体的门牌号为东余杭路 211 弄 2-24 号（双号）。总体改造目标为内部空间重新布局，增设厨卫设施，实现户内厨卫独立使用；最大程度保留原有外墙，将内部结构整体置换为钢结构，提升结构性能；对风貌进行修缮保护，重现里弄特色。具体内

容和措施如下:

(1) 结构安全性与防火安全性提升

将砖木结构更新为钢结构框架结构体系,结构耐火等级提升至(近)三级,抗震性能基本满足目前规范要求。

(2) 室外环境空间提升

所有室外管线统一更新,对有条件的管线全部落地,室外铺装统一更新,适当增加弄内绿化,提升户外环境品质。

(3) 交通空间易于使用,实现每户厨卫套内独用

整合内部公共空间,将两单元楼梯间合并为一个楼梯间,挤压出的一个楼梯间面积随同公用灶间等面积整合入每户户内,在重新调整房间内布局后实现户内厨卫独用。考虑采用 SMC 整体卫浴成熟技术,彻底解决卫生间漏水情况。

(4) 建筑保温防潮性能提升

加强墙体与地面防潮,明显改善底层住户的潮湿情况;所有木门窗更新为节能型门窗,屋面板增加保温节能层,提升户内保温状况;屋面统一更新为防水卷材,提升防水层耐久性与可靠性。

(5) 室内装修满足拎包入住

户内统一做适当的简装修,厨卫部分基本设施设备全部配备,居民可以在建筑落成后基本满足拎包入住要求。

三、改造技术

1. 安全改造

(1) 结构整体置换技术

在保证外墙结构体系稳定的前提下,建立一套外墙临时支撑保护体系,独立于旧结构体系,实现保留墙体水平约束的转换并与临时支撑形成共同受力体系,保留墙体整体稳定后由上至下连续拆除既有建筑结构,为建造新结构提供空间,逐层建立新结构并通过连接件的设置实现保留墙体水平荷载的转换;完成后拆除临时结构,最终实现既有建筑结构的整体置换,见图 34.10。独立外墙支撑体系的结构整体连续转换技术为解决既有建筑结构整体原位置换提供有效的支撑。

(2) 新旧结构连接技术

整个结构置换过程中,原有历史风貌的保护贯穿始终,为了避免外嵌入式连接对保留墙体外貌的破坏,将不穿透内嵌植筋技术与马牙槎形式进行结合,针对不同的结构部位,研究了不同的连接体系,实现外墙与内框架结构的柔性连接,见图 34.11。

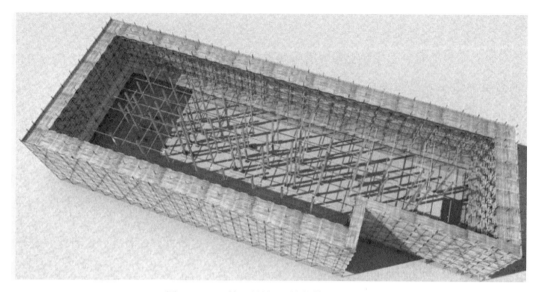

图 34.10 更新后的钢混结构体系示意图

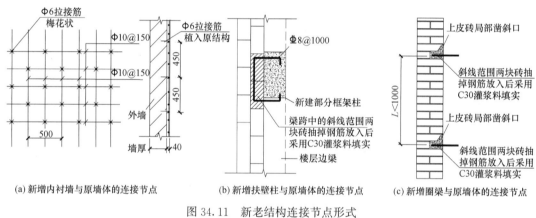

(a) 新增内衬墙与原墙体的连接节点   (b) 新增扶壁柱与原墙体的连接节点   (c) 新增圈梁与原墙体的连接节点

图 34.11 新老结构连接节点形式

（3）高性能高强度材料

结构体系由砖木结构改为钢框架，钢筋混凝土楼盖、基础、雨棚及构造柱受力主筋均采用 HRB400。钢筋混凝土楼板，板厚 120mm，板内配筋 HRB400φ8@150 双向双皮，其余钢筋混凝土构件配筋详图见图 34.12。

（4）预制构件

采用预制钢结构框架与现浇混凝土楼面板相结合的结构体系置换原有砖木结构，四坡屋盖由原先木梁椽子改变为钢框架体系，见图 34.13。

（5）建筑智能化系统（新型安防系统）

通过安装日常视频监控建立安全的小区环境，见图 34.14。

2. 环境改造

在既有里弄结构体系的基础上对原有的交通方式进行整合，将楼梯由东西向更改

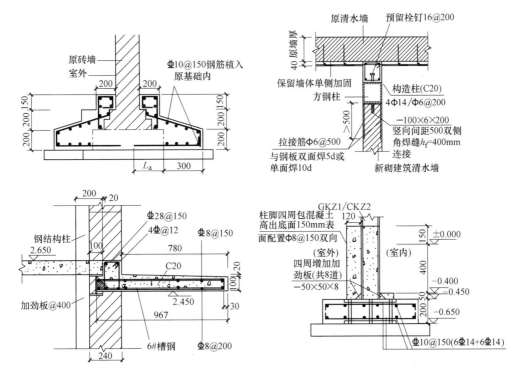

图 34.12　改造后结构换部分的钢结构

图 34.13　改造后结构换部分的钢结构

成南北向，并从各自使用更改成两户公用，实现了公共空间的释放，并将公共空间进行整合再利用，利用增加阁楼和天井空间再利用等方式增加使用空间，实现厨卫的独用，使用功能得到改善，户均得益面积 3.5m²。

在风貌保护方面，深入研究里弄类建筑历史风貌保护技术，对石库门和清水墙等具有里弄特色的部位进行保护修缮，对屋面和更新部位的外立面进行基于既有历史风貌的原样仿制。

（1）风貌保护修缮

按照传统工艺，保留原有清水外墙，复原石库门原有风貌，修复石库门门头保

图 34.14　新型安防系统

留，保留石库门花饰线条，延续石库门里弄建筑的风貌，保护城市肌理，见图 34.15、图 34.16。

墙面压力水清洗　　砖缝切割凿除并打磨　　砖粉修补　　划槽

砖面打磨　　拼色　　勾缝　　涂刷憎水剂

图 34.15　清水墙面修复

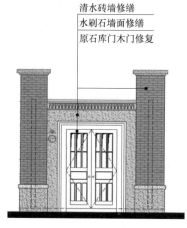

清水砖墙修缮
水刷石墙面修缮
原石库门木门修复

图 34.16　石库门门头的修复

326

（2）空间优化

将原有公共空间进行释放，主要体现在调整楼梯走向和位置。将原有单元楼梯东西向调整至南北向后，两单元中间位置进行重新布局，使两单元共用楼梯，保证现有规范下的楼梯间使用宽度，完成公共空间的释放，将释放出来的公共空间与前后客堂进行合并，实现了公共空间的再利用，见图 34.17。

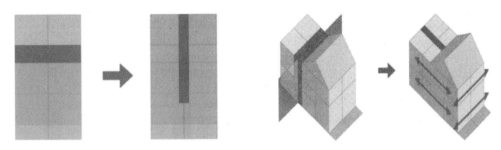

图 34.17　交通整合示意图

对再生空间进行合理规划、拓展、组合，增设厨卫功能，实现一室一户式居住环境，详见表 34.1 和图 34.18。

空间整合与增效　　　　　　　　　　　　　　　　　表 34.1

层数	改造示意图	空间整合与增效
1	1	将一层后客堂合并入前客堂,利用作为厨卫功能
	2	将原里弄一层后客堂置换至灶披间,利用原楼梯位置作为厨卫功能
2	3	将原里弄二层后间功能改为厨卫功能,合并入前间
	4	将原里弄二层后间置换至晒台,利用原楼梯位置作为厨卫功能

续表

层数	改造示意图	空间整合与增效
3	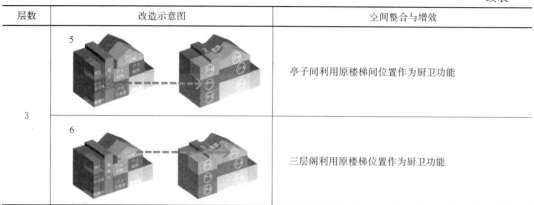 5	亭子间利用原楼梯间位置作为厨卫功能
	6	三层阁利用原楼梯位置作为厨卫功能

图 34.18　原共用厨房间与改造后独用厨房间

3. 节能改造

绿色节能技术引入里弄建筑改造过程，采用屋面保温防水一体化材料，提升建筑保温防水功效，设置全自然通风的楼梯间，增设垂直卫生、厨房通风井道、采光天窗以及铝合金阳光棚，另外在屋面增设了与里弄风貌相一致的老虎窗，实现户内通风采光，确保居住舒适度。

（1）屋面保温防水一体化

屋面防水层采用 10mm 厚气溶胶二氧化硅毡材，在保留里弄房屋坡屋面风貌的基础上提高屋面保温性能，所采用的憎水性轻质保温材料气凝胶二氧化硅保温毡同时具备保温和防水功能，见图 34.19。

图 34.19　屋面改造施工情况

（2）门窗

采用聚氨酯中空玻璃门窗，强度为铝合金的 5 倍，门窗保温性能 $K=2.0\mathrm{W}/(\mathrm{m}^2 \cdot \mathrm{K})$，属国家标准《建筑幕墙、门窗通用技术条件》GB/T 31433 中第 6 级；气密性能属第 7 级；中空玻璃空气层厚度 12mm，见图 34.20。

图 34.20　55 系列铝合金门窗

（3）自然通风

春阳里改造后的楼梯间及主要功能房间采用自然通风的方式，通过设置老虎窗实现楼梯间自然通风，通过加设出屋面烟囱（含动力风帽）实现厨房烟道通风，见图 34.21。

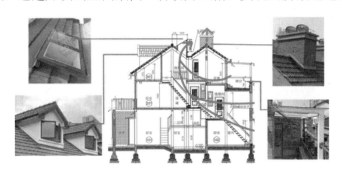

图 34.21　改造后楼梯间与厨房间气流示意图

（4）天然采光

通过加装玻璃天窗实现阁楼天然采光，通过加设的屋顶老虎窗实现楼梯间天然采光，北侧晒台设置通透玻璃顶，见图 34.22。

图 34.22　阁楼增加老虎窗及玻璃天窗

（5）项目实施前，对于电气管线进行了综合排布，最大限度地增加建筑的使用空间，减少由于管线冲突造成的二次施工。照明灯具和照明节能控制方面进行更新，主要内容如下：

① 高效照明灯具：采用 LED 卫生间筒灯、楼梯 LED 照明灯等。

② 照明节能控制：在里弄房屋中植入现代化的节能设施，例如楼梯间照明采用声控感应开关控制等。

4. 功能提升

在项目更新改造过程中对上下排水的管线进行重新排布，更有利于上下水的输送与排出。另外还对独立卫浴与用水计量装置进行了优化，主要内容如下：

（1）高效用水器具

采用整体卫生设备，包括面盆（0.1L/s）、节水型坐便器（≤4.0L）、淋浴（0.08L/s），见图 34.23。

图 34.23　卫生间节水器具（面盆、节水型坐便器与淋浴）

（2）用水计量装置

每户安装水表，按不同使用单位和付费单元分级分项设置用水计量装置，见图 34.24。

图 34.24　改造后分户计量水表

330

四、改造效果分析

春阳里 2-24 号单元单体更新改造试点项目，是在上海城市有机更新理念转变背景下所作的一个新的里弄改造模式探索。基于原有里弄风貌保留，通过空间布局升级改造，原有结构体系整体置换、历史风貌整体修缮保护，在保留里弄历史风貌的同时，提升结构安全性能，改善居住环境和品质，重现里弄生活空间，实现风貌保护与民生实惠间的平衡，为今后里弄建筑更新改造提供新的模式，其绿色技术的应用具有广泛的可操作性。

（1）通过结构整体置换改造，将原有的砖木结构体系置换为预制钢结构框架混凝土楼面板结构体系，迎合空间布局更新的同时，提升结构抗震性能与防火安全等级、建筑更耐久。

（2）修缮完成以后不仅保留了原有的建筑历史风貌，同时实现了更新部位的原样仿制，对于传承上海城市文脉、发扬地域文化、促进城市有机更新具有较深远的意义。

（3）通过对空间布局的调整和创新，在确保原有居民户数不变、使用面积不减的基础上实现一室一户；户内厨卫独用，使得居住生活更独立、更私密，提升居民居住品质。其中，户均得益不小于 $3.5m^2$，独用厨卫实际使用面积约 $5m^2$，损失居住面积不大于 $1.5m^2$。

（4）改造中采用了屋面保温一体化材料、采用聚氨酯中空玻璃门窗等措施，有效地降低了夏季室内的温度，也提高了冬季围护结构的保温性能，降低了建筑负荷。阁楼和楼梯间大都为直接采光，解决了原有阁楼与楼梯间无采光的问题，节省了照明用电量。统一设置水表、电表，公共部位安装自熄式节能灯，都大大节约了用水量和用电量。

（5）通过对厨卫设施及水、暖、电系统进行全面提升、改造，提升居民生活品质，满足居住建筑适用性要求。

五、经济性分析

作为了"留、改、拆"背景下里弄房屋修缮改造的试点工程，本项目在保留、延续和还原石库门建筑历史特征与文化风貌的前提下，形成里弄更新改造的新模式，经济效益较为明显。首先本项目更新改造过程中对空间布局进行调整和创新，更新改造完成后户均得益不小于 $3.5m^2$，独用厨卫实际使用面积约 $5m^2$，不仅实现了一室一户与户内厨卫独用，而且还解决了里弄房屋等老旧小区"拎马桶"等民生难题。在屋面工程的更新改造过程中，增加了保温构造层，不仅弥补了原有屋面结构缺失保温层的缺陷，减少了能源的消耗，另外更新改造过程中还采用全自然通风楼梯间，增设垂直卫生、厨房通风井道，屋面老虎窗、采光天窗、铝合金阳光棚等实施，不仅实现了户内通风采光，提升了居住舒适度，而且还满足了全自然通风采光的要求，经济效益较为明显。

六、结束语

随着上海经济的发展，从"拆、改、留"到"留、改、拆"的理念变化，为的是共享发展成果、保护历史风貌，并改善居住条件、提升居住环境，春阳里 2-24 号（双号）单元单体更新改造试点项目对于上海约 800 万 m^2 的里弄住宅更新改造具有良好的示范性，见图 34.25。春阳里 2017 年实施一期 1 幢、2018 年二期 3 幢、2019 年二期 3 幢，该模式也在普陀区金城里、黄浦区承兴里复制推广。该项目同时还获得了2017 年度上海市既有建筑绿色更新改造项目金奖。

图 34.25　春阳里一期、二期更新改造后总体风貌

在保护传承历史风貌的前提下，最大限度地提升结构安全性、改善使用功能性，持续取得了风貌保护与民生实惠之间的平衡。未来的春阳里将成为"建筑可以阅读、街区适合漫步"的民居"新天地"。这里留存着历史的人文底蕴，续写着人的全新故事。

35　深圳市宝安区新桥街道上星四村新区泊寓

项目名称：深圳市宝安区新桥街道上星四村新区泊寓

建设地点：深圳市宝安区新桥街道上星四村八巷 5 号

改造面积：534m²

结构类型：混凝土框架结构

改造设计时间：2018 年

改造竣工时间：2019 年

重点改造内容：安全改造、环境改造、节能改造、功能提升等综合改造

本文执笔：杜巍巍[1]　江静[2]　陈荣峰[3]

执笔人单位：1. 中国建筑科学研究院有限公司深圳分公司

　　　　　　2. 深圳市万村发展有限公司

　　　　　　3. 深圳市建筑设计研究总院有限公司

一、工程概况

1. 基本情况

项目位于深圳市宝安区新桥街道上星四村八巷 5 号，楼层为 5 层，建筑面积为 534m²，建成时间约为 2001 年。周边有沙井地铁站、新桥市民广场、新桥中心公园及上星社区公园，临近沙井中心客运站及宝安中学第二外国语学校等，生活、交通、娱乐及教育设施配套十分完善，小区区位图见图 35.1。

由于城镇化不断发展，外来人口剧增，上星四村新区建筑使用率已处于饱和状态，且周边用地十分紧张，基本无可供开发的空间。此外，人们生活水平不断提高，对居住品质、城市公共环境和服务设施的要求也越来越高。因此，迫切需要通过城市更新改造，采用适宜的多组合技术及产品，提升建筑综合性能，改善居住环境，构建和谐的城市生活空间。

本次改造共有 40 栋独栋建筑，占地面积约为 4000m²，总建筑面积为 28000m²，楼层为 3～8 层，主推的户型为面积约 10～20m² 的单房户型产品，改造后统一为万科泊寓项目进行出租，为年轻人提供相对优质的租住空间和一体化的社区服务。下面以上星四村八巷 5 号为例进行介绍。

图 35.1　小区区位图

2. 存在问题

（1）建筑现状分析

① 建筑外立面

新村已建成并使用多年，原有立面造型老旧、外立面污染严重，耐污及耐候性能大幅降低。村民加建的外窗防盗网和遮阳棚形式杂乱无章、损坏锈蚀严重，影响外窗及建筑立面效果。此外，各类给排水、电气管线均为外露式安装，管线布局混乱，影响外立面美观且安全性低，需重新布置。

② 建筑围护结构及布局

由于建设年代较早，建筑无节能设计，屋面、外墙无保温层，外窗均为单层玻璃窗，且为推拉窗，门窗气密性较差，无法满足现行节能标准的要求。

改造前，每层均为一套居室，无公共走廊空间，且室内空间分隔混乱，居住空间、厨卫空间、交通及其他空间无明显的流线，部分房间面积较大且空间面积分配不合理，空间利用率较低。由于与周边建筑的楼间距过小，且室内各房间平面布局不合理，室内的日照、采光和通风均受到一定影响，室内环境舒适性有待提高。

因此，房屋整体的外观难以满足当前城市居民的审美要求、难以与周边城市区域的风貌相协调，见图 35.2。

（2）周边环境现状分析

① 交通状况

新村原有道路为人车混行，道路狭窄，无机动车和非机动车道分离，交通组织较为混乱，无法满足人们正常出行需求。此外，由于住区内人口数量激增，机动车增量巨大，停车难问题亦日益突出。大量私家车占用道路停车，导致消防车道堵塞，存在

图 35.2　建筑外观图

严重的安全隐患。

② 室外休闲活动区域

新村设计之初缺少系统的场地规划设计，室外空间拥挤，没有专门的室外公共活动空间，且随着机动车保有量的增加，大量的室外场地被抢占，因此，居民期盼能够通过此次综合改造项目的实施，提供一定的室外公共活动空间，为住区的老人和孩子提供活动场所。

③ 公共设施

新村内公共设施配套水平较低，室外健身设施缺乏，住区内的智能化信息系统薄弱，消防火灾控制系统、安防监控系统、访客对讲系统、停车场管理系统等的建设水平较低，无法满足现行的居住区智能化管理水平要求。

此外，建筑内公共空间和场地内的活动空间缺乏维护保养，无统一的管理运营单位，卫生、安全形象较差，严重影响小区的居住品质。

二、改造目标

宝安区新桥街道上星四村新区存在着整体环境较差、交通组织混乱、停车难、建筑外观陈旧、舒适性差、配套功能不足等问题，难以满足当下居民对居住环境和生活品质不断提高的要求。本项目针对上述存在的突出问题，通过采用课题研究的夏热冬暖地区既有居住建筑宜居改造及功能提升的关键技术，如安全改造、环境改造、节能改造、功能提升等，在示范工程中进行集成应用，形成可推广使用的技术体系；改造后对各类技术的实施效果进行测评。本示范工程改造后要求建筑能耗达到国家《民用建筑能耗标准》GB/T 51161 中对夏热冬暖地区居住建筑能耗约束值的要求。

1. 技术路线

项目针对上述存在的问题，采用课题研究夏热冬暖地区既有居住建筑宜居改造及功能提升的综合防灾与寿命提升、室内外环境改善、低能耗改造、适老化宜居改造等各专项关键技术成果，在示范工程中进行集成应用，形成可推广使用的技术体系；全程跟踪示范工程实施过程，及时发现存在的技术问题并进行整改，改造后对各类技术的实施效果进行测评。本示范工程改造后要求建筑能耗达到国家建筑能耗标准中的目标值，改造技术路线见图 35.3。

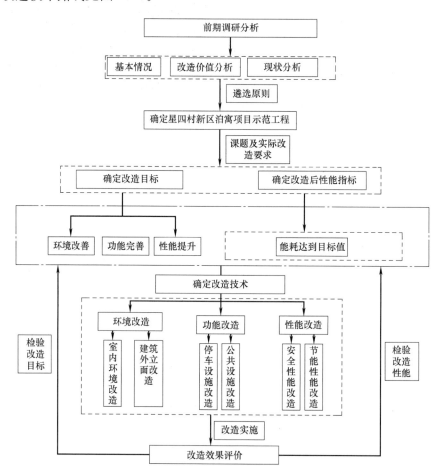

图 35.3　改造技术路线图

2. 改造方案

建筑结构类型为现浇混凝土框架结构。改造前，对项目进行了结构检测及使用性鉴定，结果显示，主体结构构件未发生因结构受力或变形引起的可见裂缝或损伤，建筑物正常使用，基本满足规范要求，可作为住宅或公寓继续使用。因此，本项目实施中，无需进行结构加固改造。

　　项目改造前首层功能为楼梯间加仓库，改造后为楼梯间加配套商业，增加了商业功能，解决住区内商业配套不足的问题。二层及以上均为居住空间，改造前，每层均为一套居室，无公共走廊空间，且室内空间分隔混乱，居住空间、厨卫空间、交通及其他空间无明显的流线，部分房间面积较大、面积分配不合理且空间利用率较低。改造后，每层设置一个公共通道，5个单身公寓户型。公共通道内增设了消火栓、分户计量水表和电表、烟感器、喷淋器等设施。

　　每个户型内部均有独立的厨卫、起居空间，卫生间干湿分区，厨房采用开放式厨房，主要的居住空间均有良好的采光和通风，创造了舒适的室内空间。

　　具体的改造方案见图35.4、图35.5。

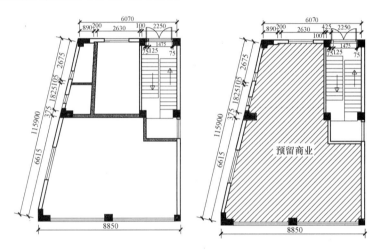

图35.4　首层改造前后布局图

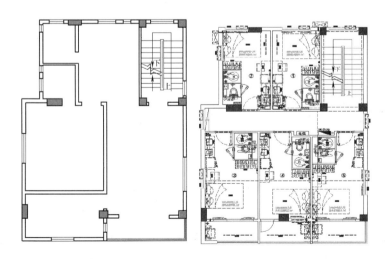

图35.5　二～五层改造前后布局图

三、改造技术

1. 安全改造

安全性能改造以改善建筑本体及住区的整体安全性能为目标，主要针对安防监控系统和消防系统的薄弱环节进行改造，提升建筑的安全性能，保障居民安居乐业。

（1）安防监控系统

改造前新村严重缺乏安防监控系统，安保能力薄弱，不满足居民生活安全的需求。改造安装了全套安防监控系统，包括更换原有普通防盗门改为户内密码锁，单元门入口增加指纹识别系统及访客对讲系统，建筑楼内公共区域、建筑各出入口均安装视频监控系统。此外，在整个住区内部公共道路、公共活动空间、场地的所有出入口加装视频监控系统，做到无监控死角和盲区。此外，夜间增加小区周边主要道路的照明质量，加强安防巡逻力量，完善出租屋管理人员登记系统，对外来人员进行访客登记。安防监控系统改造内容详见表35.1。

安防监控系统改造内容　　　　　　　　　　　　　　表 35.1

序号	改造项	改造内容
1	建筑内安防系统	普通防盗门更换为密码锁
2		单元门增加指纹识别系统
3		单元门与户内增加访客对讲系统
4		楼内公共区域、建筑各出入口安装视频监控系统
5	场地内安防系统	公共道路、公共活动空间、场地所有出入口加装视频监控系统
6		夜间保证道路照明亮度
7		场地出入口设置门禁系统
8	安防宣传及管理系统	完善安防监控室各项设备
9		加强安防巡逻力量
10		完善出租屋管理人员登记系统、外来访客登记系统
11		加强安全管理宣传教育

通过采取上述技术及管理措施，可大大提高示范工程项目的安防能力，保障居民的安全，见图35.6。

（2）消防系统

为解决消防安全隐患，每栋建筑都安装了完善的消防系统，包括消火栓、防火门、干湿式灭火器等，同时还配备有烟雾报警系统、喷淋系统（公共区域）及应急照明系统。保证建筑内消防逃生空间、消防通道顺畅。此外，对室外场地内的消防道路和普通道路均增加了消防设施，见图35.7。通过定期开展消防演练、完善消防安全巡检制度，可实现村内消防安全性能提升。消防系统改造内容详见表35.2。

图 35.6　单元门指纹识别及户门密码锁

图 35.7　消防设施改造后实拍图

消防系统改造内容　　　　　　　　　　　　　　表 35.2

序号	改造项	改造内容
1	建筑内消防系统	配齐消火栓、干湿式灭火器
2		户门均更换为防火门
3		厨房设置烟雾报警器
4		确保房屋内消防逃生空间,防盗网设置 1.0m×0.8m 消防逃生窗
5		建筑可直通屋顶,无法达标的增设顶层逃生口,安装爬梯
6		楼内公共区域设置烟雾报警系统、喷淋系统
7		楼内公共区域、楼梯间加装应急照明系统、疏散照明系统及疏散指示系统
8	场地内消防系统	消防道路清障,并更换原有破损的消火栓
9		村内不能通行消防车的道路,每隔 50m 设置一个外置式室内消火栓
10	消防宣传及管理系统	定期开展消防演练
11		完善消防安全巡检制度

2. 环境改造

（1）建筑外立面改造

楼房外立面进行重新设计，对门窗、阳台、出挑外遮阳、外墙面进行一体化统一规划设计，颜色包括淡黄色、橙色、红色及灰色，做到各类外立面及构件颜色协调统一，见图35.8。此外，单元入户玻璃大门改造新建。

图35.8 改造后外立面实拍图

（2）室内环境改造

① 套内居住空间改造

项目改造前后均为居住建筑，改造前首层功能为楼梯间加仓库，改造后为楼梯间加配套商业，解决住区内商业配套不足的问题。二层及以上均为居住空间，改造后，每层设置一个公共通道，5个单身公寓户型。公共通道内增设了消火栓、分户计量水表和电表、烟感器、喷淋器等设施。

每个户型内部均有独立的厨卫、起居空间，厨房采用开放式厨房，配备了全套居住设施。卫生间旁新增夹层用于放置管线，管线不再影响室内美观。增加智能化设计：感应灯＋单元门指纹识别与户门密码锁＋烟感报警＋智能安防等。改造后主要居住空间均有良好的采光和通风，创造了舒适的室内空间，见图35.9。

② 楼内公共空间改造

对原有建筑楼内的公共空间进行改造，包括楼梯间、走廊、入户门厅、电梯厅等区域，重新进行统一装修，并增加公共空间的相应设备，如LED灯具、感应开关、消火栓、楼梯无障碍扶手、消防指示应急灯。

3. 节能改造

改造前新村普遍使用白炽灯，节能意识不足，且室内空调、卫生洁具均为高能耗

图 35.9 改造后室内图

的设备，存在资源浪费的现象。节能改造包括建筑围护结构节能改造、机电系统节能改造两部分。主要改造内容详见表 35.3。

节能改造内容 表 35.3

序号	改造项	改造内容
1	建筑围护结构节能改造	更换外窗为普通中空玻璃窗，提升隔热性能，并增加了其气密性和隔声性能
2		外饰面采用浅色饰面，减少辐射不利影响
3	机电系统节能改造	照明灯具更换为 LED 节能灯
4		照明控制系统进行改造，采用分区、分时、感应等节能控制方式
5		室内空调统一更换为节能空调
6		各类用电分项配电与控制，如室内的热水器、厨房插座、卫生间照明、空调及房间照明、备用电源、楼内公共区域用电等，均分回路或分项控制

4. 功能提升

（1）公共设施改造

① 建筑室内

改造前新村既有建筑室内无公共活动空间。改造中，通过在首层或屋顶拆除部分建筑内原有分隔，腾挪出一定的公共活动空间，该区域配有影音室、会客室及健身房，不仅为住客提供了娱乐设施，更有利于促进人们之间的日常交流。

② 周边场地

通过对场地内的室外空间进行优化布局，腾挪部分机动车停车空间，增设了集中的室外公共活动空间，并配备座椅、健身设施，且严禁机动车入内，为居民健身、休闲活动、邻里交往创造舒适的室外活动空间，见图 35.10。

（2）停车设施改造

改造前新村内的道路没有统一流线规划，机动车和非机动车停车杂乱，而且没有专门的户外充电设施，居民的电动车充电基本是采用由户内搭接线路到户外进行充电，存在一定的安全隐患。此外，由于场地内的大量室外场所均被各类车辆挤占，造

图 35.10　室内外公共活动设施及场所

成室外环境杂乱不堪。因此，急需对场地内的停车设施进行改造，优化交通通行路线，有效利用户外场地以提供更多的户外公共空间，满足住户的停车需求和休闲活动需求。停车设施改造内容详见表 35.4 和图 35.11。

停车设施改造内容

表 35.4

序号	改造项	改造内容
1	机动车停车位	统一划定停车位，规范场内停车
2		利用周边市政道路，增加停车位置
3	非机动车停车位及电动充电桩	增加集中的室外非机动车停车位，并设置遮阳棚及防盗装置
4		增加室外电动充电桩
5	交通流线规划	划定场地内的道路分界线、道路引导线等，保障场地内道路通畅
6		设置出入口岗亭，实现场地内停车位实时监控，合理引导和分流车辆

图 35.11　机动车停车位和非机动车停车位及充电桩

四、改造效果分析

（1）整体效果

原为城中村自住房及租赁用，改造完成后依托"泊寓"品牌统一出租。建筑宜居性能和使用功能得到提升，周边居住环境得到显著提升。改造后的建筑外观和室内装修见图 35.12。

图 35.12　改造后现场图片

（2）能耗指标

本项目改造后于 2019 年 9 月正式投入使用，平均每月的出租率在 90％以上。统计从 2019 年 9 月到 2020 年 6 月的耗电量数据，详见表 35.5（注：2020 年 2 月居住率较低，不在统计范围内）。可以看出，总用电量为 12713kWh，月均用电量为 1412.6kWh。由此换算，得到年总用电量为 16950.7kWh，总户数为 20 户，每户 1人。国家标准《民用建筑能耗标准》GB/T 51161—2016 规定了夏热冬暖地区居住建筑非供暖能耗指标约束值为 2800kWh/(a·H)，标准中每户人口为 3 人。因此，修正换算得到本项目非供暖能耗指标为 2543kWh/(a·H)，小于标准规定的约束值，符合居住建筑能耗控制的要求。

评价结果统计表 表 35.5

时间	耗电量(kWh)	时间	耗电量(kWh)
2019 年 9 月	1911	2020 年 3 月	907
2019 年 10 月	2228	2020 年 4 月	1044
2019 年 11 月	1197	2020 年 5 月	1694
2019 年 12 月	1128	2020 年 6 月	1826
2020 年 1 月	778		

五、经济性分析

本项目改造面积 534m²，经初步估算，改造成本为 2300 元/m²，共计改造成本为 122.82 万元。改造后居住功能与档次大大提升，提供了优质的租住空间和一体化的社区服务，经济效益与长期的投资回报非常可观。

六、结束语

作为城市更新和旧楼改造的技术集成应用项目，本工程通过由内而外进行全面的升级改造，包括安全改造、环境改造、节能改造、功能提升等，使项目本身的人居环境得到提升，全面满足居住者对健康舒适的追求。

此外，改造后的建筑能耗水平低于国家标准《民用建筑能耗标准》GB/T 51161 的能耗指标约束值，体现了改造后的节能效益。此次示范工程改造为城市更新改造的规模化推广应用提供了典型示范，为探索一条适合城市更新改造的高效、经济、节能、环保的绿色发展之路提供了宝贵的实践。